JIADIAN WEIXIU ZHIYE JINENG SUCHENG KETANG
XIYIJI

家电维修职业技能速成课堂

洗衣机

陈铁山　主编

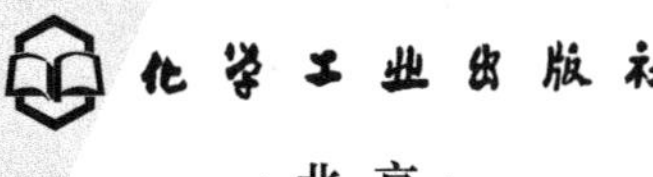
化学工业出版社
·北京·

本书从洗衣机（半自动洗衣机、全自动洗衣机、滚筒洗衣机、波轮洗衣机）维修职业技能需求出发，系统介绍了洗衣机的维修基础与操作技能，通过模拟课堂讲解的形式介绍了洗衣机维修场地的搭建与工具的使用、维修配件的识别与检测、维修操作规程的实际应用；然后通过课内训练和课后练习的形式对洗衣机重要构件部件与单元电路的故障进行重点详解，并精选洗衣机维修实操实例，重点介绍检修步骤、方法、技能、思路、技巧及难见故障的处理技巧与要点点拨，以达到快速、精准、典型示范维修的目的。书末还介绍了洗衣机主流芯片的参考应用电路和按图索故障等资料，供实际维修时参考。

本书可供家电维修人员学习使用，也可供职业学校相关专业的师生参考。

图书在版编目（CIP）数据

家电维修职业技能速成课堂·洗衣机/陈铁山主编.
北京：化学工业出版社，2017.2（2019.4重印）
ISBN 978-7-122-28585-0

Ⅰ.①家… Ⅱ.①陈… Ⅲ.①洗衣机-维修
Ⅳ.①TM925.07

中国版本图书馆CIP数据核字（2016）第290385号

责任编辑：李军亮　　文字编辑：陈　喆
责任校对：陈　静　　装帧设计：史利平

出版发行：化学工业出版社（北京市东城区青年湖南街13号　邮政编码100011）
印　　装：北京虎彩文化传播有限公司
850mm×1168mm　1/32　印张9¾　字数243千字
2019年4月北京第1版第2次印刷

购书咨询：010-64518888　　售后服务：010-64518899
网　　址：http://www.cip.com.cn
凡购买本书，如有缺损质量问题，本社销售中心负责调换。

定　　价：38.00元

前言

Foreword

洗衣机（半自动洗衣机、全自动洗衣机、波轮洗衣机、滚筒洗衣机）量大面广，在使用过程中产生故障在所难免。而洗衣机维修技术人员普遍存在数量不足和维修技术不够熟练的现状。打算从事维修职业的人员很多，针对这一现象，我们将实践经验与理论知识进行强化结合，以课堂讲解的形式将课前预备知识、维修技能技巧、课内品牌专讲、专题训练、课后实操训练列为重点，将复杂的理论通俗化，将繁杂的检修明了化，建立起理论知识和实际应用之间最直观的桥梁。让初学者能够快速入门并提高，掌握维修技能。

本书具有以下特点：

① 课堂内外，强化训练；

② 直观识图，技能速成；

③ 职业实训，要点点拨；

④ 按图索骥，一看就会。

值得指出的是：由于生产厂家众多，各厂家资料中所给出的电路图形符号、文字符号等不尽相同，为了便于读者结合实物维修，本书未按国家标准完全统一，恳请读者谅解！

本书由陈铁山主编，刘淑华、张新德、张新春、张利平、陈金桂、刘晔、张云坤、王光玉、王娇、刘运和、陈秋玲、刘桂华、张美兰、周志英、刘玉华、张健梅、袁文初、张冬生、王灿等也参加了部分内容的编写、翻译、排版、资料收集、整理和文字录入等工作。

由于编者水平有限，书中不足之处在所难免，恳请广大读者指评指正。

编　者

Contents

第一讲 维修职业化训练预备知识 1

课堂一 电子基础知识 …… 1

一、模拟电路 …… 1

二、数字电路 …… 7

课堂二 元器件预备知识 …… 10

一、常用电子元器件识别 …… 10

二、专用电子元器件识别 …… 17

课堂三 电路识图 …… 25

一、电路图形符号简介 …… 25

二、洗衣机常用元器件引脚功能及内部电路 …… 29

三、洗衣机基本单元电路简介 …… 41

课堂四 实物识图 …… 50

一、常用元器件实物及封装 …… 50

二、常用电路板实物简介 …… 57

第二讲 维修职业化课前准备 69

课堂一 场地选用 …… 69

一、维修工作台的选用及注意事项 …… 69

二、维修场地的选用及注意事项 …… 69

课堂二 工具检测 …… 70

一、工具的选用 …… 70

二、洗衣机元器件检测训练 …… 73

三、拆机装机 …… 85

第三讲 维修职业化课内训练 117

课堂一 维修方法 …… 117

一、通用检修思路 …… 117

二、通用检修方法 …… 119

三、专用检修方法 …… 121

课堂二 检修实训 …… 123

一、洗衣机不启动检修技巧实训 …… 123

二、洗衣机不能洗涤检修技巧实训 …… 125

三、洗衣机不进水检修技巧实训 …… 127

四、洗衣机漏水检修技巧实训 …… 129

五、洗衣机不排水检修技巧实训 …… 131

六、洗衣机排水速度慢检修技巧实训 …… 133

七、洗衣机不脱水检修技巧实训 …… 135

八、洗衣机脱水桶不转检修技巧实训 …… 137

九、洗衣机脱水时噪声大检修技巧实训 …… 139

十、洗衣机不工作检修技巧实训 …… 141

十一、洗衣机进水不止检修技巧实训 …… 143

第四讲 维修职业化训练课后练习 145

课堂一 LG洗衣机故障维修实训 …… 145

（一）机型现象：WD-N800RPM型洗衣机不能脱水 …… 145

（二）机型现象：XQB42-18M1型洗衣机不能洗涤 …… 146

（三）机型现象：XQB45-3385N型洗衣机不排水 …… 146

（四）机型现象：XQB50-W3MTL型洗衣机不能

洗涤 …………………………………………… 147
（五）机型现象：T16SS5FDH 型洗衣机不工作 … 147
（六）机型现象：T16SS5FDH 型洗衣机不能
加热 …………………………………………… 148
（七）机型现象：T16SS5FDH 型洗衣机排水
异常 …………………………………………… 149
（八）机型现象：WD T12270D 型洗衣机不
启动 …………………………………………… 149
（九）机型现象：WD-A1222ED 型洗衣机不能
加热 …………………………………………… 150
（十）机型现象：XQB42-308SN 型洗衣机不
排水 …………………………………………… 151
（十一）机型现象：XQB60-58SF 型洗衣机不能
工作 …………………………………………… 151
课堂二　澳柯玛洗衣机故障维修实训 ……………………… 152
（一）机型现象：XQB55-2635 型洗衣机不工作 … 152
（二）机型现象：XQB55-2676 型洗衣机不能
进水 …………………………………………… 152
（三）机型现象：XQG70-1288R 型洗衣机不
排水 …………………………………………… 154
（四）机型现象：XQG75-B1288R 型洗衣机不
启动 …………………………………………… 154
（五）机型现象：XPB85-2938S 型洗衣机进水后
不能洗涤 ……………………………………… 155
课堂三　长虹洗衣机故障维修实训 ……………………… 156
（一）机型现象：XPB75-588S 型洗衣机不脱水 … 156
（二）机型现象：XQB50-8588 型洗衣机不进水 … 156
（三）机型现象：XQB60-G618A 型洗衣机不
工作 …………………………………………… 157
（四）机型现象：XQB70-756C 型洗衣机不

工作 …………………………………………… 158
课堂四　海尔洗衣机故障维修实训 ………………… 158
（一）机型现象：海尔 XPB60-0713 型半自动洗衣机在执行洗涤程序时转速减慢 …………… 158
（二）机型现象：海尔 XPB60-187S 型半自动洗衣机波轮只朝一个方向旋转 ……………… 159
（三）机型现象：海尔小神童 XQB45-A 型全自动洗衣机波轮启动缓慢 ……………… 160
（四）机型现象：海尔 XQG50-BS708A 全自动滚筒洗衣机不脱水、不排水 ……………… 160
课堂五　海信洗衣机故障维修实训 ………………… 161
（一）机型现象：XPB48-27S 型洗衣机不洗涤 …… 161
（二）机型现象：XPB60-811S 型洗衣机不能脱水 ………………………………………… 161
（三）机型现象：XPB68-06SK 型洗衣机不能洗涤 ………………………………………… 162
（四）机型现象：XQB50-166 型洗衣机不能洗涤 ………………………………………… 163
（五）机型现象：XQB55-8066 型洗衣机不能洗涤 ………………………………………… 164
（六）机型现象：XQB60-2131 型洗衣机不能洗涤 ………………………………………… 164
（七）机型现象：XQB60-8208 型洗衣机不能洗涤 ………………………………………… 164
课堂六　惠而浦洗衣机故障维修实训 ……………… 165
（一）机型现象：AWG337 型洗衣机不启动 ……… 165
（二）机型现象：AWG337 型洗衣机整机不工作 ………………………………………… 166
（三）机型现象：AWG335 型洗衣机不工作 ……… 166
课堂七　金羚洗衣机故障维修实训 ………………… 167

（一）机型现象：XQB60-538B 型洗衣机不能洗涤 …………………………………… 167
（二）机型现象：XQB60-A19B 型洗衣机进水不止 …………………………………… 167
（三）机型现象：XQB60-H5568 型洗衣机不进水 …………………………………… 167
（四）机型现象：XQB65-A207E 排水太慢 ……… 168
（五）机型现象：XQB75-A7558 型洗衣机不能正常工作 …………………………………… 169
课堂八　金松洗衣机故障维修实训 ……………… 170
（一）机型现象：XQB38-K321 型洗衣机不进水 … 170
（二）机型现象：XQB38-K321 型洗衣机电动机不运转 …………………………………… 170
（三）机型现象：XQB38-K321 型洗衣机波轮不换向 …………………………………… 170
（四）机型现象：XQB38-K321 型洗衣机个别指示灯不亮 ………………………………… 170
（五）机型现象：XQB38-K321 型洗衣机进水不止 …………………………………… 171
（六）机型现象：XQB38-K321 型洗衣机漏电 …… 171
（七）机型现象：XQB38-K321 型洗衣机洗涤时脱水桶跟转 ………………………………… 171
（八）机型现象：XQB38-K321 型洗衣机整机指示灯不亮 ………………………………… 172
（九）机型现象：XQB45-K340 型洗衣机波轮单向旋转 …………………………………… 172
（十）机型现象：XQB45-K340 型洗衣机不进水 … 172
（十一）机型现象：XQB45-K340 型洗衣机进水不止 …………………………………… 173
（十二）机型现象：XQB45-K340 型洗衣机有异常

噪声 …………………………………… 173
课堂九　美的洗衣机维修实训 ……………………… 173
（一）机型现象：MB55-2018FA 波轮全自动洗衣机洗涤时波轮不转 ………………… 173
（二）机型现象：MB60-V2011WL 型脱水桶漏水 ……………………………………… 174
（三）机型现象：MG60-1031E 变频滚筒洗衣机显示代码“E10”（进水超时） ………… 174
（四）机型现象：MG70-1006S 滚筒全自动洗衣机刚通上电即自动断电 ……………… 175
（五）机型现象：XPB50-6S 型洗衣机不工作 …… 175
（六）机型现象：XQB20-A 型洗衣机程序混乱 … 176
（七）机型现象：XQB40-C 型洗衣机不排水 …… 176
（八）机型现象：XQB40-D 型洗衣机不进水 …… 177
（九）机型现象：XQB40-D 型洗衣机漏电 ……… 177
（十）机型现象：XQB40-F 型洗衣机突然停止工作 ……………………………………… 177
（十一）机型现象：XQB45-9A 型洗衣机脱水时噪声大 …………………………………… 178
（十二）机型现象：XQB45-A 型洗衣机边进水边排水 …………………………………… 179
（十三）机型现象：XQB45-A 型洗衣机波轮启动缓慢 …………………………………… 179
（十四）机型现象：XQB45-A 型洗衣机进水不止 …………………………………… 180
（十五）机型现象：XQB45-A 型洗衣机烧熔丝 … 180
（十六）机型现象：XQB45-A 型小神童洗衣机波轮单向旋转 ………………………… 181
（十七）机型现象：XQB45-A 型小神童洗衣机脱水桶不转 ………………………… 181

(十八) 机型现象：XQB45-E 型洗衣机不进水 …… 182
(十九) 机型现象：XQB50-10BPT 型洗衣机不进水 …… 182
(二十) 机型现象：XQB50-10BP 型洗衣机不进水 …… 182
(二十一) 机型现象：XQB50-7288A 型洗衣机不能洗涤 …… 183
(二十二) 机型现象：XQB50-G0877 型洗衣机不能加热 …… 183
(二十三) 机型现象：XQB60-BZ12699 AM 波轮型全自动洗衣机不能洗涤 …… 184
(二十四) 机型现象：XQBM23-10 型洗衣机不工作 …… 185
(二十五) 机型现象：XQBZO-A 型洗衣机不进水 …… 186
(二十六) 机型现象：XQG50-1 型洗衣机进水不止 …… 186
(二十七) 机型现象：XQG50-2 型洗衣机不能加热洗涤 …… 186
(二十八) 机型现象：XQG50-6210 型滚筒洗衣机通电后指示灯不亮，洗衣机也不工作 …… 187
(二十九) 机型现象：XQG50-6210 型滚筒洗衣机通电后指示灯亮，但不进水 …… 187
(三十) 机型现象：XQG50-BS 型洗衣机进水不畅 …… 188
(三十一) 机型现象：XQG50-E 型洗衣机进水不止 …… 188
(三十二) 机型现象：XQG50-F 型洗衣机脱水时突然停机 …… 188

(三十三) 机型现象：XQG50-G 型洗衣机不进水 …… 189
(三十四) 机型现象：XQG50-G 型洗衣机排水不畅 …… 189
(三十五) 机型现象：XQG50-H 型洗衣机进水不止 …… 189
(三十六) 机型现象：XQG50-H 型洗衣机突然停止工作 …… 190
(三十七) 机型现象：XQG50-WN55X 型洗衣机漏电 …… 190
(三十八) 机型现象：XQG60-QHZ1068H 型洗衣机不工作 …… 191
(三十九) 机型现象：XQG60-QHZ1068H 型洗衣机不能加热 …… 191
(四十) 机型现象：XQG80-8 型洗衣机不加热 …… 191
(四十一) 机型现象：XQS55-728 型洗衣机脱水甩干声音大 …… 192
(四十二) 机型现象：XQS80-878ZM 型双动力全自动洗衣机不能工作 …… 192
(四十三) 机型现象：XQSB70-128 型洗衣机不能洗涤 …… 193
课堂十　美菱洗衣机故障维修实训 …… 194
(一) 机型现象：XQG50-1108 型洗衣机不能加热洗涤 …… 194
(二) 机型现象：XQG50-1108 型洗衣机不进水或显示故障代码“E2” …… 194
(三) 机型现象：XQG50-1108 型洗衣机不排水或显示故障代码“E3” …… 194
(四) 机型现象：XQG50-1108 型洗衣机电动机不工作 …… 195

（五）机型现象：XQG50-1108 型洗衣机洗涤电动机不转 ······ 195
（六）机型现象：XQG50-1108 型洗衣机显示故障代码“E1” ······ 196
（七）机型现象：XQG50-1108 型洗衣机显示故障代码“E4” ······ 196
（八）机型现象：XQG50-1108 型洗衣机显示故障代码“E5” ······ 196
（九）机型现象：XQG50-1108 型洗衣机显示故障代码“E6” ······ 197
（十）机型现象：XQG50-1108 型洗衣机显示故障代码“E7” ······ 197
（十一）机型现象：XQG50-1108 型洗衣机显示正常，却无任何动作 ······ 197
课堂十一　日立洗衣机故障维修实训 ······ 198
（一）机型现象：PAF-615 型洗衣机排水很慢 ······ 198
（二）机型现象：PAF-720 型洗衣机波轮单向旋转 ······ 198
（三）机型现象：PAF-720 型洗衣机不洗涤 ······ 198
（四）机型现象：PAF-820 型洗衣机不工作 ······ 199
（五）机型现象：PS-62 型洗衣机脱水不干 ······ 200
课堂十二　荣事达洗衣机故障维修实训 ······ 200
（一）机型现象：XPB30-121S 型洗衣机不能脱水 ······ 200
（二）机型现象：XPB30-121S 型洗衣机脱水桶旋转不停 ······ 200
（三）机型现象：XPB30-121S 型洗衣机洗衣不干净 ······ 201
（四）机型现象：XPB50-18S 型洗衣机，脱水时脱水桶转动很慢 ······ 201

（五）机型现象：XPB50-18S 型洗衣机波轮单向旋转 …… 201
（六）机型现象：XPB50-18S 型洗衣机脱水电动机不转 …… 201
（七）机型现象：XPB50-18S 型洗衣机脱水桶不转 …… 202
（八）机型现象：XQB45-950G 型洗衣机电源开关跳闸 …… 202
（九）机型现象：XQB45-950G 型洗衣机自动洗涤时，发出报警声，无法排水 …… 202
（十）机型现象：XQB50-158 型全自动洗衣机启动无力 …… 203
（十一）机型现象：XQB52-988C 型洗衣机显示故障代码“E2” …… 203
（十二）机型现象：XQB60-727G 型洗衣机不启动 …… 203
（十三）机型现象：XQB60-B830DS 型洗衣机出现故障代码“E9”“E10” …… 204
课堂十三　三星洗衣机故障维修实训 …… 204
（一）机型现象：WF-R1053A 型洗衣机不进水 …… 204
（二）机型现象：XQB60-C85Y 型全自动洗衣机不能洗涤 …… 205
（三）机型现象：XQB70-N99I 型洗衣机不工作 …… 206
（四）机型现象：XQB70-N99I 型洗衣机不排水 …… 206
课堂十四　三洋洗衣机故障维修实训 …… 207
（一）机型现象：XQB45-448 型洗衣机接通电源后不能洗涤 …… 207
（二）机型现象：XQB50-1076 型洗衣机不工作 …… 208
（三）机型现象：XQB55-118 型洗衣机不工作 …… 209
（四）机型现象：XQB55-118 型洗衣机注水

失控 …… 209
（五）机型现象：XQB60-88 型全自动洗衣机不能排水 …… 210
（六）机型现象：XQB60-88 型全自动洗衣机进水不止 …… 210
（七）机型现象：XQB60-88 型全自动洗衣机脱水桶不转动 …… 210
（八）机型现象：XQB60-88 型洗衣机通电后不工作 …… 211
（九）机型现象：XQB60-B830S 型洗衣机发出异常声音 …… 212
（十）机型现象：XQB70-388 型洗衣机不能工作 …… 212
（十一）机型现象：XQB70-388 型洗衣机脱水桶不转 …… 212
（十二）机型现象：XQB75-B1177S 型洗衣机脱水桶不转 …… 214
（十三）机型现象：XQB80-8SA 型洗衣机不进水 …… 214
（十四）机型现象：XQG60-L832BCX 变频滚筒全自动洗衣机振动过大 …… 214
（十五）机型现象：XQG80-518HD 型洗衣机不能工作 …… 216
（十六）机型现象：XQG80-518HD 型洗衣机不能排水 …… 216
课堂十五　水仙洗衣机故障维修实训 …… 217
（一）机型现象：ES-3C2A 型洗衣机蜂鸣器不响 …… 217
（二）机型现象：XPB20-3S 型洗衣机波轮单向旋转 …… 218

（三）机型现象：XPB20-3S 型洗衣机脱水桶不转 …… 218
（四）机型现象：XPB25-402S 型洗衣机脱水时有噪声 …… 219
（五）机型现象：XPB25-801S 型洗衣机不排水 …… 219
（六）机型现象：XPB25-801S 型洗衣机脱水桶不能停止转动 …… 219
（七）机型现象：XPB78-5718SD 型洗衣机不洗涤 …… 219
（八）机型现象：XPB80-6108SD 型洗衣机不能脱水 …… 220
（九）机型现象：XQ30-111 型洗衣机洗衣桶单向旋转 …… 221
（十）机型现象：XQB30-11 型洗衣机按钮失灵 …… 221
（十一）机型现象：XQB30-11 型洗衣机按钮失灵 …… 222
（十二）机型现象：XQB30-11 型洗衣机波轮不能正转 …… 222
（十三）机型现象：XQB30-11 型洗衣机波轮单向旋转 …… 222
（十四）机型现象：XQB30-11 型洗衣机不工作 …… 223
（十五）机型现象：XQB30-11 型洗衣机不进水 …… 224
（十六）机型现象：XQB30-11 型洗衣机不排水 …… 224
（十七）机型现象：XQB30-11 型洗衣机不脱水 …… 224
（十八）机型现象：XQB30-11 型洗衣机程序失控 …… 224
（十九）机型现象：XQB30-11 型洗衣机蜂鸣器不响 …… 225
（二十）机型现象：XQB30-11 型洗衣机蜂鸣器短暂报警 …… 225

（二十一）机型现象：XQB30-11 型洗衣机工作程序紊乱 …… 226
（二十二）机型现象：XQB30-11 型洗衣机工作失常 …… 226
（二十三）机型现象：XQB30-11 型洗衣机开机即烧熔丝 …… 226
（二十四）机型现象：XQB30-11 型洗衣机脱水桶不转 …… 227
（二十五）机型现象：XQB30-11 型洗衣机洗涤定时器失灵 …… 227
（二十六）机型现象：XQB30-11 型洗衣机洗涤失常 …… 227
（二十七）机型现象：XQB30-11 型洗衣机洗涤指示灯不亮 …… 227
（二十八）机型现象：XQB30-11 型洗衣机指示灯不亮 …… 228
（二十九）机型现象：XQB30-21 型洗衣机程序控制器失灵 …… 228
（三十）机型现象：XQB30-23 型洗衣机电动机不能正转 …… 229
（三十一）机型现象：XQB35-2301 型洗衣机安全开关断开 …… 229
（三十二）机型现象：XQB35-2301 型洗衣机波轮不转 …… 229
课堂十六　松下洗衣机故障维修实训 …… 230
（一）机型现象：NA-711C 型洗衣机洗涤时单向旋转 …… 230
（二）机型现象：NA-711 型洗衣机不工作 …… 230
（三）机型现象：NA-711 型洗衣机不能脱水 …… 231
（四）机型现象：NA-711 型洗衣机蜂鸣器鸣叫

不停 …………………………………………… 231
（五）机型现象：NA-711 型洗衣机排水不止 …… 232
（六）机型现象：NA-733C 型洗衣机边进水边排水 …………………………………………… 232
（七）机型现象：NA-F311J 型洗衣机不排水 …… 233
（八）机型现象：NA-F311J 型洗衣机进水不止 … 233
（九）机型现象：NA-F311J 型洗衣机脱水桶跟着洗涤桶转 ………………………………………… 234
（十）机型现象：NA-F311J 型洗衣机洗涤时不换向 …………………………………………… 234
（十一）机型现象：NA-F311J 型洗衣机噪声大 … 234
（十二）机型现象：NA-F362 型洗衣机标准水流和强水流显示失常 ………………………… 235
（十三）机型现象：NA-F362 型洗衣机不工作 …… 235
（十四）机型现象：NA-F362 型洗衣机不进水 …… 236
（十五）机型现象：NA-F362 型洗衣机不排水 …… 236
（十六）机型现象：NA-F362 型洗衣机指示灯不显示 …………………………………………… 237
（十七）机型现象：NA-F362 型洗衣机脱水噪声大 ………………………………………… 237
（十八）机型现象：NA-F362 型洗衣机洗涤电动机单向旋转 ………………………………… 238
（十九）机型现象：NA-F363 型洗衣机开机即烧熔断器 ………………………………………… 238
（二十）机型现象：NA-F42K2C 全自动波轮洗衣机进水时水位未达到设定水位时，洗涤电动机即单向间歇运转 ………………………… 238
（二十一）机型现象：XQB36-831 型洗衣机电磁进水阀进水并达到一定水位后，波轮仍不能运转 ………………………………… 238

（二十二）机型现象：XQB36-831 型洗衣机接通电源后电动机旋转，但波轮不转 …………… 239
（二十三）机型现象：XQB52-858 型洗衣机不能排水，其他均正常 ……………………… 239
（二十四）机型现象：XQG60-M6021 滚筒全自动洗衣机不进水 ……………………………… 241
（二十五）机型现象：XQG70-V75GS 变频滚筒洗衣机进水很慢 ………………………… 241
（二十六）机型现象：XQG70-V75GS 变频滚筒洗衣机进水后不能洗涤，也无电动机运转声 ………………………………………… 241
（二十七）机型现象：XQZ72-VZ72ZX 型洗衣机不能工作，显示代码“H29” ……………… 242
课堂十七　威力洗衣机故障维修实训 ……………… 242
（一）机型现象：XPB20-2S 型洗衣机漏电 ……… 242
（二）机型现象：XPB20-2S 型洗衣机洗涤电动机突然停转 ……………………………………… 242
（三）机型现象：XPB20-2S 型洗衣机洗涤电动机转速变慢 ……………………………………… 243
（四）机型现象：XQB35-1 型洗衣机不进水……… 243
（五）机型现象：XQB35-1 型洗衣机回转桶不运转 ……………………………………… 243
（六）机型现象：XQB35-1 型洗衣机烧熔丝……… 244
（七）机型现象：XQB35-1 型洗衣机脱水桶不转 ………………………………………… 245
（八）机型现象：XQB35-1 型洗衣机压力开关不动作 ……………………………………… 245
课堂十八　夏普洗衣机故障维修实训 ……………… 245
（一）机型现象：XQB70-8811 型洗衣机不进水 … 245
（二）机型现象：XQB70-8811 型洗衣机不能

洗涤 …………………………………………… 246
（三）机型现象：XQB70-8811 型洗衣机脱水时异常振动 ………………………………………… 247
（四）机型现象：XQB70-8811 型洗衣机无法排水 …………………………………………… 248
（五）机型现象：XQB70-8811 型洗衣机无法脱水 …………………………………………… 248
课堂十九　小天鹅洗衣机故障维修实训 ………… 248
（一）机型现象：TB62-X308G 波轮全自动洗衣机开机后不工作 ……………………………… 248
（二）机型现象：TB63-V1068 型波轮全自动洗衣机不进水 ………………………………………… 249
（三）机型现象：XQB Q3268G 型洗衣机不能洗涤 …………………………………………… 250
（四）机型现象：XQB20-3 型洗衣机不进水 ……… 250
（五）机型现象：XQB20-3 型洗衣机不洗涤 ……… 250
（六）机型现象：XQB20-3 型洗衣机洗涤电动机不转 …………………………………………… 251
（七）机型现象：XQB20-6 型洗衣机不进水 ……… 251
（八）机型现象：XQB20-6 型洗衣机不能排水 …… 252
（九）机型现象：XQB20-6 型洗衣机排水时有异声 …………………………………………… 252
（十）机型现象：XQB30-6 型洗衣机单向旋转 …… 252
（十一）机型现象：XQB30-7 型洗衣机报警无声 …………………………………………… 253
（十二）机型现象：XQB30-7 型洗衣机不进水 …… 253
（十三）机型现象：XQB30-7 型洗衣机不进水 …… 254
（十四）机型现象：XQB30-7 型洗衣机单向旋转 …………………………………………… 254
（十五）机型现象：XQB30-7 型洗衣机脱水功能

失效 …………………………………… 254
（十六）机型现象：XQB30-7 型洗衣机脱水时
转动不平衡 ……………………………… 254
（十七）机型现象：XQB30-7 型洗衣机洗涤时波轮
转速慢，有时甚至停止转动 …………… 255
（十八）机型现象：XQB30-8 型洗衣机波轮单向
旋转 …………………………………… 255
（十九）机型现象：XQB30-8 型洗衣机不进水…… 256
（二十）机型现象：XQB30-8 型洗衣机不排水…… 256
（二十一）机型现象：XQB30-8 型洗衣机
不脱水 ………………………………… 256
（二十二）机型现象：XQB30-8 型洗衣机
不洗涤 ………………………………… 257
（二十三）机型现象：XQB30-8 型洗衣机进水
不止 …………………………………… 257
（二十四）机型现象：XQB30-8 型洗衣机经常出现
脱水不平衡现象 ……………………… 258
（二十五）机型现象：XQB30-8 型洗衣机开始程序
正常运行后发生混乱 ………………… 258
（二十六）机型现象：XQB30-8 型洗衣机排水时
报警 …………………………………… 259
（二十七）机型现象：XQB30-8 型洗衣机突然不
进水 …………………………………… 259
（二十八）机型现象：XQB30-8 型洗衣机脱水时
无法停机 ……………………………… 260
（二十九）机型现象：XQB30-91AL 型洗衣机
不排水 ………………………………… 260
（三十）机型现象：XQB40-868FC（G）型洗衣机
按键失灵 ……………………………… 261
（三十一）机型现象：XQB40-868FC（G）型洗衣机

不能洗涤 …………………………………… 261
（三十二）机型现象：XQB40-868FC（G）型洗衣机称重报警 …………………………………… 262
（三十三）机型现象：XQB40-868FC（G）型洗衣机通电即报警 …………………………………… 262
（三十四）机型现象：XQB40-868FC（G）型洗衣机指示灯不亮 …………………………………… 263
（三十五）机型现象：XQB40-868FC 型洗衣机报警无声 …………………………………… 263
（三十六）机型现象：XQB40-868FC 型洗衣机不排水 …………………………………… 263
（三十七）机型现象：XQB40-868FC 型洗衣机操作失效 …………………………………… 264
（三十八）机型现象：XQB40-868FC 型洗衣机电动机不转 …………………………………… 265
（三十九）机型现象：XQB40-868FC 型洗衣机显示故障代码“E9” ………………… 265
（四十）机型现象：XQB50-180G 型洗衣机空载时运行正常，放入衣物后运行无力 …… 266
（四十一）机型现象：XQB60-818B 型洗衣机经常出现脱水不平衡现象 ………………… 267
（四十二）机型现象：XQG50-801 型洗衣机不工作 …………………………………… 267
课堂二十 小鸭洗衣机故障维修实训 ………………… 268
（一）机型现象：TEMA832 型洗衣机选择加热洗涤时，不能加热 …………………… 268
（二）机型现象：TEMA832 型洗衣机有时加热正常，有时不能加热 ………………… 268
（三）机型现象：XQB46-586B 型洗衣机漂洗工作突然停止 …………………………………… 269

（四）机型现象：XQB55-2198SC 型洗衣机不工作 …… 270
课堂二十一 新乐洗衣机故障维修实训 …… 270
（一）机型现象：XPB95-8192S 型洗衣机不能脱水 …… 270
（二）机型现象：XQB50-6027A 型洗衣机无法启动 …… 271
课堂二十二 康佳洗衣机故障维修实例 …… 272
（一）机型现象：XQB60-5018 型洗衣机不工作 …… 272
（二）机型现象：XQB70-5066 型洗衣机不进水 …… 273
（三）机型现象：XQG60-6081W 型洗衣机不工作 …… 273

第五讲 维修职业化训练课外阅读 275

课堂一 根据代码找故障 …… 275
课堂二 参考主流芯片应用电路 …… 284
课堂三 电路或实物按图索故障 …… 288
（一）西门子 WM1065（XQG52-1065）滚筒洗衣机电路板实物图 …… 288
（二）西门子 WM1065（XQG52-1065）滚筒洗衣机电脑板接线按图索故障 …… 289
（三）松下 XQB45-847 人工智能全自动洗衣机按图索故障 …… 290

Chapter 01

维修职业化训练预备知识

课堂一 电子基础知识

一、模拟电路

模拟电路就是利用信号的大小强弱（某一时刻的模拟信号，即时间和幅度上都连续的信号）表示信息内容的电路，例如声音经话筒变为电信号，其声音的大小就对应于电信号大小强弱（电压的高低值或电流的大小值），用以处理该信号的电路就是模拟电路。模拟信号在传输过程中很容易受到干扰而产生失真（与原来不一样）。与模拟电路对应的就是数字电路，模拟电路是数字电路的基础。

学习模拟电路应掌握以下概念。

1. 电源

电源是电路中产生电能的设备。按其性质不同，分为直流电源和交流电源，它们分别是由化学能和机械能转换成电能的。直流电源是由化学能转换为电能的，如干电池和铅蓄电池；交流电源是通过发电机产生的。

电源内有一种外力，能使电荷移动而做功，这种外力做功能力称为电源电动势，常用符号 E 表示，其单位为伏特（V），常用单位及换算关系是：

$$1千伏(kV)=1000伏(V)$$

$$1伏(V)=1000毫伏(mV)$$

$$1毫伏(mV)=1000微伏(\mu V)$$

2. 电路

电路是指电流通过的路径。它由电源、导线和控制元器件组成。

3. 电流

电流指电荷在导体上的定向移动。在单位时间内通过导体某一截面的电荷量用符号 I 表示。电流的大小和方向能随时间有规律的变化的，叫做交流电流；电流的大小和方向不随时间发生变化的，叫做恒定直流电。

电流的单位为安培，用字母 A 表示，常用单位及换算关系是：

$$1安培(A)=1000毫安(mA)$$

$$1毫安(mA)=1000微安(\mu A)$$

4. 电压

电压是指电流在导体中流动的电位差。电路中元器件两端的电压用符号 U 表示。电位的单位也称为伏特（V）。常用单位为伏（V）、毫伏（mV）、微伏（μV）。

5. 电阻

电阻是指导体本身对电流所产生的阻力。电阻用符号 R 表示。电阻的单位为欧姆，用符号 Ω 表示。常用单位及换算关系是：

$$1k\Omega=1000\Omega$$

$$1M\Omega=10^3 k\Omega=10^6\Omega$$

由于电阻的大小与导体的长度成正比，与导体的截面积成反比，且与导体的本身材料质量有关，其计算公式为：

$$R=\rho\frac{L}{A}\ (\Omega)$$

式中 L——导体的长度，m；

A——导体的截面积，m^2；

ρ——导体的电阻率，Ω·m。

6. 电容

电容是指电容器的容量。电容器由两块彼此相互绝缘的导体组成，一块导体带正电荷，另一块导体一定带负电荷。其储存电荷量与加在两导体之间的电压大小成正比。

电容用字母 C 表示。电容量的基本单位为法拉，用字母 F 表示。常用单位及换算关系为：法（F）、微发（μF）和皮法（pF），$1F=10^6\mu F=10^{12}pF$。

电容器在电路中的作用有：

（1）能起到隔直流通交流的作用；

（2）电容器与电感线圈可以构成具有某种功能的电路；

（3）利用电容器可实现滤波、耦合定时和延时等功能。

使用电容器时应注意：电容器串联使用时，容量小的电容器比容量大的电容器所分配的电压要高，因此在串联使用时要注意每个电容器的电压不要超过其额定电压；电容器并联使用时，等效电容的耐压值等于并联电容器中最低额定工作电压。

串、并联时的等效电容计算如图 1-1 所示。

计算内容	阻容连接图	等效阻容计算公式
串联电阻总电阻的计算	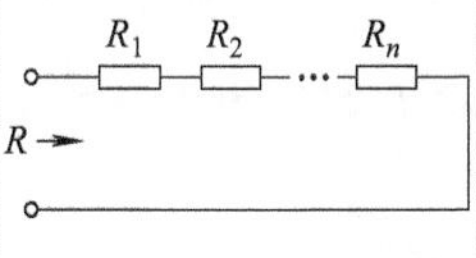 R_1 R_2 … R_n $R\rightarrow$	$R=R_1+R_2+\cdots+R_i+\cdots+R_n=\sum_{i=1}^{n}R_i$ $G=\dfrac{1}{\dfrac{1}{G_1}+\dfrac{1}{G_2}+\cdots+\dfrac{1}{G_i}+\cdots+\dfrac{1}{G_n}}=\dfrac{1}{\sum_{i=1}^{n}\dfrac{1}{G_i}}$
并联电阻总电阻的计算	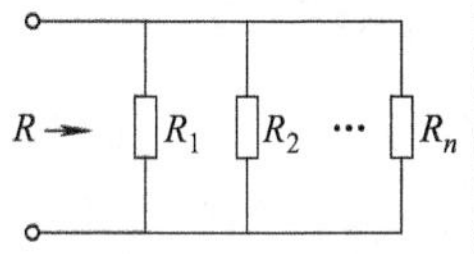 $R\rightarrow$ R_1 R_2 … R_n	$G=G_1+G_2+\cdots+G_i+\cdots+G_n=\sum_{i=1}^{n}G_i$ $\dfrac{1}{R}=\dfrac{1}{R_1}+\dfrac{1}{R_2}+\cdots+\dfrac{1}{R_i}+\cdots+\dfrac{1}{R_n}=\sum_{i=1}^{n}\dfrac{1}{R_i}$
串联电容总电容的计算	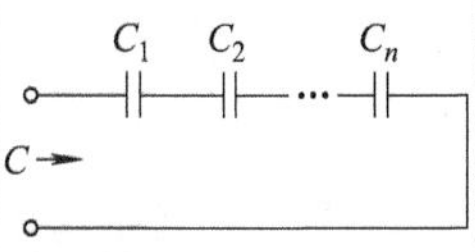 C_1 C_2 … C_n $C\rightarrow$	$\dfrac{1}{C}=\dfrac{1}{C_1}+\dfrac{1}{C_2}+\cdots+\dfrac{1}{C_i}+\cdots+\dfrac{1}{C_n}=\sum_{i=1}^{n}\dfrac{1}{C_i}$
并联电容总电容的计算	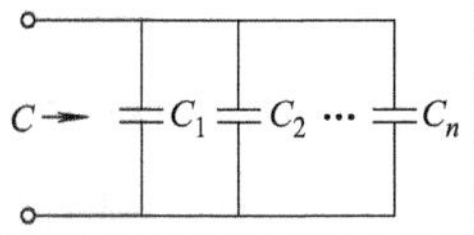 $C\rightarrow$ C_1 C_2 … C_n	$C=C_1+C_2+\cdots+C_i+\cdots+C_n=\sum_{i=1}^{n}C_i$

注：G 为电导，$G=\dfrac{1}{R}$。

图 1-1　电阻和电容串并联等效计算

7. 电能

电能指在某一段时间内电流的做功量。常用千瓦时（kW·h）作为电能的计算单位，即功率为 1kW 的电源在 1h 内其电流所做的功。

电能用符号 W 表示，单位为焦耳，单位符号为J。电能的计算公式为：

$$W=Pt$$

式中，电功率 P 的单位为瓦（W），时间 t 的单位为秒（s），电能 W 的单位为焦耳（J）。

8. 电功率

电功率是指在一定的单位时间内电流所做的功。电功率用符号 P 表示，单位为瓦特，单位符号为 W，常用单位为千瓦（kW）和毫瓦（mW）等，1W 等于 1000mW。

电功率是衡量电能转换速度的物理量。

假设在一个电阻值为 R 的电阻两端加上电压 U，而流过电阻的电流为 I，则该电阻上消耗的电功率 P 的计算公式为：

$$P=UI=I^2R=\frac{U}{R}$$

式中，电压 U 的单位为伏特（V），电流 I 的单位为安培（A），电阻 R 的单位为欧姆（Ω），电功率 P 的单位为瓦特（W）。

9. 电感线圈

电感线圈是用绝缘导线在铁心或支架上绕制而成的。它具有通直流阻交流的作用，可以配合其他电器元器件组成振荡电路、调谐电路、高频和低频滤波电路。

电感是自感和互感的总称。当线圈本身通过的电流发生变化时将引起线圈周围磁场的变化，而磁场的变化又在线圈中产生感应电动势，这种现象称作自感；两只互相靠近的线圈，其中一个线圈中的电流发生变化，而在另一个线圈中产生感应电动势，这种现象称为互感。

电感用符号 L 表示，单位为亨利，用字母 H 表示。常用单位及换算关系为：毫亨（mH）和微亨（μH），$1H=10^3 mH=10^6 \mu H$。

电感线圈对交流电呈现的阻碍作用称作感抗，用符号 XL 表示，单位为欧姆（Ω）。感抗与线圈中的电流的频率及线圈电感量的关系为：$XL=\omega L=2\pi fL$。

10. 欧姆定律

在一段不含电动势只有电阻的电路中，流过电阻 R 的电流 I 与加在电阻两端的电压 U 成正比，与电阻成反比，这称作无源支路的欧姆定律。

欧姆定律的计算公式为：

$$I=\frac{U}{R}$$

式中　I——支路电流，A；

U——电阻两端的电压，V；

R——支路电阻，Ω。

在一段含有电动势的电路中，其支路电流的大小和方向与支路电阻、电动势的大小和方向、支路两端的电压有关，这称作有源支路的欧姆定律。其计算公式为：

$$I=\frac{U-E}{R}$$

式中　I——有源支路电流，A；

U——电阻两端的电压，V；

R——支路电阻，Ω；

E——支路电动势，V。

11. 基尔霍夫定律

基尔霍夫第一定律为节点电流定律：几条支路所汇集的点称作节点，对于电路中任一节点，任一瞬间流入该节点的电流之和必须等于流出该节点的电流之和，或者说流入任一节点的电流的代数和等于0（假定流入的电流为正值，流出的则看作是流入一个负极的电流），即：

$$I_1+I_2-I_3+I_4-I_5=0 \quad (I_X \text{ 为任一节点电流})$$

基尔霍夫第二定律为回路电压定律：电路中任一闭合路径称作回路，任一瞬间，电路中任一回路的各阻抗上的电压降的代数和恒等于回路中的各电动势的代数和。

12. 频率

频率是指交流电流每秒钟完成的循环次数。用符号 f 表示，单位为赫兹（Hz）。我国交流供电的标准频率为50Hz。

13. 周期

周期指电流变化一周所需要的时间。用符号 T 表示，单位为秒（s）。周期与频率是互为倒数的关系，其数学公式为：

$$T=\frac{1}{f}$$

14. 相位和初相位

在电流表达式 $i=I_m\sin(\omega t+\varphi)$ 中，电角度（$\omega t+\varphi$）是表示正弦交流电变化过程的一个物理量，通常把交流电动势变化一个周期用 2π 弧度来计量，一定的时间对应一定的角度，这个角度即称为电角度，其文字符号用字母“α”来表示，单位是弧度（rad）。任一瞬间交流电动势的电角度称作相位。当 $t=0$（即起始时）时的相位 φ 称作初相位。

15. 角频率

角频率是指正弦交流电在单位时间内所变化的电角度，用符号 ω 表示，单位是弧度/秒（rad/s）。角频率与频率和周期的关系为：

$$\omega=2\pi f=\frac{2\pi}{T}$$

16. 振幅值

振幅值指交流电流或交流电压在一个周期内出现的电流或电压

的最大值，用符号 I_{m} 或 U_{m} 表示。

17. 有效值

有效值指交流电流 i 通过一个电阻时，在一个周期内所产生的热量，如果与一个恒定直流电流 I 通过同一电阻时所产生的热量相等，该恒定直流电流值的大小就称作该交流电流的有效值，用字母 I 表示；电压有效值用 U 表示。

对于正弦交流电，其电流及电压的有效值与振幅值的数量关系为：

$$I=\frac{I_{\mathrm{m}}}{\sqrt{2}}$$

$$U=\frac{U_{\mathrm{m}}}{\sqrt{2}}$$

18. 相电压

相电压指在三相对称电路中，每相绕组或每相负载上的电压，即端线与中线之间的电压。

19. 相电流

相电流指在三相对称电路中，流过每相绕组或每相负载上的电流。

20. 线电压

线电压是指在三相对称电路中，任意两条线之间的电压。

21. 线电流

线电流是指在三相对称电路中，端线中流过的电流。

二、数字电路

用数字信号完成对数字量的算术运算和逻辑运算的电路称为数字电路或数字系统。由于它具有逻辑运算和逻辑处理的功能，所以又称数字逻辑电路。现代的数字电路由半导体工艺制成的若干数字集成器件构造而成。逻辑门是数字逻辑电路的基本单元。存储器是用来存储二值数据的数字电路。从整体上看，数字电路可以分为组合逻辑电路和时序逻辑电路两大类。

数字电路与模拟电路不同，它不利用信号的大小强弱来表示信息，而是利用电压的高低或电流的有无或电路的通断来表示信息的1或0，用一连串的1或0编码表示某种信息（由于只有1与0两个数码，所以叫二进制编码，如图1-2所示为数字信号与模拟信号波形对照）。用以处理二进制信号的电路就是数字电路，它利用电路的通断来表示信息的1或0，其工作信号是离散的数字信号。根据电路中的晶体管的工作状态的不同即可产生数字信号，即时而导通时而截止就可产生数字信号。

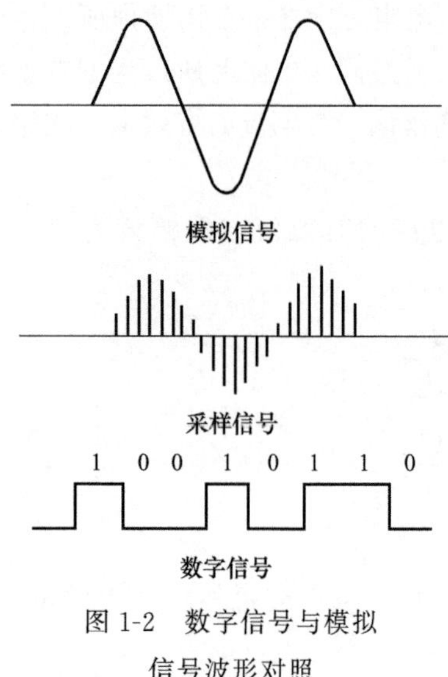

图1-2 数字信号与模拟信号波形对照

最初的数字集成器件以双极型工艺制成了小规模逻辑器件，随后发展到中规模逻辑器件；20世纪70年代末，微处理器的出现，使数字集成电路的性能产生了质的飞跃，出现了大规模的数字集成电路。数字电路最重要的单元电路就是逻辑门。

数字集成电路是由许多逻辑门组成的复杂电路。与模拟电路相比，它主要进行数字信号的处理（即信号以0与1两个状态表示），因此抗干扰能力较强。数字集成电路有各种门电路、触发器以及由它们构成的各种组合逻辑电路和时序逻辑电路。一个数字系统一般由控制部件和运算部件组成，在时脉的驱动下，控制部件控制运算部件完成所要执行的动作。通过模拟数字转换器、数字模拟转换器，数字电路可以和模拟电路实现互联互通。

学习数字电路主要应掌握以下概念：

（1）组合逻辑电路　组合逻辑电路简称组合电路，它由最基本的逻辑门电路组合而成。特点是：输出值只与当时的输入值有关，即输出唯一地由当时的输入值决定。电路没有记忆功能，输出状态随着输入状态的变化而变化，类似于电阻性电路，如加法器、译码器、编码器、数据选择器等都属于此类。

（2）时序逻辑电路　简称时序电路，它是由最基本的逻辑门电路加上反馈逻辑回路（输出到输入）或器件组合而成的电路，与组合电路最本质的区别在于时序电路具有记忆功能。时序电路的特点是：输出不仅取决于当时的输入值，而且还与电路过去的状态有关。它类似于含储能元器件如电感或电容的电路，如触发器、锁存器、计数器、移位寄存器、储存器等电路都是时序电路的典型器件。

按电路有无集成元器件来分，可分为分立元器件数字电路和集成数字电路。

按集成电路的集成度进行分类，可分为小规模集成数字电路（SSI）、中规模集成数字电路（MSI）、大规模集成数字电路（LSI）和超大规模集成数字电路（VLSI）。按构成电路的半导体器件来分类，可分为双极型数字电路和单极型数字电路。

数字电路的特点：

（1）同时具有算术运算和逻辑运算功能。数字电路是以二进制逻辑代数为数学基础，使用二进制数字信号，既能进行算术运算又能方便地进行逻辑运算（与、或、非、判断、比较、处理等），因此极其适合于运算、比较、存储、传输、控制、决策等应用。

（2）实现简单，系统可靠。以二进制作为基础的数字逻辑电路，可靠性较强，电源电压的小波动对其没有影响，温度和工艺偏差对其工作可靠性的影响也比模拟电路小得多。

（3）集成度高、功能实现容易、体积小、功耗低是数字电路突出的优点。

另外，数字电路的设计、维修、维护灵活方便，且随着集成电路技术的高速发展，数字逻辑电路的集成度越来越高，集成电路块的功能随着小规模集成电路（SSI）、中规模集成电路（MSI）、大规模集成电路（LSI）、超大规模集成电路（VLSI）的发展也从元器件级、器件级、部件级、板卡级上升到系统级。电路的设计组成只需采用一些标准的集成电路块单元即可连接而成。对于非标准的特殊电路还可以使用可编程序逻辑阵列电路，通过编程的方法实现任意的逻辑功能。数字电路与数字电子技术广泛地应用于家电、雷达、通信、电子计算机、自动控制和航天等科学技术领域。

数字电路的分类：包括数字脉冲电路和数字逻辑电路。前者负责脉冲的产生、变换和测量，后者负责对数字信号进行算术运算和逻辑运算。

课堂二 元器件预备知识

一、常用电子元器件识别

（一）电阻

电阻是对电能进行吸收，使电路中各个元件按需要分配电能，来稳定和调节电路的电流和电压的。它用来表示导体对电流阻碍作用的大小，当导体电阻越大时，就说明导体对电流的阻碍作用也越大。它的电阻值大小跟温度有一定的关系。

电阻器上的电阻值称为标称值，常见单位有 Ω、kΩ、MΩ。电阻器的实际阻值对于标称值的最大允许偏差范围称为允许误差，误差代码有 F、G、J、K 等。电阻器上允许的消耗功率常见的有 1/16W、1/8W、1/4W、1/2W、1W、2W、5W、10W。洗衣机上所用电阻的实物如图 1-3 所示。

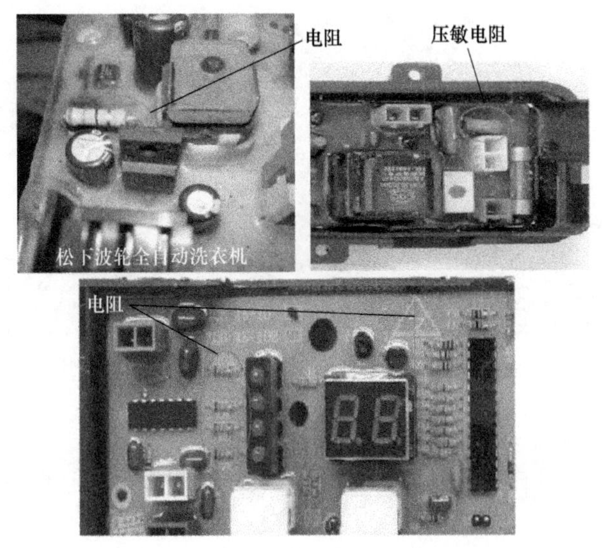

图 1-3　洗衣机上所用电阻实物图

（二）电容

电容主要用在信号滤波、电源滤波、信号耦合、谐振、隔直流等电路中，它具有存储电能、充放电特性和通交流隔直流的能力。

电容的识别方法主要分直标法、色标法和数标法 3 种。电容的基本单位用法拉（F）表示，其他单位还有：毫法（mF）、微法（μF）、纳法（nF）、皮法（pF）。

洗衣机上所用的电容按安装方式可分为插件电容和贴片电容，如图 1-4 所示。另外洗衣机的电动机上还配有启动电容器，用以帮助启动电动机转动，这种电容器多选用电解电容器，如图 1-5 所示。

（三）电感

电感器是用绝缘导线绕制而成的电磁感应元件，它是由骨架、绕组、屏蔽罩、封装材料、磁芯或铁芯等组成的。电感量的基本单位是亨利，用字母 H 表示，常用的单位还有毫亨（mH）和微亨（μH）。

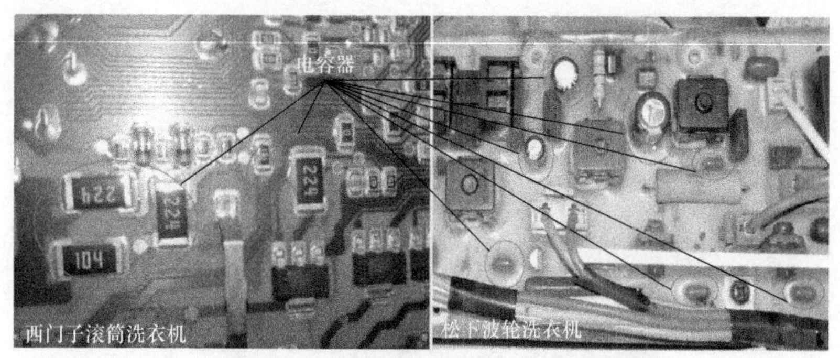

图 1-4　洗衣机上所用的插件电容和贴片电容实物图

图 1-5　启动电容器

电感器的线圈圈数越多或绕制线圈越密集时，电感量就越大；同时，有磁芯的线圈比无磁芯的线圈的电感量大，磁芯磁导率越大的线圈电感量也越大。也就是说，电感器电感量的大小，主要取决于线圈的圈数和有无磁芯及磁芯的材料等。洗衣机上所用电感器的实物如图 1-6 所示。

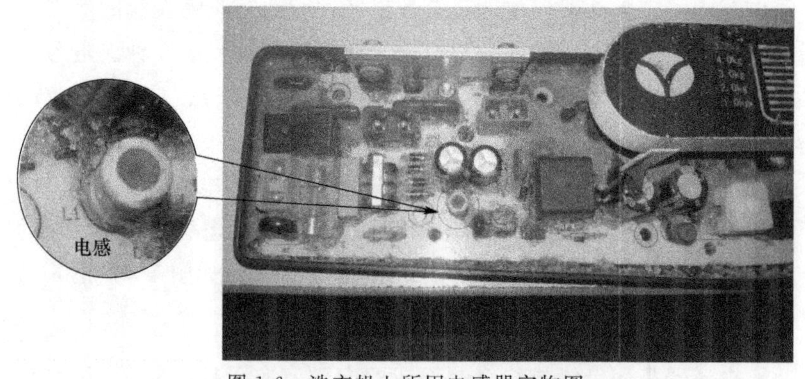

图 1-6　洗衣机上所用电感器实物图

（四）二极管

二极管又称晶体二极管，简称二极管，它是只往一个方向传送电流的电子零件，在电路中，电流只能从二极管的正极流入、负极流出。洗衣机上所用的二极管有整流二极管、稳压二极管、开关二极管、发光二极管等（如图 1-7 所示）。

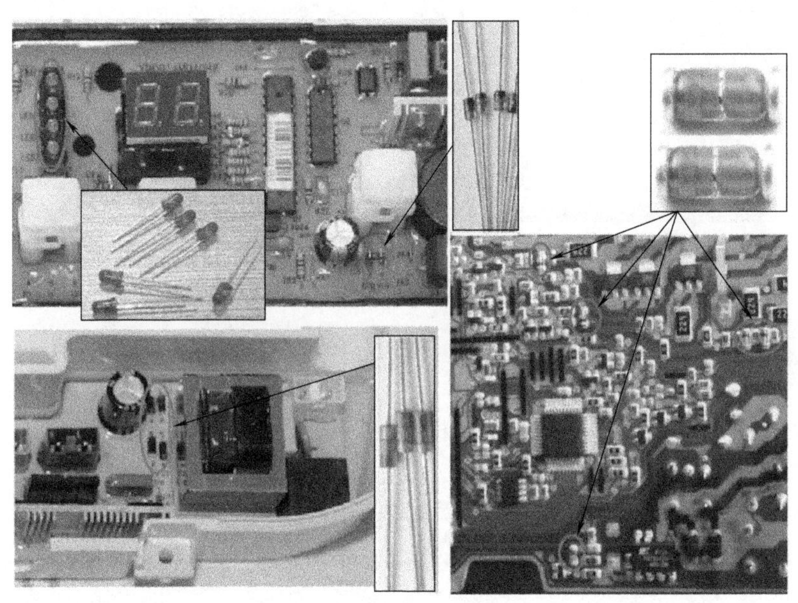

图 1-7　二极管实物图

（五）三极管

三极管是控制电流的半导体元件，能把微弱信号进行放大和作无触点开关，它有双极型晶体管、晶体三极管的别称。它按功能可分为开关管、功率管、达林顿管、光敏管等。洗衣机上所用的三极管外形如图 1-8 所示。

（六）晶闸管

晶闸管又称可控硅，它是一种整流元件，它也是一种具有三个 PN 结的四层结构的大功率半导体器件，它不仅能整流，还能将直流电变成交流电，它和其他半导体器件一样，体积小、效率高、稳定性好。洗衣机上所用晶闸管如图 1-9 所示。

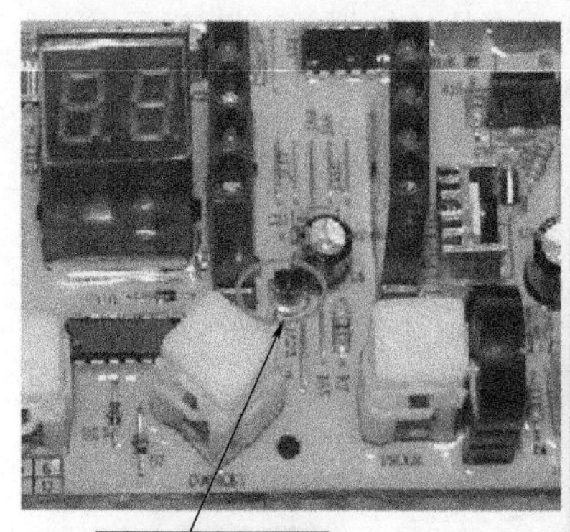

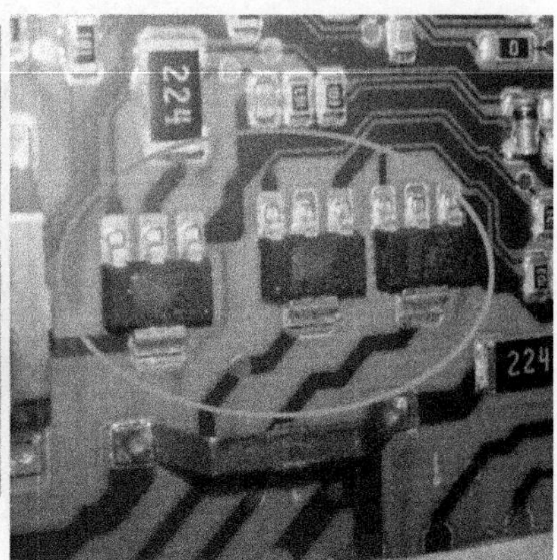

图 1-8　洗衣机上所用三极管外形图

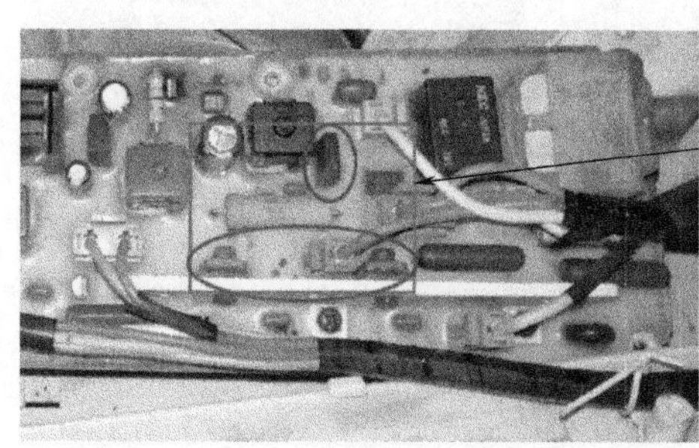

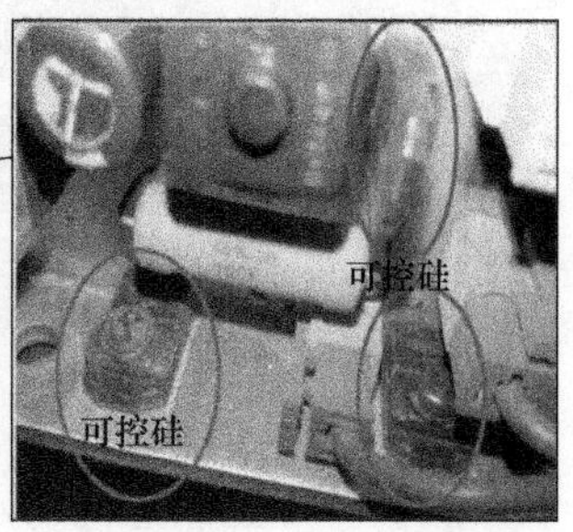

图 1-9　洗衣机上所用晶闸管实物图

（七）轻触开关

轻触开关又叫按键开关，使用时以满足操作力的条件向开关操作方向施压，开关即闭合接通，当撤销压力时开关即断开，是靠内部结构中的金属弹片的受力变化来实现通断的。相关实物如图1-10所示。

（八）变压器

变压器是利用电磁感应的原理来改变交流电压的装置，主要构件是初级线圈、次级线圈和铁芯。它的主要功能是电压变换、电流变换、阻抗变换、隔离、稳压等。洗衣机上所用变压器如图 1-11 所示。

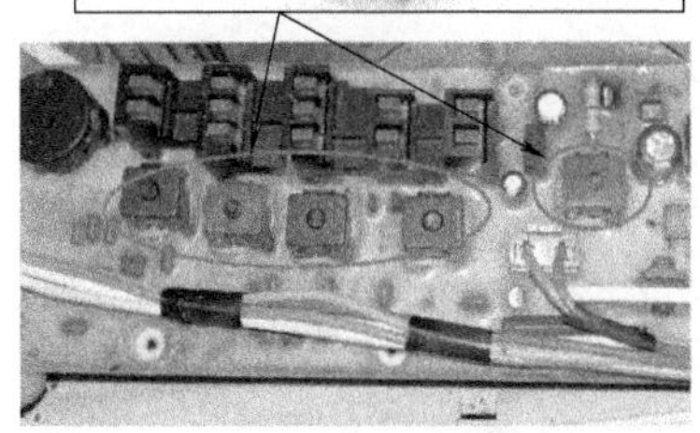

图 1-10　轻触开关相关实物图

（九）继电器

继电器是一种电子控制器件，它具有控制系统和被控制系统，通常用于自动控制电路中，实际就是用较小的电流去控制较大电流的一种“自动开关”，所以它在电路中起着自动调节、安全保护、转换电路等作用。洗衣机上所用继电器实物如图 1-12 所示。

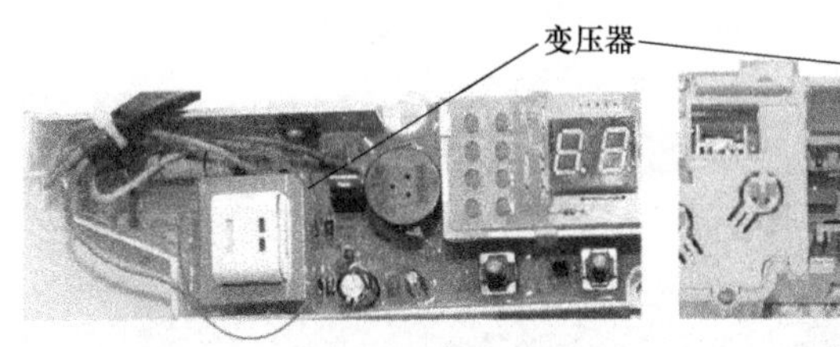

图 1-11　洗衣机上所用变压器实物图

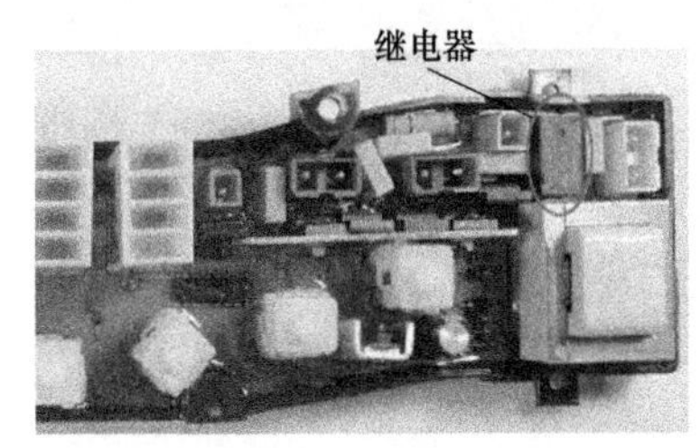

图 1-12　洗衣机上所用继电器实物图

（十）光耦

光耦它是以光为媒介来传输电信号的器件，通常把发光器与受光器封装在同一管壳内。当输入端加电信号时发光器发出光线，受光器接受光线之后就产生电流，从输出端流出，从而实现了“电→光→电”转换。

光耦可分为两种：一种为非线性光耦，另一种为线性光耦。非线性光耦的电流传输特性曲线是非线性的，这类光耦适用于开关信号的传输，不适用于传输模拟量。

洗衣机上所用光耦实物如图 1-13 所示。

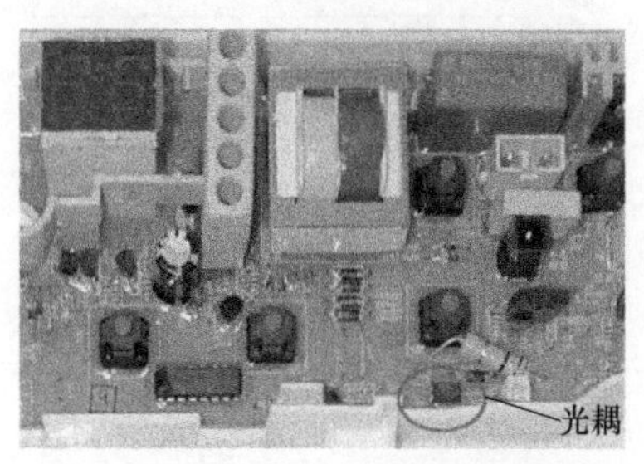

图 1-13 洗衣机上所用光耦实物图

（十一）晶振

晶振一般叫做晶体谐振器，是一种机电器件，是用电损耗很小的石英晶体经精密切割磨削并镀上电极焊上引线做成的。它被广泛应用于洗衣机、计算机、遥控器等各类振荡电路及通信系统中。它还被用于频率发生器中，为数据处理设备产生时钟信号和为特定系统提供基准信号。洗衣机上所用晶振实物如图 1-14 所示。

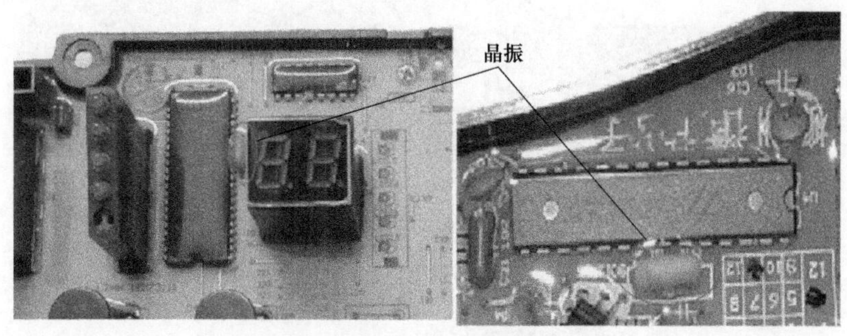

图 1-14 洗衣机上所用晶振实物图

（十二）熔断器

熔断器也被称为熔丝，是一种安装在电路中保证电路安全运行的电器元件，也就是一种短路保护器，广泛应用于配电系统和控制系统，主要进行短路保护或严重过载保护。洗衣机上所用熔断器实物如图 1-15 所示。

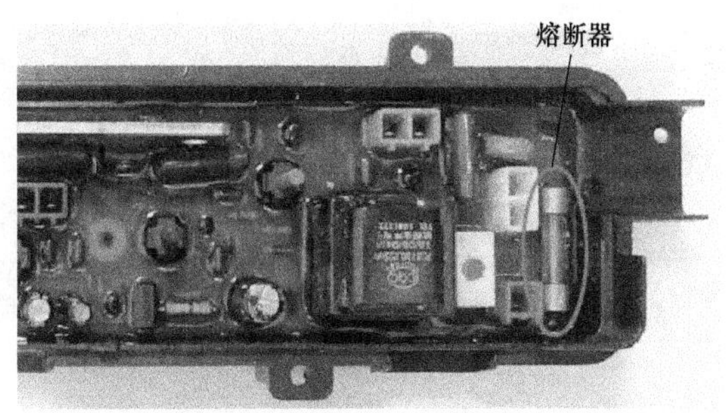

图 1-15　洗衣机上所用熔断器实物图

（十三）集成电路

集成电路就是指集成块，集成块是集成电路的实体，也是集成电路的通俗叫法。集成电路也就是把电子线路所需要的晶体三极管、晶体二极管和其他元件全部制作在一块半导体晶片上，其主要作用就是缩小电子元器件的占用空间，使电路看上去更简单。集成电路按用途分有很多种，如音频集成电路、运放集成电路、解码集成电路、微处理器集成电路、电源集成电路等。洗衣机上所用集成电路有微处理器、反相器、电源 IC 等，如图 1-16 所示。

单片微处理器又称单片机，作为洗衣机控制器的主控芯片，根据输入指令和检测信号，调出相应的操作程序，通过电路处理后，输出各种电路控制信号，使洗衣机自动完成程序操作过程；反相器是将输入信号的相位反转 180°，用于逻辑电平的倒相、振荡电路整形等；电源 IC 是指开关电源的脉宽控制集成，电源靠它来调整输出电压和电流使达到稳定。

※知识链接※　若单片机自身出故障或控制电路传送给单片机的信息不正确，洗衣机就不能正常工作。

二、专用电子元器件识别

洗衣机专用电子元器件通常有电动机、电脑程控器、转换开

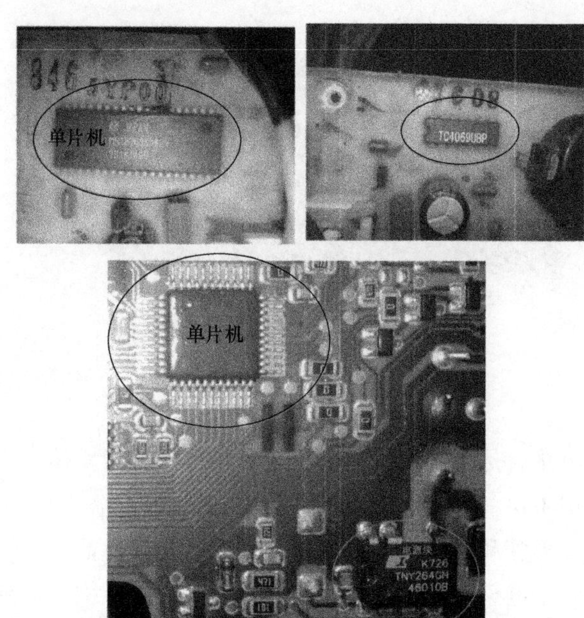

图 1-16　洗衣机上所用集成电路

关、洗/脱定时器、减速离合器、安全开关、水位感应器、进水/排水电磁阀、牵引器、电容器等。

（一）电动机

电动机（实物如图 1-17 所示）是洗衣机的动力源，起到传递动力的作用，为洗衣机洗涤、漂洗或脱水提供动力，它性能的好坏直接影响着洗衣机的性能。电动机主要由定子、转子、主（副）绕组及端盖等组成。

波轮洗衣机上使用的电动机以单相感应电动机为主，少数用变频电动机和无刷电动机；滚筒洗衣机则以串励电动机为主，此外还有变频电动机、无刷电动机、开关磁阻电动机等；双桶洗衣机一般采用电容运转式电动机。洗衣机上使用的电动机总的来说可以分为定速电动机和变速电动机两大类。

图 1-17　洗衣机用电动机实物图

定速电动机：它基本上都是电容运转单相异步电动机，属于感应电动机，可以分为单速电动机和双速电动机两类。单速电动机主要用于波轮洗衣机上；双速电动机主要用于波轮洗衣机，也有部分用于滚筒洗衣机，但用于滚筒洗衣机时不能获得很高的甩干转速。

变速电动机：常用的变速电动机有串励电动机、变频感应电动机、永磁无刷电动机和开关磁阻电动机几种。串励电动机主要用在滚筒洗衣机上，甩干时其最高转速可以达到每分钟 16000 转；变频感应电动机主要用在滚筒洗衣机上，甩干时其转速可以达到每分钟 18000 转，而且还可以再高；永磁无刷电动机按照其反电势和供电电流的波形不同可分为直流无刷电动机和交流无刷电动机两种，它既可以驱动波轮洗衣机也可以驱动滚筒洗衣机；开关磁阻电动机只用在少量滚筒洗衣机上。

（二）电脑程控器

电脑程控器简称电脑板或 P 板，用以控制整个洗衣机电路的运行。它由集成电路外加一系列电子元件组成，对整个洗涤程序进行监测、判断、控制和显示。电脑板外形如图 1-18 所示。

电脑板的各个插座分别连接安全开关、水位开关、进水电磁阀、电动机、排水电动机等。当电源开关接通后，通过安全开关、

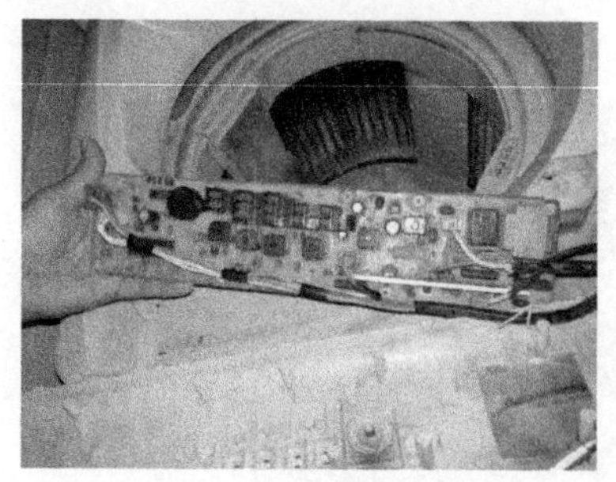

图 1-18 电脑板外形

水位压力开关和有关按钮向电脑板输入信号，电脑板便按规定程序，转换控制电路，使洗衣机自动完成洗衣各程序的控制部件。

（三）转换开关

转换开关是一种多挡位、多段式、控制多回路的一种电子开关，当操作手柄转动时，带动开关内部的凸轮转动，从而使触点按规定顺序闭合或断开。在洗衣机中，它主要用于双缸洗衣机的开关转换控制。转换开关相关实物如图 1-19 所示。

（四）洗/脱定时器

家用洗衣机定时器分为洗衣定时器和脱水定时器两种，其中洗涤定时器用以控制洗涤时间以及洗涤时电动机正、反方向旋转的节拍；脱水定时器用于控制脱水电动机的脱水时间。

普通定时器的结构多数为机械钟表式，工作时，拧动定时器旋钮，使发条上紧储备一定的能量，在能量释放过程中，通过振摆轮系将动力传至凸轮轴，使轴上的凸轮转动，从而控制紧贴在凸轮工作面上的弹簧片触点，实现电路通、断换向。定时器相关实物如图 1-20 所示。

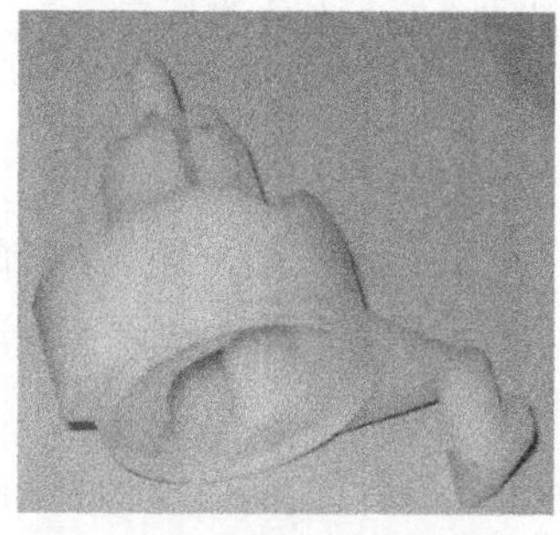

图 1-19 转换开关相关实物图

图 1-20 定时器相关实物图

（五）减速离合器

减速离合器是波轮全自动洗衣机用以减缓或制动波轮（内桶）转动的装置，在洗涤时带动波轮运转起到减速的作用；在脱水时带动内桶一起高速旋转，将水从衣物中分离出来，达到甩干的目的。减速离合器主要由波轮轴、脱水轴、扭簧、制动带、拨叉、离合杆、棘轮、棘爪、离合套、外套轴以及齿轮轴等组成，相关结构如图 1-21 所示。

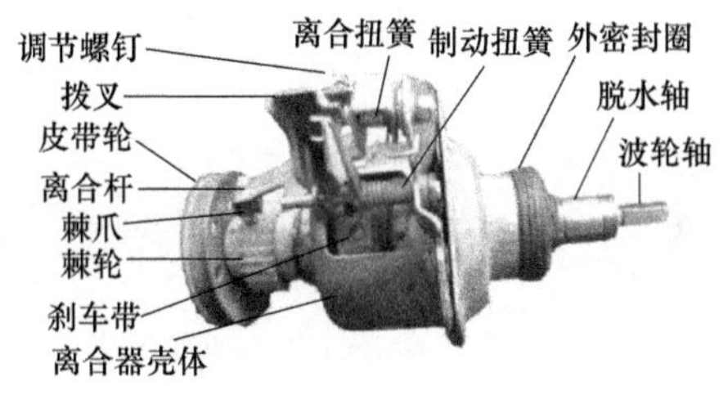

图 1-21 减速离合器相关结构图

洗衣机在洗涤或停机时，棘爪将棘轮拨过一定角度，从而使抱簧与离合套松开，进入洗涤状态，电动机经过传动带传动，只带动洗涤轴转动；在脱水时，棘爪将棘轮卡住，抱簧将离合套与脱水轴抱紧，从而使离合套与脱水轴同时转动。扭簧在洗涤时，抱紧脱水轴，防止脱水桶旋转。

（六）安全开关

安全开关也称为盖开关或门开关，在洗衣机中起安全保护的作用。洗衣机脱水时，若上盖被打开到一定的高度，安全开关动作，离合器制动，并且断开电动机的电源，终止脱水运行。另外在洗衣机运行过程中，洗涤物平衡会造成桶体晃动，若晃动的幅度太大，就会使安全开关动作，电源终止或者运行。安全开关实物与结构如图 1-22 所示。

（七）水位压力开关

全自动洗衣机均装有水位压力开关（或水位传感器），用以感触水位压力传导信号，它固定于控制盘座内，用导气管和外桶的气室相通。当设定好一个压力值并启动洗衣机时，桶内无水，水位开关

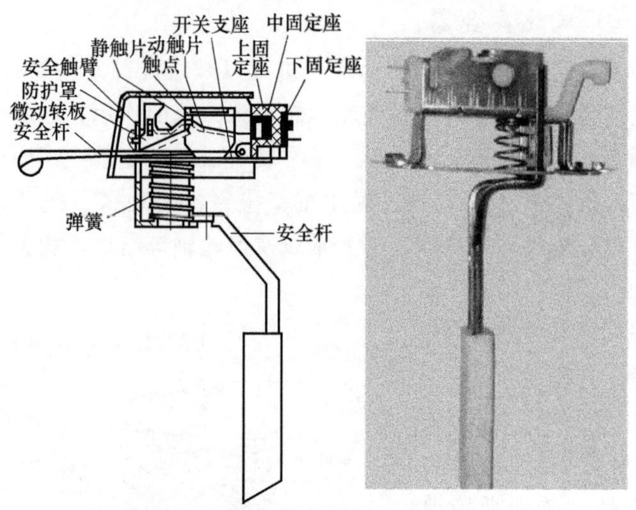

图 1-22　安全开关实物与结构图

触点处于开的状态，此时电脑板会发出指令给电磁阀通电进水，注水后产生水压，达到压力值后水位开关的触点就闭合，发脉冲信号给电脑板，电脑板则将电磁阀断电，停止进水。洗衣机水位感应器分为电子式和开关式两种，通过水位上升时所产生的空气压力由管道传递到传感器使电阻产生变化或内部开关接通来使电脑动作，若它损坏，将会产生注水不准、长注水不动作、排完水后不甩干等现象。

水位传感器的原理与水位开关类似，不同之处在于：传感器利用电感和电容将水位压力信号转变为频率信号后传给电脑板，而水位开关是通过凸轮等机械结构控制簧片的开合来传递脉冲信号的。水位压力开关（或水位传感器）的外形及结构如图 1-23 所示。

（八）进水电磁阀

洗衣机的进水电磁阀是控制进水的装置，它是由电脑板的进水晶闸管控制进水的阀门。它主要由阀体、线圈、金属铁芯、橡胶阀、过滤网等部件组成。

电磁阀在未通电时，金属芯在其上端的弹簧力和自身重力作用

水位压力开关

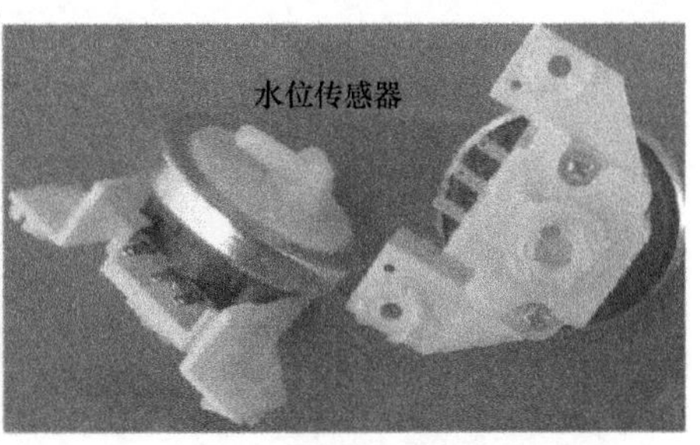

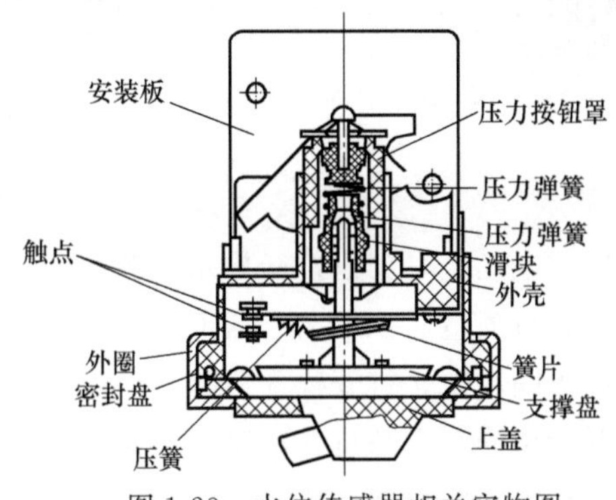

图 1-23　水位传感器相关实物图

下，通过橡胶垫关闭中心孔，这样进水腔内的水压与橡胶阀和塑料导阀之间密封腔内的水压相等，使橡胶阀牢牢压在阀体中的水管口，切断了水流，保证了进水阀的正常关闭；当电磁阀接通电源后，由于电磁力的作用，金属铁心被吸起，中心孔被打开，这时橡胶阀和塑料导阀间的空腔压力低于进水腔内的自来水水压，橡胶阀被顶开，电磁阀开始进水工作。

进水电磁阀相关实物如图 1-24 所示。

（九）排水电磁阀

排水电磁阀是洗衣机的一个重要部件，它的动作控制着排水、制动带的放松和收紧、棘爪的升起和降落。一般排水电磁阀分交流和直流两种，负担很重、受力很大，结构和进水电磁阀相似，相关结构图如图 1-25 所示。

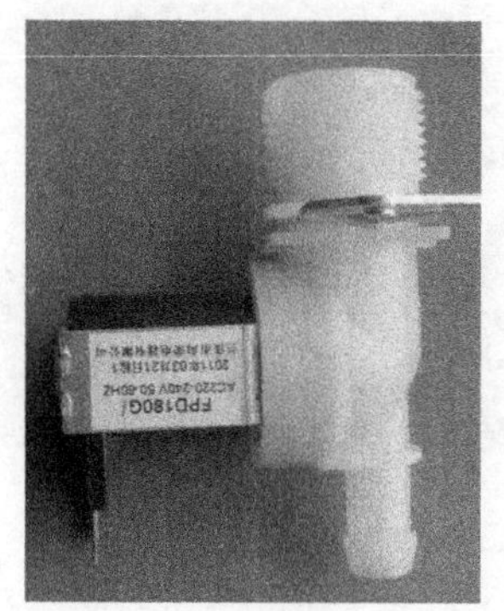

图 1-24 进水电磁阀相关实物图

图 1-25 排水阀相关结构图

（十）牵引器

牵引器又名排水电动机，用以拉开排水阀芯，使得内桶中的水向外排出，即：洗衣机通电后拉动离合器上的拨叉，完成脱水状态转换，同时拉动排水阀阀芯，打开排水通路。牵引器有直流和交流两种，交流牵引器使用同步电动机转动牵引，而直流牵引器是靠磁极的吸力。牵引器相关实物如图 1-26 所示。

（十一）吊杆

波轮全自动洗衣机的脱水桶、外桶复合套装在一起，用支撑板托住，在支撑板下面固定有电动机和减速离合器，这一整套部件都是依靠吊杆装置悬挂在外箱体上部的箱角上的。吊杆除起到吊挂作用外，还起着减振作用，以保证洗涤、脱水时的平衡和稳定。吊杆的实物与结构如图 1-27 所示。

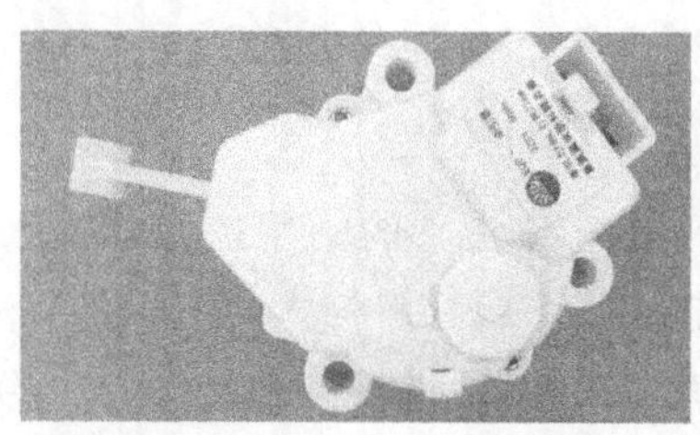
图 1-26 牵引器相关实物图

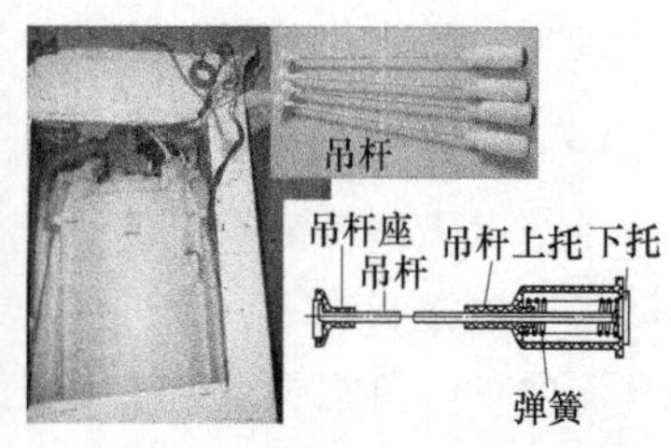

图 1-27 吊杆实物与结构图

课堂三　电路识图

一、电路图形符号简介

符号含义	电路或器件符号	备注
NPN 三极管		
N 沟道场效应管		
PNP 三极管		
P 沟道场效应管		
按钮开关		
单极转换开关		
导线丁字形连接		
导线间绝缘击穿		
电感		
电感(带铁芯)		
电感(带铁芯有间隙)		
电气或电路连接点	●	
电阻		
端子	○	

续表

符号含义	电路或器件符号	备注
断路器		
二极管	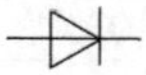	
反相器	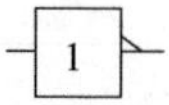 1	
放大器	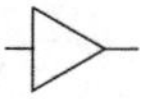	
非门逻辑元件	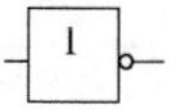 1	
蜂鸣器		
高压负荷开关		
高压隔离开关		
滑动电位器	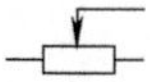	
滑动电阻器	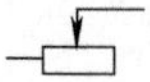	
或逻辑元件	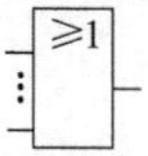 ≥1	
极性电容	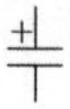 +	如电解电容
继电器线圈	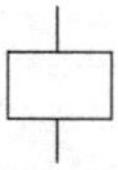	
交流	～	表示交流电源

续表

符号含义	电路或器件符号	备注
交流电动机		
交流继电器线圈	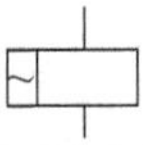	
交流整流器		
接触器动断触点		
接触器动合触点		
接地		热地
接地		抗干扰接地
接地		保护接地
接地		接机壳
接地		冷地
开关		
可变电容		
可变电阻	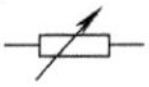	
滤波器	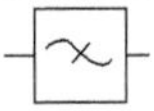	
桥式全波整流器		

续表

符号含义	电路或器件符号	备注
热继电器开关	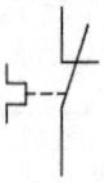	
热继电器驱动部分	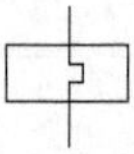	
热敏开关	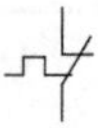	
手动开关	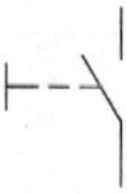	
稳压二极管	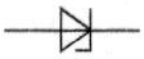	
无极性电容	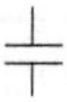	
线圈(混合)	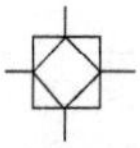	
压缩器	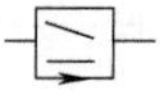	
异或逻辑元件	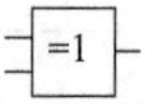 =1	
与逻辑元件	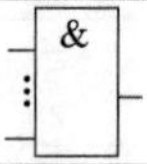 &	
直流	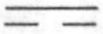	表示直流电源
直流并励电动机	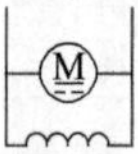 M	
直流串励电动机	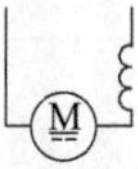 M	

续表

符号含义	电路或器件符号	备注
直流电动机	M	
直流他励电动机	M	
中性线、零线	N	L表示火线，E表示地线

二、洗衣机常用元器件引脚功能及内部电路

（一）SH69P55/69K55

脚号				引脚代码	引脚功能	备注
44 PIN 封装	42 PIN 封装	32 PIN 封装	28 PIN 封装			
1	28	8	5	PORTG. 3/T2	位可编程输入与输出/定时时钟	该集成电路采用28脚SKINNY(窄体形)SOP封装；32脚DIP封装；42脚SDIP封装；44脚QFP封装；裸片封装。其内部结构如图1-28所示
2	—	—	—	PORTK. 0	位可编程输入与输出	
3	—	—	—	PORTK. 1	位可编程输入与输出	
4	29	—	6	PORTJ. 0/AN4	位可编程输入与输出/ADC输入	
5	30	—	7	PORTJ. 1/AN5	位可编程输入与输出/ADC输入	
6	31	—	8	PORTJ. 2/AN6	位可编程输入与输出/ADC输入	
7	32	—	9	PORTJ. 3/AN7	位可编程输入与输出/ADC输入	
8	33	9	10	PORTC. 0/PLL_C	位可编程输入与输出/连接电容	
9	34	10	11	OSCO/PORTC. 1	振荡输出/位可编程输入与输出	
10	35	11	12	OSCI/PORTC. 2	振荡输入/位可编程输入/输出	
11	36	12	13	$\overline{RESET}$/PORTC. 3	复位信号/位可编程输入与输出	
12	37	13	14	GND	地	

续表

脚号				引脚代码	引脚功能	备注
44 PIN 封装	42 PIN 封装	32 PIN 封装	28 PIN 封装			
13	38	14	15	V_{DD}	电源	该集成电路采用28脚SKINNY(窄体形)SOP封装;32脚DIP封装;42脚SDIP封装;44脚QFP封装;裸片封装。其内部结构如图1-28所示
14	39	15	16	PORTA.0/SEG1/LED_S1/KEY_11	位可编程输入与输出/二极管显示信号输出/键扫描输入	
15	40	16	17	PORTA.1/SEG2/LED_S2/KEY_12	位可编程输入与输出/二极管显示信号输出/键扫描输入	
16	41	17	18	PORTA.2/SEG3/LED_S3/KEY_13	位可编程输入与输出/二极管显示信号输出/键扫描输入	
17	42	18	19	PORTA.3/SEG4/LED_S4/KEY_14	位可编程输入与输出/二极管显示信号输出/键扫描输入	
18	1	19	—	PORTF.0/SEG5/LED_S5/KEY_15	位可编程输入与输出/二极管显示信号输出/键扫描输入	
19	2	20	—	PORTF.1/SEG6/LED_S6	位可编程输入与输出/二极管显示信号输出/键扫描输入	
20	3	21	—	PORTF.2/SEG7/LED_S7	位可编程输入与输出/二极管显示信号输出/键扫描输入	
21	4	22		PORTF.3/SEG8/LED_S8	位可编程输入与输出/二极管显示信号输出/键扫描输入	
22	5	—	20	PORTI.0/SEG9	位可编程输入与输出/二极管显示信号输出	
23	6	—	21	PORTI.1/SEG10	位可编程输入与输出/二极管显示信号输出	
24	7	—	—	PORTI.2/SEG11	位可编程输入与输出/二极管显示信号输出	
25	8	—	—	PORTI.3/SEG12	位可编程输入与输出/二极管显示信号输出	
26	9	—	—	PORTH.0/SEG13	位可编程输入与输出/二极管显示信号输出	

续表

脚号				引脚代码	引脚功能	备注
44 PIN 封装	42 PIN 封装	32 PIN 封装	28 PIN 封装			
27	10	—	—	PORTH.1/SEG14	位可编程输入与输出/二极管显示信号输出	该集成电路采用28脚SKINNY(窄体形)SOP封装；32脚DIP封装；42脚SDIP封装；44脚QFP封装；裸片封装。其内部结构如图1-28所示
28	11	23	—	PORTH.2/SEG15	位可编程输入与输出/二极管显示信号输出	
29	12	24	—	PORTH.3/SEG16	位可编程输入与输出/二极管显示信号输出	
30	13	25	22	PORTE.0/COM8/SEG17	位可编程输入与输出/LCD信号输出	
31	14	26	23	PORTE.1/COM7/SEG18	位可编程输入与输出/LCD信号输出	
32	15	27	25	PORTE.2/COM6/LED_C6/SEG19	位可编程输入与输出/LCD信号输出	
33	16	28	24	PORTE.3/COM5/LED_C5/SEG20	位可编程输入与输出/LCD信号输出	
34	17	32		PORTD.0/COM4/LED_C4/KEY_04	位可编程输入与输出/LCD信号输出/键扫描信号输出	
35	18	31		PORTD.1/COM3/LED_C3/KEY_03	位可编程输入与输出/LCD信号输出/键扫描信号输出	
36	19	30		PORTD.2/COM2/LED_C2/KEY_02	位可编程输入与输出/LCD信号输出/键扫描信号输出	
37	20	29		PORTD.3/COM1/LED_C1/KEY_01	位可编程输入与输出/LCD信号输出/键扫描信号输出	
38	21	1	26	PORTB.0/AN0	位可编程输入与输出/ADC输入	
39	22	2	27	PORTB.1/AN1	位可编程输入与输出/ADC输入	
40	23	3	28	PORTB.2/AN2	位可编程输入与输出/ADC输入	

续表

脚号				引脚代码	引脚功能	备　注
44 PIN 封装	42 PIN 封装	32 PIN 封装	28 PIN 封装			
41	24	4	1	PORTB. 3/AN3	位可编程输入与输出/ADC 输入	该集成电路采用 28 脚 SKINNY（窄体形）SOP 封装；32 脚 DIP 封装；42 脚 SDIP 封装；44 脚 QFP 封装；裸片封装。其内部结构如图 1-28 所示
42	25	5	2	PORTG. 0/PWM	位可编程输入与输出/PWM 输出	
43	26	6	3	PORTG. 1/TONE	位可编程输入与输出/ADC 传感器输出	
44	27	7	4	PORTG. 2/V_{REF}/T0	位可编程输入与输出/基准信号输入/定时时钟	

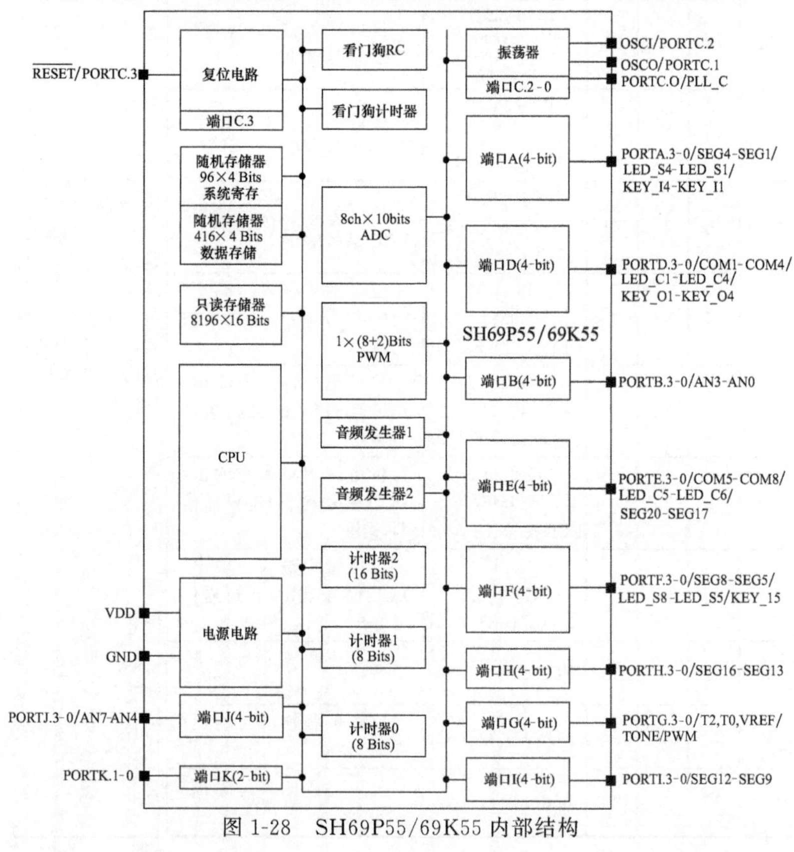

图 1-28　SH69P55/69K55 内部结构

（二）TPL9201

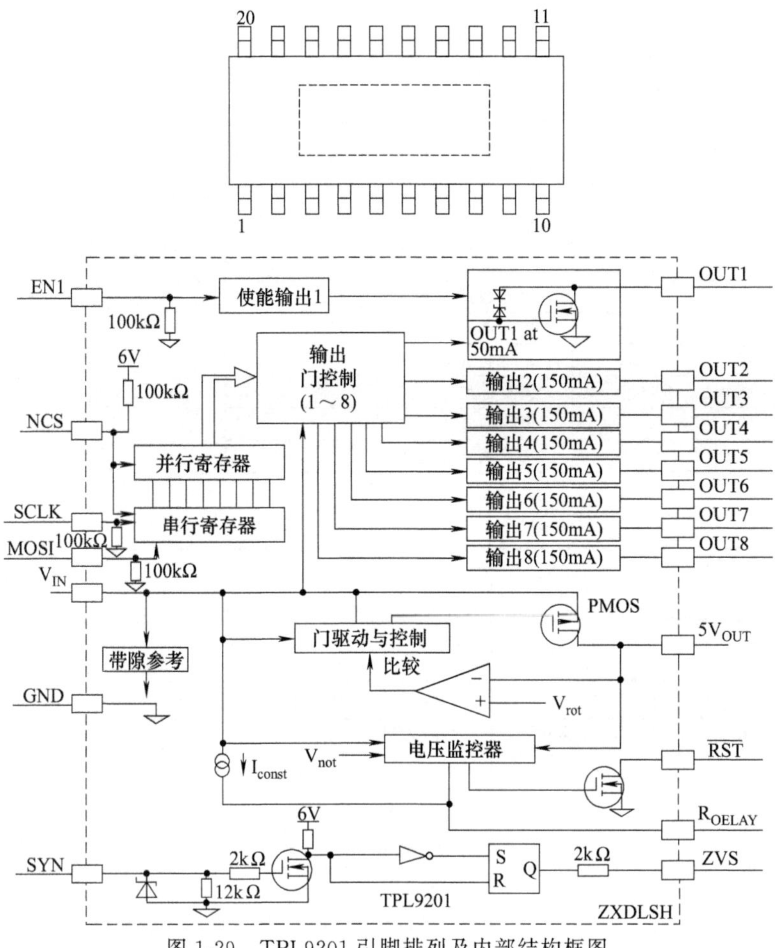

图 1-29　TPL9201 引脚排列及内部结构框图

脚号	引脚符号	引脚功能	备　注
1	ZVS	零电压同步	该集成电路为微控制器电源和多低侧驱动器，采用 20 脚封装，应用在洗衣机上，其引脚排列及内部框图如图 1-29 所示
2	OUT1	低边输出 1	
3	OUT2	低边输出 2	
4	OUT3	低边输出 3	
5	OUT4	低边输出 4	

续表

脚号	引脚符号	引脚功能	备注
6	OUT5	低边输出 5	该集成电路为微控制器电源和多低侧驱动器，采用 20 脚封装，应用在洗衣机上，其引脚排列及内部框图如图 1-29 所示
7	OUT6	低边输出 6	
8	OUT7	低边输出 7	
9	OUT8	低边输出 8	
10	GND	地	
11	GND	地	
12	EN1	启用/禁用	
13	R_{DELAY}	上电复位延迟	
14	$\overline{RST}$	上电复位输出	
15	MOSI	串行数据输入	
16	NCS	串行选择	
17	SCLK	串行时钟数据同步	
18	$5V_{OUT}$	调整输出	
19	V_{IN}	电压源输入	
20	SYN	零检测交流输入	

（三）MB89F202

脚号		引脚代码	引脚功能	备注
DIP封装	SSOP封装			
1	1	P04/$\overline{INT24}$	I/O 端子/外部中断 24	MB89F202 为 8 位微控制器，采用 DIP 和 SSOP 两种封装，MB89F202 内部结构如图 1-30 所示
2	2	P05/$\overline{INT25}$	I/O 端子/外部中断 25	
3	3	P06/$\overline{INT26}$	I/O 端子/外部中断 26	
4	4	P07/$\overline{INT27}$	I/O 端子/外部中断 27	
5	5	P60	CMOS 输入端子	
6	6	P61	CMOS 输入端子	
7	7	$\overline{RST}$	复位 I/O 引脚	
8	8	X0	连接晶振用作主时钟的引脚	
9	9	X1	连接晶振用作主时钟的引脚	
10	10	V_{SS}	电源	
11	11	P37/BZ/PPG	CMOS I/O 端子/蜂鸣器信号/可编程脉冲	
12	12	P36/INT12	CMOS I/O 端子/外部中断 12	
13	13	P35/INT11	CMOS I/O 端子/外部中断 11	
14	14	P34/TO/INT10	CMOS I/O 端子/外部中断 10	

续表

脚号		引脚代码	引脚功能	备　注
DIP 封装	SSOP 封装			
15	15	P33/EC	CMOS　I/O 端子/外部事件计数器输入	MB89F202 为 8 位微控制器，采用 DIP 和 SSOP 两种封装，MB89F202 内部结构如图 1-30 所示
16	17	C	调节供电的电容引脚	
17	18	P32/UI/SI	CMOS　I/O 端子/并行数据输入/串行数据输入	
18	19	P31/UO/SO	CMOS　I/O 端子/并行数据输出/串行数据输出	
19	20	P30/UCK/SCK	CMOS　I/O 端子/并行时钟/串行时钟	
20	21	P50/PWM	CMOS　I/O 端子/脉冲控制	
21	23	P70	CMOS　I/O 端子	
22	24	P71	CMOS　I/O 端子	
23	25	P72	CMOS　I/O 端子	
24	26	P40/AN0	CMOS　I/O 端子/转换器模拟输入 0	
25	27	P41/AN1	CMOS　I/O 端子/转换器模拟输入 1	
26	28	P42/AN2	CMOS　I/O 端子/转换器模拟输入 2	
27	29	P43/AN3	CMOS　I/O 端子/转换器模拟输入 3	
28	30	P00/$\overline{INT20}$/AN4	CMOS　I/O 端子/外部中断 20/转换器模拟输入 4	
29	31	P01/$\overline{INT21}$/AN5	CMOS　I/O 端子/外部中断 21//转换器模拟输入 5	
30	32	P02/$\overline{INT22}$/AN6	CMOS　I/O 端子/外部中断 22//转换器模拟输入 6	
31	33	P03/$\overline{INT23}$/AN7	CMOS　I/O 端子/外部中断/23/转换器模拟输入 7	
32	34	V_{CC}	电源	
—	16	NC	未用	
—	22	NC	未用	

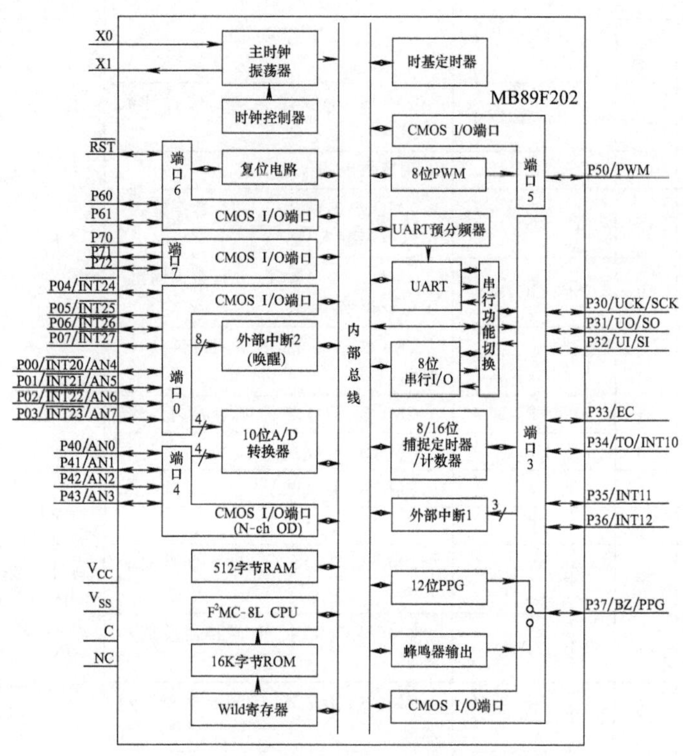

图 1-30 MB89F202 内部结构

(四) MB89P935C

脚号	引脚代码	引脚功能	备注
1	P04/$\overline{\text{INT24}}$	CMOS输入/输出端子	MB89P935C为8位微控制器,采用32脚SDIP封装,其内部结构如图1-31所示
2	P05/$\overline{\text{INT25}}$	CMOS输入/输出端子	
3	P06/$\overline{\text{INT26}}$	CMOS输入/输出端子	
4	P07/$\overline{\text{INT27}}$	CMOS输入/输出端子	
5	MOD0	设置记忆存取模式的输入	
6	MOD1	设置记忆存取模式的输入	
7	$\overline{\text{RST}}$	复位	

续表

脚号	引脚代码	引脚功能	备注
8	X0	连接晶体谐振器	MB89P935C 为 8 位微控制器，采用 32 脚 SDIP 封装，其内部结构如图 1-31 所示
9	X1	连接晶体谐振器	
10	V_{SS}	地	
11	P37/BZ/PPG	CMOS 输入/输出端子	
12	P36/INT12	CMOS 输入/输出端子	
13	P35/INT11	CMOS 输入/输出端子	
14	P34/TO/INT10	CMOS 输入/输出端子	
15	P33/EC	CMOS 输入/输出端子	
16	C	连接电容	
17	P32/UI/SI	CMOS 输入/输出端子	
18	P31/UO/SO	CMOS 输入/输出端子	
19	P30/UCK/SCK	CMOS 输入/输出端子	
20	P50/PWM	CMOS 输入/输出端子	
21	AV_{SS}	模拟电路电源	
22	AVR	A/D 转换器基准电压输入	
23	AV_{CC}	模拟电路电源	
24	P40/AN0	CMOS 输入/输出端子	
25	P41/AN1	CMOS 输入/输出端子	
26	P42/AN2	CMOS 输入/输出端子	
27	P43/AN3	CMOS 输入/输出端子	
28	P00/$\overline{INT20}$/AN4	CMOS 输入/输出端子	
29	P01/$\overline{INT21}$/AN5	CMOS 输入/输出端子	
30	P02/$\overline{INT22}$/AN6	CMOS 输入/输出端子	
31	P03/$\overline{INT23}$/AN7	CMOS 输入/输出端子	
32	V_{CC}	电源	

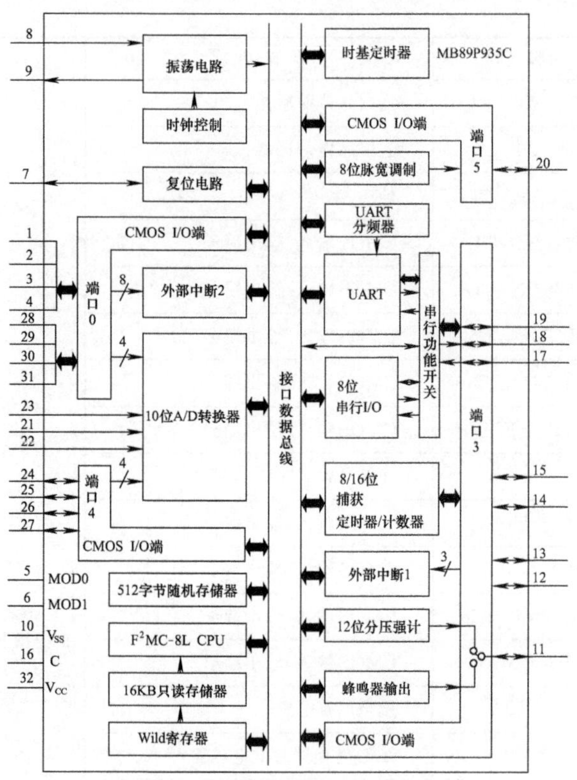

图 1-31 MB89P935C 内部结构

（五）TB6575FNG

脚号	引脚符号	引脚功能	备注
1	GND	地	该集成电路为三相全波直流无刷电动机的 PWM 控制器，采用 SSOP24 封装。应用在洗衣机上外形及内部结构如图 1-32 所示
2	SC	电容器设置启动时间与占空比坡道时间连接	
3	OS	晶体管极性选择	
4	F_{MAX}	最大交换频率	
5	V_{SP}	启动控制输入	
6	CW_CCW	旋转方向输入	
7	FG_OUT	转速传感器输出	
8	START	直流激励时间设置(输出)	
9	IP	直流激励时间设置(输入)	

续表

<table>
<tr><th>脚号</th><th>引脚符号</th><th>引 脚 功 能</th><th>备注</th></tr>
<tr><td>10</td><td>X_{Tout}</td><td>振荡器输出</td><td rowspan="15">该集成电路为三相全波直流无刷电动机的 PWM 控制器，采用 SSOP24 封装。应用在洗衣机上外形及内部结构如图 1-32 所示</td></tr>
<tr><td>11</td><td>X_{Tin}</td><td>振荡器输入</td></tr>
<tr><td>12</td><td>LA</td><td>超前角控制输入</td></tr>
<tr><td>13</td><td>OUT_UP</td><td>PWM 输出信号[高边(正端)晶体管驱动电动机 U 相]</td></tr>
<tr><td>14</td><td>OUT_UN</td><td>PWM 输出信号[低边(负端)晶体管驱动电动机 U 相]</td></tr>
<tr><td>15</td><td>OUT_VP</td><td>PWM 输出信号[高边(正侧)晶体管驱动电动机 V 相]</td></tr>
<tr><td>16</td><td>OUT_VN</td><td>PWM 输出信号[低边(负端)晶体管驱动电动机 V 相]</td></tr>
<tr><td>17</td><td>OUT_WP</td><td>PWM 输出信号[高边(正侧)晶体管驱动电动机 W 相]</td></tr>
<tr><td>18</td><td>OUT_WN</td><td>PWM 输出信号[低边(负端)晶体管驱动电动机 W 相]</td></tr>
<tr><td>19</td><td>Duty</td><td>PWM 输出监控</td></tr>
<tr><td>20</td><td>SEL_LAP</td><td>重叠交换选择</td></tr>
<tr><td>21</td><td>V_{DD}</td><td>电源</td></tr>
<tr><td>22</td><td>OC</td><td>过电流检测输入</td></tr>
<tr><td>23</td><td>WAVE</td><td>位置检测输入</td></tr>
<tr><td>24</td><td>F_{ST}</td><td>强迫交换频率选择</td></tr>
</table>

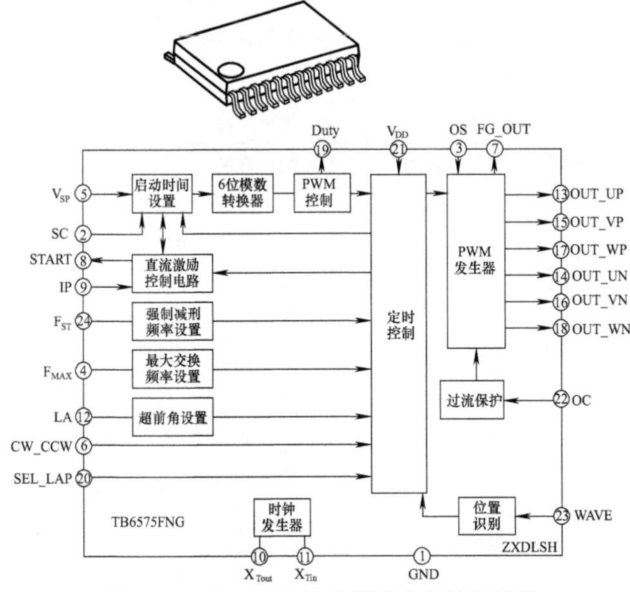

图 1-32 TB6575FNG 外形及内部结构框图

（六）TDA1085

<table>
<tr><th>脚号</th><th>引脚符号</th><th>引脚功能</th><th>备　注</th></tr>
<tr><td>1</td><td>CURRENT SYNCHRONIZATION</td><td>电流同步</td><td rowspan="16">TDA1085 为美国 MOTOROLA 公司生产的单相交流换向器电动机控制器，它在交流电源下，控制双向晶闸管，实现对滚筒式洗衣机电动机交流相控调速。应用在小鸭 XQG50-428G 滚筒洗衣机、西门子 WM2100 型滚筒式洗衣机上。TDA1085 内部结构如图 1-33 所示</td></tr>
<tr><td>2</td><td>VOLTAGE SYNCHRONIZATION</td><td>电压同步</td></tr>
<tr><td>3</td><td>MOTOR CURRENT LIMIT</td><td>电动机电流限制</td></tr>
<tr><td>4</td><td>ACTUAL SPEED</td><td>实际速度</td></tr>
<tr><td>5</td><td>SET SPEED</td><td>设置速度</td></tr>
<tr><td>6</td><td>RAMP CURRENT GEN . CONTROL</td><td>锯齿波电流发生器控制</td></tr>
<tr><td>7</td><td>RAMP GEN TIMING</td><td>锯齿波发生器定时</td></tr>
<tr><td>8</td><td>GND</td><td>地</td></tr>
<tr><td>9</td><td>VCC</td><td>电源</td></tr>
<tr><td>10</td><td>SHUNT REGULATOR BALLAST RESISTOR</td><td>分路调节器稳流电阻器</td></tr>
<tr><td>11</td><td>F/VC PUMP CAPACITOR</td><td>F/VC 泵电容</td></tr>
<tr><td>12</td><td>DIGITAL SPEED SENSE</td><td>数字速度检测</td></tr>
<tr><td>13</td><td>TRIGGER PULSE OUTPUT</td><td>触发脉冲输出</td></tr>
<tr><td>14</td><td>SAWTOOTH CAPACITOR</td><td>锯齿电容</td></tr>
<tr><td>15</td><td>SAWTOOTH SET CURRENT</td><td>锯齿设置电流</td></tr>
<tr><td>16</td><td>CLOSED LOOP STABILITY</td><td>闭环稳定</td></tr>
</table>

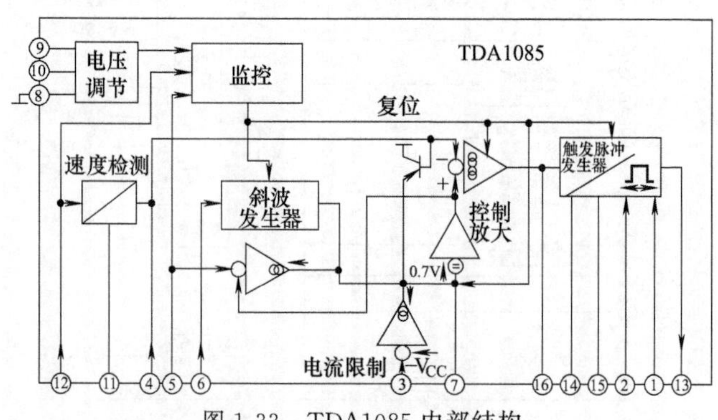

图 1-33　TDA1085 内部结构

三、洗衣机基本单元电路简介

（一）全自动洗衣机单元电路

以小鸭 XQB60-815B 型全自动洗衣机电路为例介绍各单元电路：小鸭 XQB60-815B 型全自动洗衣机的单元电路包括电源电路、复位电路、键扫描电路、显示电路、检测电路、报警电路、功率输出电路等。

1. 电源电路

相关电路如图 1-34 所示，首先由 220V 市电经熔丝管 BX1 进入电源变压器的初级，通过降压后次级输出 12V 电压，再由 VD1～VD4 整流、C1 和 C2 滤波，然后得到直流 12V 电压；再经隔离二极管 VD5 送入三端稳压器 IC1 第①脚，经稳压后由第②脚输出 5V 电压，为单片机第⑳、㊵脚提供电源电压，也为控制电路、显示电路、检测电路及键输入电路供电。

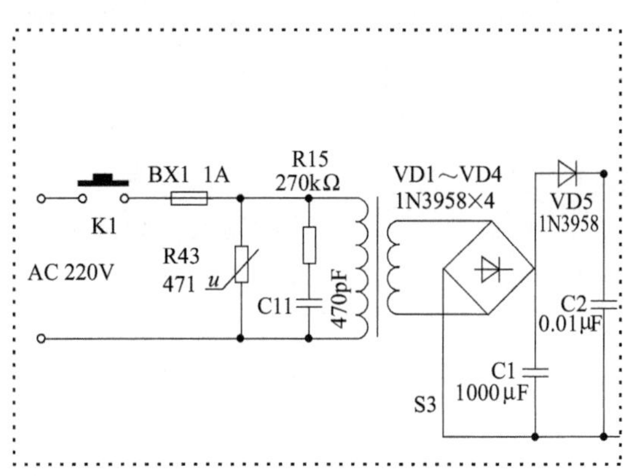

图 1-34　电源电路相关电路图

2. 复位电路

复位电路相关电路如图 1-35 所示，它由 VT1、R1、R2、R3、C4 等元件组成。在接通电源后，电容 C4 正端输出到单片机 IC2 第④脚的 3.8V 复位电压晚于第㊵脚的 5V 电压到达时刻数十毫秒，

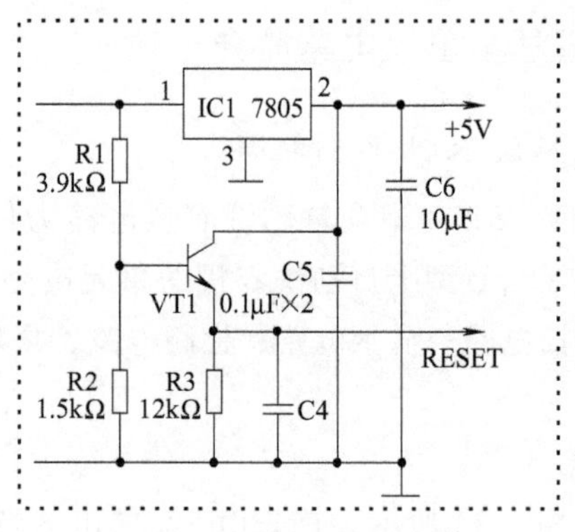

图 1-35 复位电路相关电路图

这时，IC2 内部程序复位清零，洗衣机准备开始工作。

3. 键扫描电路

键扫描电路相关电路如图 1-36 所示，由 IC2 的第⑤脚输出的键扫描信号，经 D4 的第⑩、⑪脚、D1 的第⑧、⑨脚两次倒相后，加至按键 S1～S5 的公共键盘 B 上，同时，IC2 第㉗脚输出的键扫描信号还经 D4 的第⑫、⑬脚倒相后加至按键 S6～S10 的公共键盘 A 上。IC2 的第㉚～㉞脚为键控脉冲的输入端，它可根据键控脉冲的输入脚和键控脉冲的极性调取放在 ROM 中的相关程序，并进行对应的程序控制。另外，电动机的正转、反转、进水电磁阀、排水电磁阀及软化剂送入电磁阀的开和关是通过 IC2 第㉑～㉓脚、㉘～㉙脚的输入信号控制的。

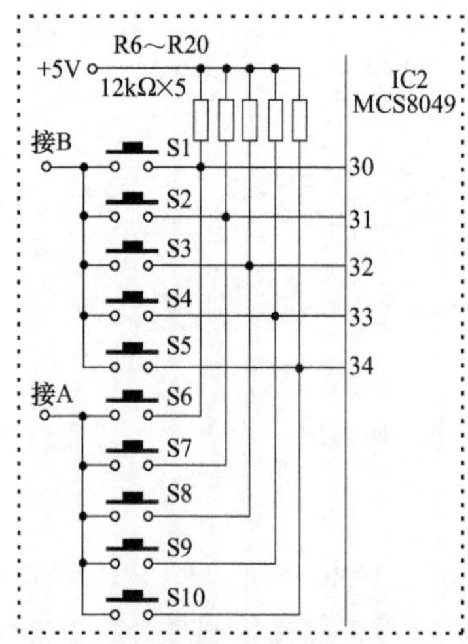

图 1-36 键扫描电路相关电路图

电路中的 S1 为“加强洗”按键，S2 为“单洗”键，S3 为“洗、漂”键，S4 为“标准洗”

按键，S5 为“轻柔”按键，S6 为“轻脱水”按键，S7 为“漂洗次数”选择键，S8 为“脱水时间”选择键，S9 为“洗涤时间”选择键，S10 为“启动、暂停”键。若工作中再按一下 S10 键，则该程序暂停，若要继续工作，应再按一下该键。

4. 显示电路

（1）键扫描脉冲由发光二极管显示单片机第㉗脚输出，经 R6 加至 VT5 基极，同时，还经反相器 D1 第⑧、⑨脚倒相后，由 R7 加至 VT4 基极，使发光二极管 VD11～VD14 与 VD6～VD10 正极分别引入极性相反的脉冲信号。单片机的输出端第㉔、㉟～㊳脚将按设定的操作程序，分别输出信号，经反相器 D3 反相后加至发光二极管负极，从而点亮相关的发光二极管。相关电路如图 1-37 所示。

（2）数码管显示电路由 R30～R32、R25～R28、R5～R4、

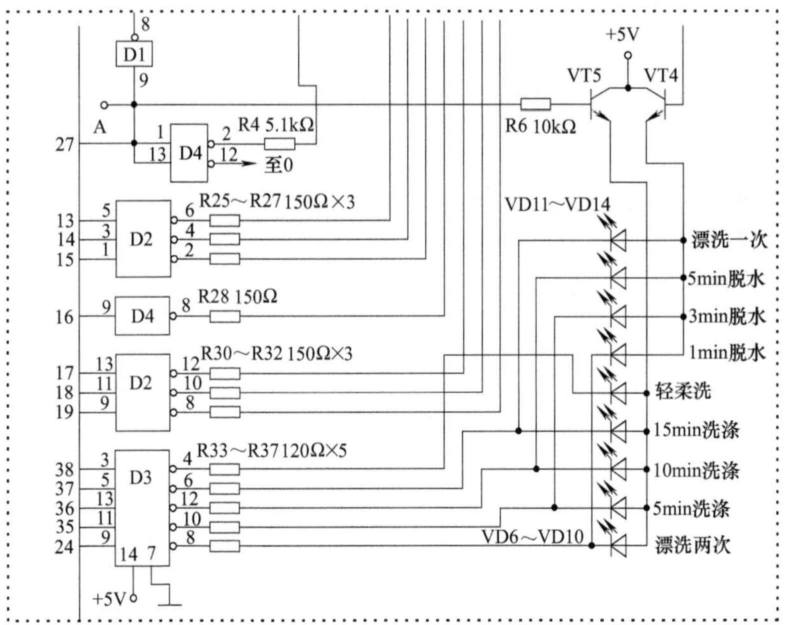

图 1-37 显示电路相关电路图

VT2、VT3、VD15荧光数码管组成。相关电路如图1-38所示，单片机第⑤脚输出的键扫描脉冲，经反相器D4的第①、②脚反相后由R4加至VT2的基极，放大后加至荧光数码管引脚；同时也经反相器D1的第⑧、⑨脚和第③、④脚共两次反相后，由R5加至VT3的基极，经放大后加至荧光数码管的第⑬脚，使荧光数码管的第⑬、⑭脚得到极性相反的信号，单片机的第⑬、⑲脚将按预先选择程序的工作时间输出显示信号；再经反相器D2、D4反相后送入荧光数码管VD15，再配合VT2、VT3送来的信号，点亮荧光数码管VD15相应的显示段。

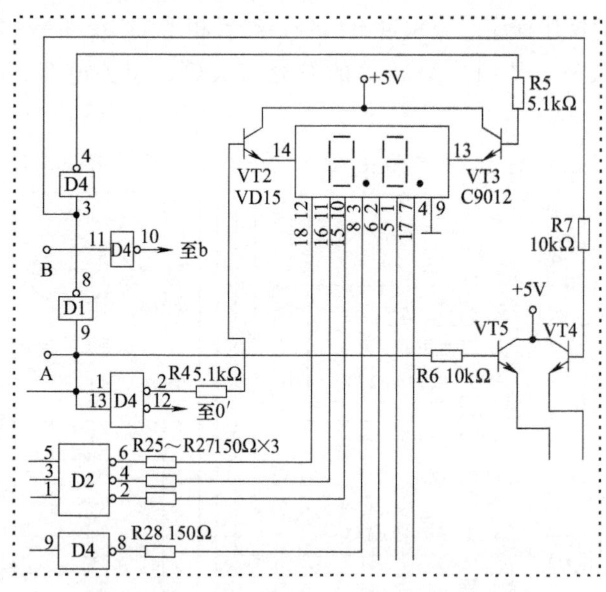

图1-38　数码管显示电路相关电路图

5. 检测电路（如图1-39所示）

（1）门盖检测。当洗衣机门盖打开时，门盖开关SA4断开，三极管VT14因发射极断开而截止，因此单片机第㊴脚检测不到键扫描脉冲输入信号，于是单片机会发出指令，使洗衣机停止执行程序。

(2) 漂洗检测。当按下漂洗开关SA3时，VT13发射极接地开始工作，单片机第㉗脚的键扫描脉冲经反相器D1的第⑧、⑨脚反相后，由R22加至VT13基极，经放大并再次反相后送入单片机的第①脚，此时进水阀及排水阀都打开，洗衣机进行“洗、漂”程序。

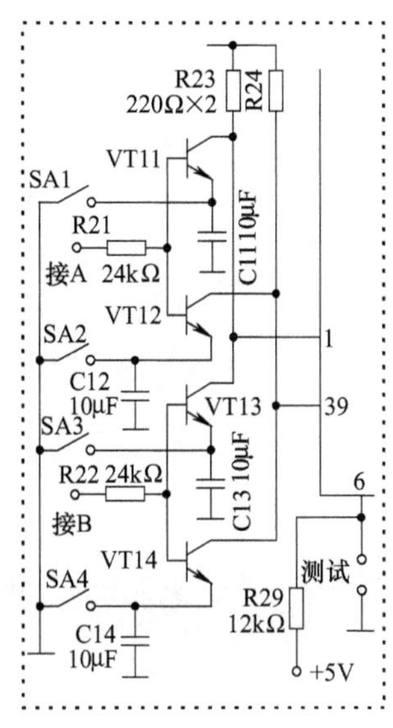

图 1-39　检测电路

(3) 不平衡检测。开始脱水时，若脱水桶出现严重不平衡现象时，脱水桶在旋转时会碰触到安全开关接触杆，使不平衡检测开关SA2导通，VT12发射极接地，VT12开始工作。这时，来自单片机第㉗脚的键扫描脉冲将通过R21加到VT12基极，经倒相放大后送入单片机。此时，洗衣机停止脱水，进水阀门打开，重新注水，在水位达到要求后，进行正、反转漂洗，修正不平衡。然后再次进行脱水，若依然不行，则停止执行脱水程序，蜂鸣器将发出报警声。

(4) 水位检测。当按下启动键时，进水阀门打开，当水位达到要求后，水位开关SA1导通，三极管VT11发射极接地，VT11开始工作。这时，来自单片机第㉗脚的键扫描脉冲由R21加至VT11基极，经VT11倒相放大后加至单片机第①脚，于是单片机第㉓脚输出低电平，经控制电路输出控制信号，控制关闭进水阀门，停止进水。

6. 报警电路

当洗衣机在工作过程中发生故障时，单片机第⑫脚会输出幅度0.5V、频率为2kHz的连续脉冲信号，再经反相器D4的第⑤、⑥脚倒相放大后推动蜂鸣器发出报警。相关电路如图1-40所示。

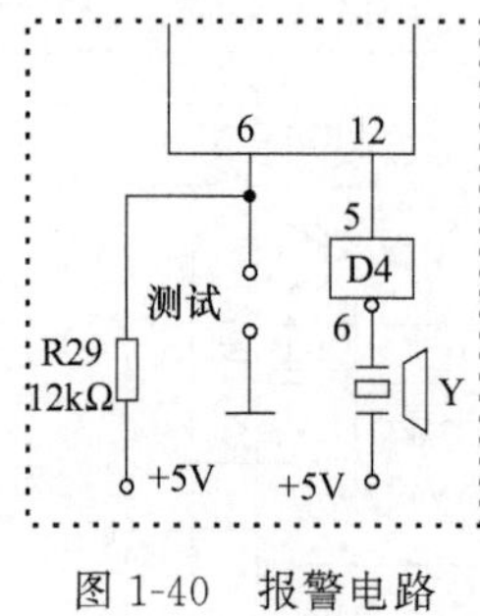

图 1-40 报警电路相关电路图

7. 功率输出电路（如图 1-41 所示）

（1）软化剂投入控制。当单片机第㉙脚输出低电平时，经 D1 的第⑫、⑬脚倒相成高电平，三极管 VT10 呈饱和导通状态，双向晶闸管 VS5 控制极获得触发电平而导通，软化剂投放控制开关的电磁线圈得电后，织物软化剂自动投入洗涤桶中。

（2）排水控制。当单片机第㉘脚输出低电平时，经 D1 的第⑩、⑪脚倒相成高

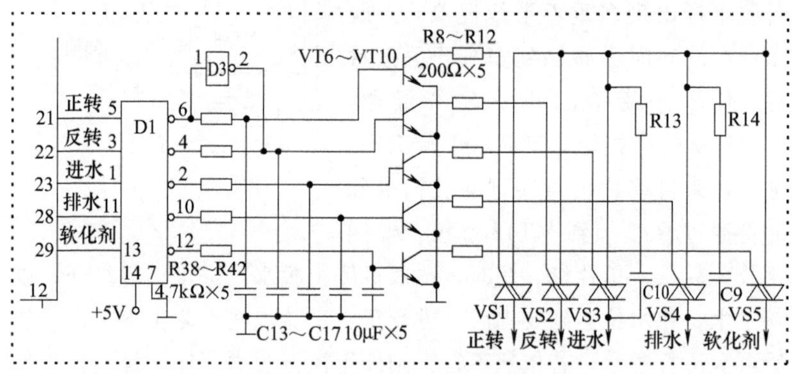

图 1-41 功率输出电路

电平，三极管 VT9 呈饱和导通状态，双向晶闸管 VS4 控制极获得触发电平而导通，此时排水电磁阀得电打开。

（3）进水控制。当单片机第㉓脚输出低电平时，经 D1 第①、②脚倒相成高电平，三极管 VT8 呈饱和导通状态，双向晶闸管 VS3 控制极获得触发电平而导通，此时进水电磁阀得电打开。

（4）衣物脱水。当开启脱水程序时，单片机第㉒脚间歇输出低电平，让 VS2 间歇导通，电动机间歇反转。再经减速离合器带动脱水桶沿顺时针方向间歇旋转脱水，试探脱水桶是否碰触安全开关接触杆。若脱水桶不碰触安全开关接触杆，则会自动接通高速挡正式脱水；若脱水桶碰触安全开关接触杆时，则会进入不平衡修正

程序。

（5）电动机反转。电动机反转控制输出端是单片机第㉒脚，当单片机第㉒脚为低电平时，经 D1 的第③、④脚倒相成高电平，三极管 VT7 呈饱和导通状态，双向晶闸管 VS2 控制极获得触发电平而导通，此时电动机反转。

（6）电动机正转。电动机正转控制输出端是单片机的第㉑脚，当第㉑脚为低电平时，经 D1 的第⑤、⑥脚倒相成高电平，三极管 VT6 饱和导通，双向晶闸管 VS1 控制极获得触发电平而导通，此时电动机正转。

（二）微电脑控制双桶洗衣机单元电路

以威力 XPB55-553S 型微电脑控制双桶洗衣机为例介绍其单元电路：

1. 电源电路

电源电路相关电路如图 1-42 所示，首先由 220V 市电经变压器 T1 降压、D1～D4 整流、C4 滤波，输出约 12V 直流电压，一路送给蜂鸣器 BUZZ 供电，一路经稳压 IC2（7805）稳压后，输出＋5V 电压，经 R6 给 IC1 的第㊷脚供电。

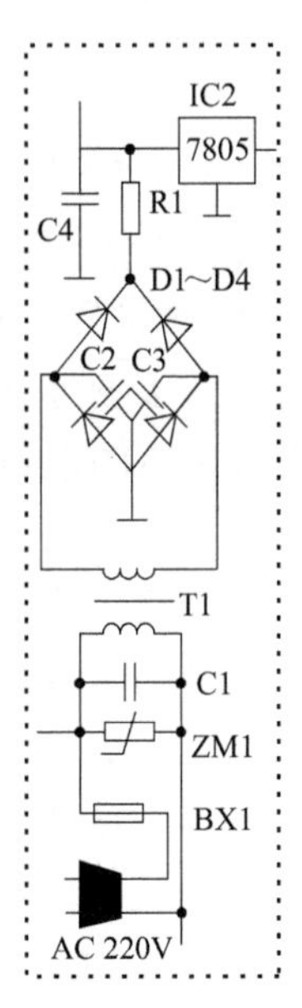

图 1-42　电源电路相关电路图

2. 复位与时钟电路

复位与时钟电路相关电路如图 1-43 所示，它由 IC1 的第㉝脚的外围元件组成。首先由＋5V电压通过 R47 给 C27 充电，通电时，由于 C27 两端电压不能突变，T11 截止，IC1 的第㉝脚为低电平，在 1ms 后，C27 两端电压接近电源电压，T11 饱和导通，IC1 的第㉝脚呈高电平，此时完成复位动作。IC1 运行的时钟信号由第㉛、㉜脚内部电路及外接 4MHz 晶振

X1 及 C8、C9 产生。

3. 蜂鸣器电路

蜂鸣器电路相关电路如图 1-44 所示，讯响信号 IC1 的第⑥脚输出，经 T9 放大后推动蜂鸣器发出声音。

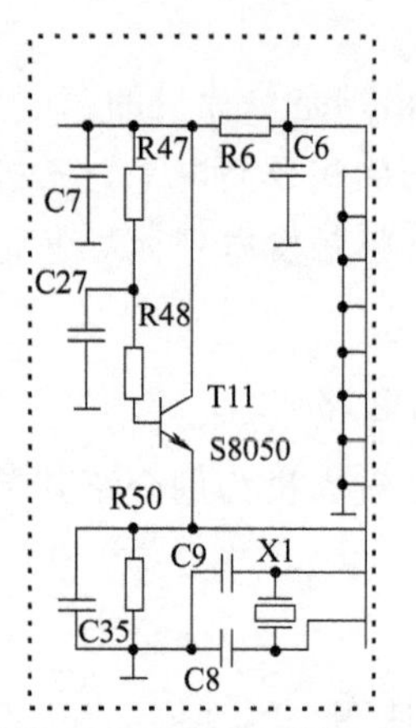

图 1-43 复位与时钟电路相关电路图

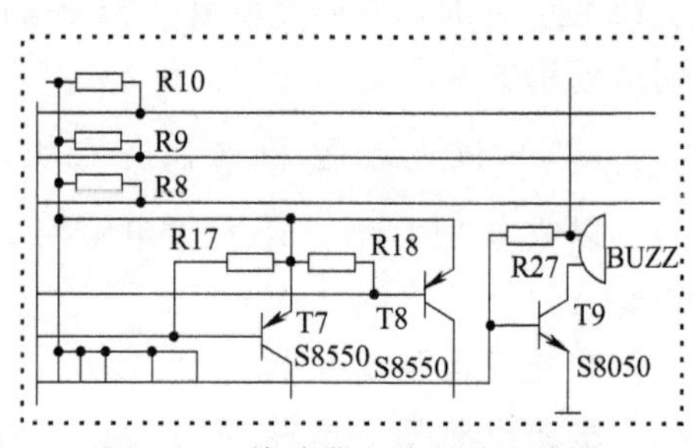

图 1-44 蜂鸣器电路相关电路图

4. 操作及显示电路

操作及显示电路相关电路如图 1-45 所示，它由发光二极管 LED1～LED15、脱水时间选择按钮 SW3、洗涤模式选择按钮 SW2、洗涤时间选择按钮 SW1 组成。

通电后，蜂鸣器发出声音，同时洗涤模式标准灯 LED15 点亮，表示电源已接通，机器处于待机状态。在每操作一次按钮后，蜂鸣器都会发出提示音，相应的 LED 灯也会点亮。

5. 电动机驱动电路

电动机驱动电路相关电路如图 1-46 所示，它由 IC1 第①～③脚、T4～T6 以及 BCR1～BCR3 组成。在选定洗涤时间后，IC1 从第①、②脚交替输出时间不等的高低电平，使 T6、BCR1 和 T5、BCR2 轮流导通，控制电动机正反转，从而达到强洗或弱洗的目的。脱水时间选定后，IC1 的第③脚先输出三次时间为 3s 的低电平，然后一直输出低电平，让 T4 和 BCR3 导通，控制脱水电动机在间歇运转三次后一直运转，直到设定时间结束。BCR1～BCR3 的 A1、A2 极并联的 KC 阻容元件以吸收晶闸管关断 M1、M2 瞬间产生的高压脉冲，以防止晶闸管过压而损坏。

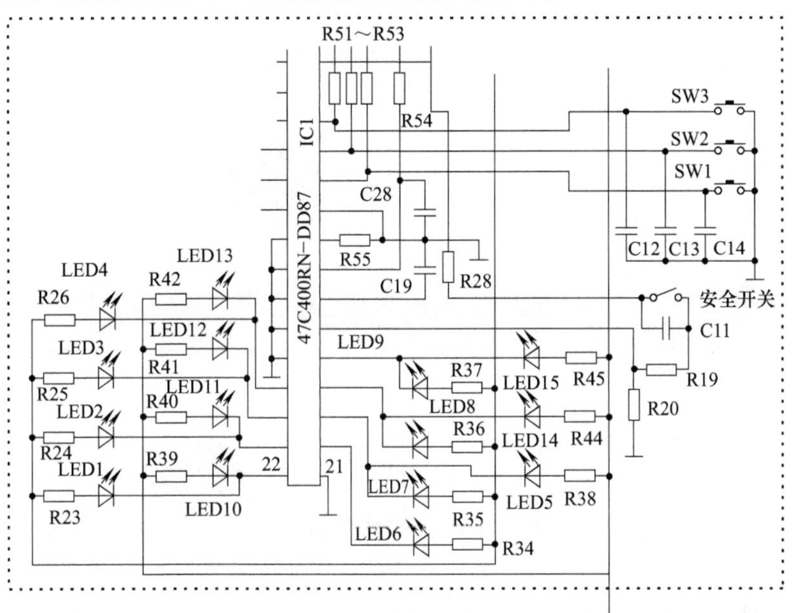

图 1-45　操作及显示电路相关电路图

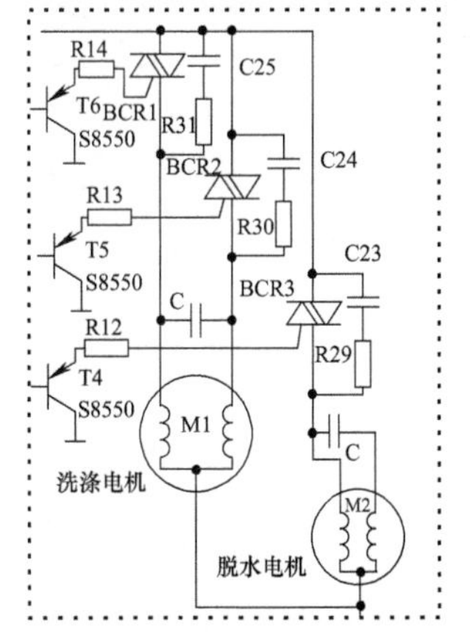

图 1-46　电动机驱动电路相关电路图

课堂四 实物识图

一、常用元器件实物及封装

封装	实 物 图
D-PAK	 D-PAK
MBS	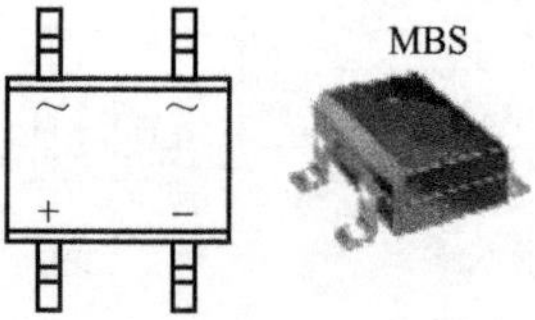 ~ ~ + − MBS
SCD80 (注:C为负极, A为正极,下同)	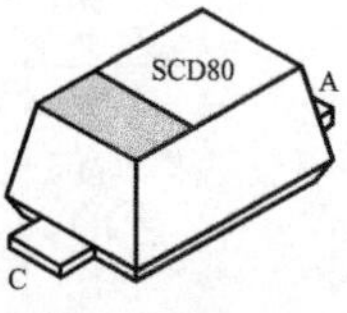 SCD80 A C
SCT595 (注:NC为空脚)	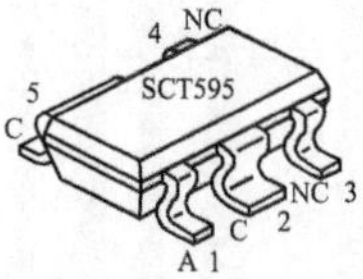 4 NC SCT595 5 C NC 3 C 2 A 1

续表

封装	实　物　图
SMD3、SOT346、SC59	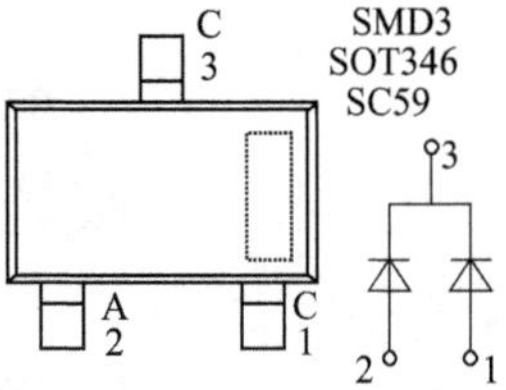
SOD123	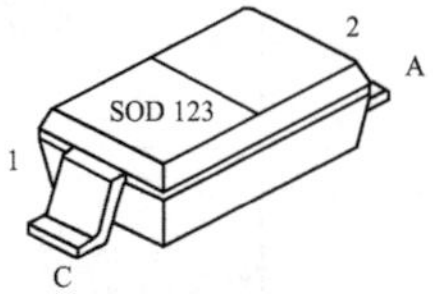
SOD323	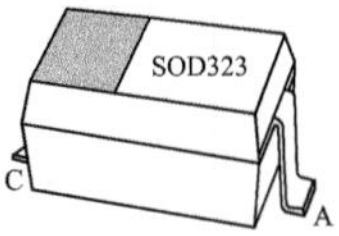
SOD523	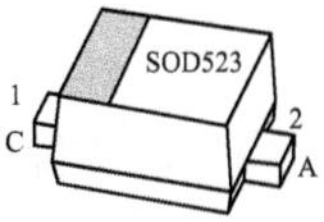
SOT143	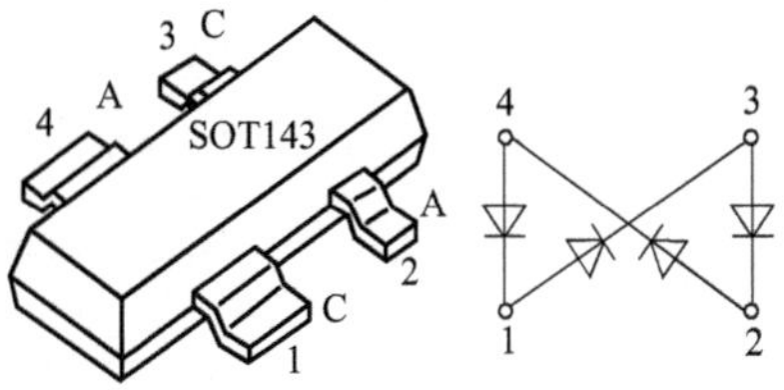
SOT223	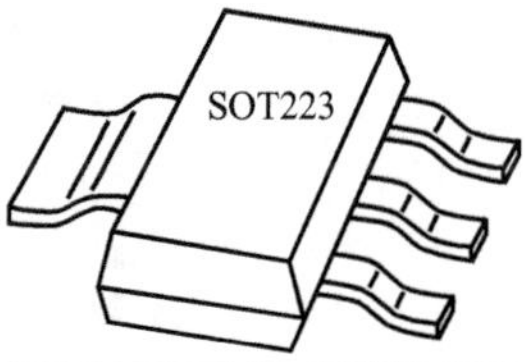

续表

封装	实物图
SOT323 （注：A为阳极，K为阴极）	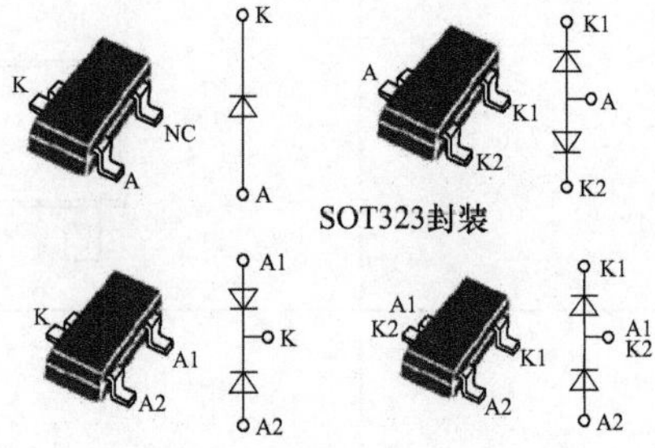 K NC A K A；A K1 K2 K1 A K2；SOT323封装；K A1 A2 A1 K A2；A1 K2 K1 A2 K1 A1 K2 A2
SOT343	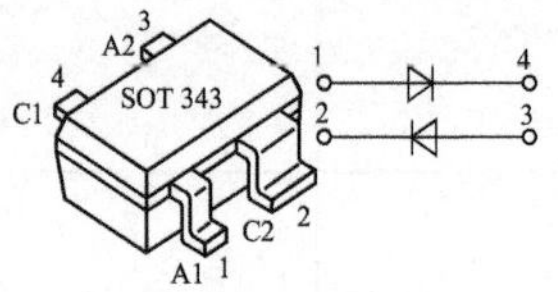 3 A2 4 C1 SOT 343 C2 2 A1 1；1 4 2 3
SOT363 （Anode为正极， Cathode为负极）	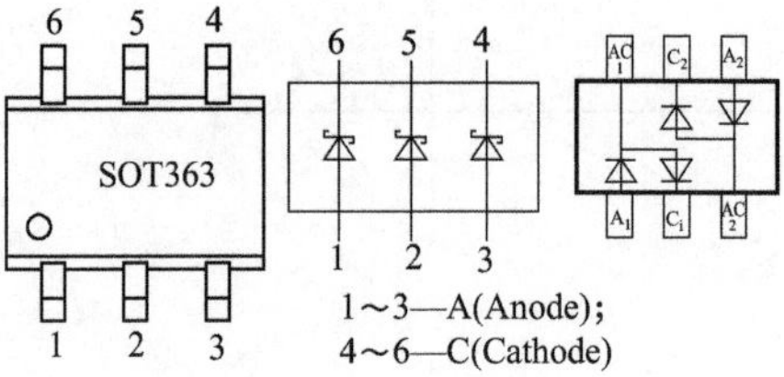 6 5 4 SOT363 1 2 3；6 5 4 1 2 3；1～3—A(Anode)；4～6—C(Cathode)；AC1 C2 A2 A1 C1 AC2
SOT666	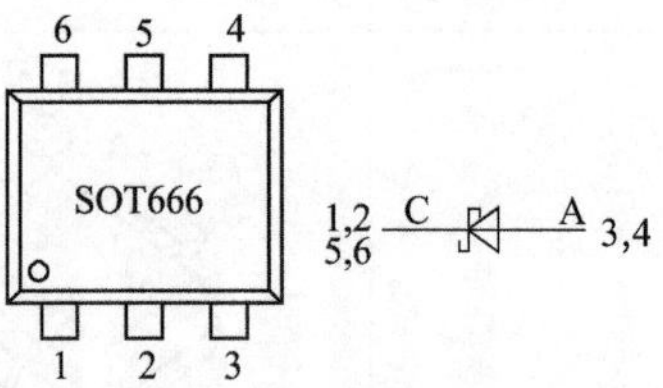 6 5 4 SOT666 1 2 3；1,2 5,6 C A 3,4
EMT5	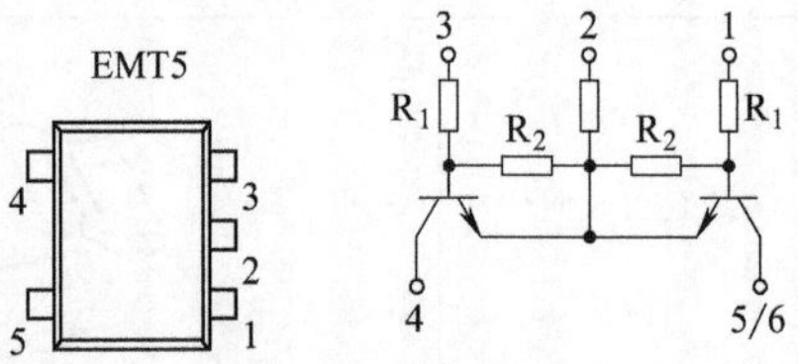 EMT5 4 5 3 2 1；3 2 1 R_1 R_2 R_2 R_1 4 5/6

续表

封装	实　物　图
MPAK、CMPAK、SMPAK（注：Emitter 为发射极，Base 为基极，Collector 为集电极，下同）	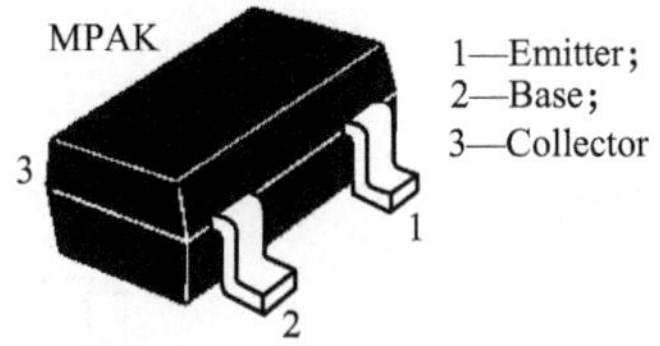
SC90、SOT416	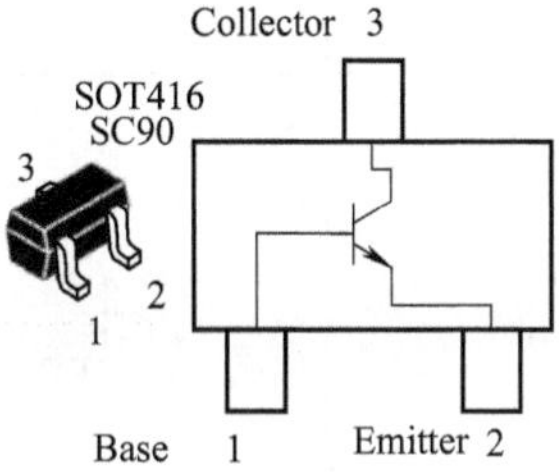
SCT595	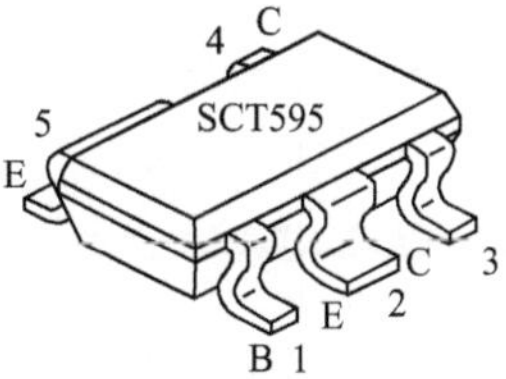
SOT143	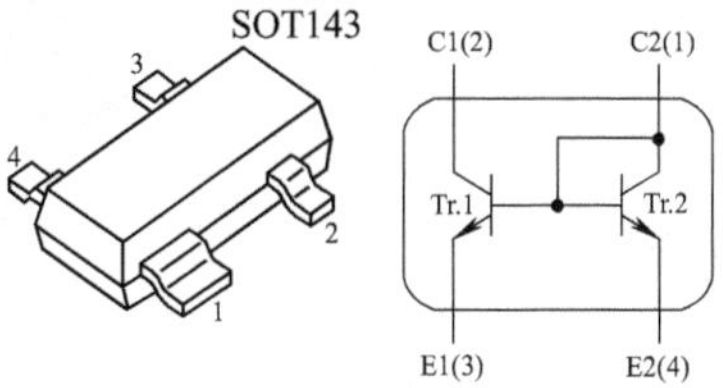
SOT143B（注：TR1、TR2 为三极管）	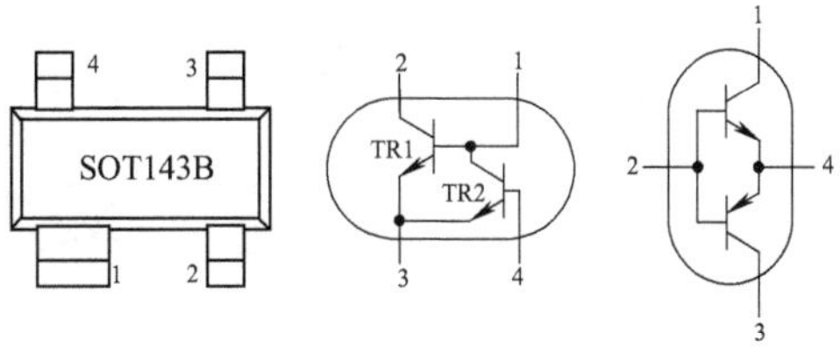

续表

封装	实 物 图
SOT223	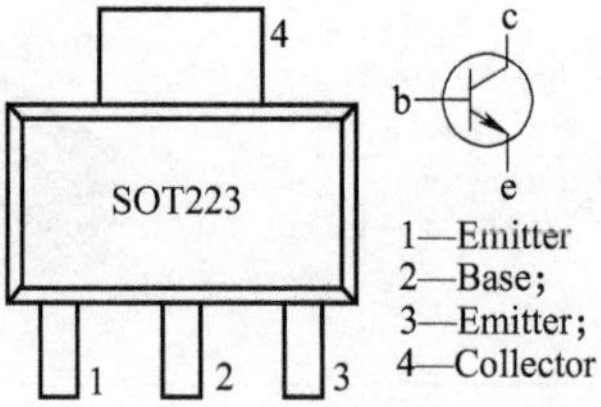4 c b e SOT223 1—Emitter 2—Base; 3—Emitter; 4—Collector 1 2 3
SOT343R	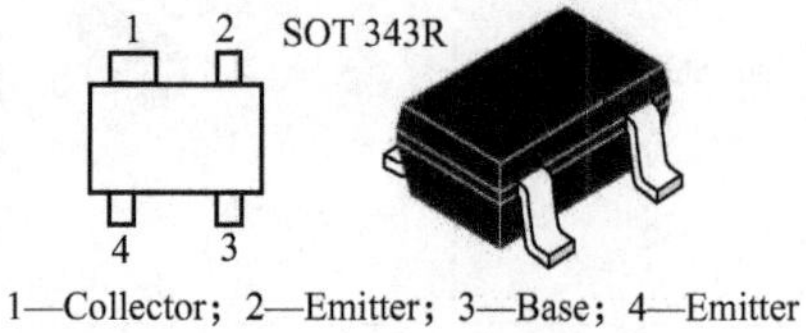1 2 SOT 343R 4 3 1—Collector; 2—Emitter; 3—Base; 4—Emitter
SOT523	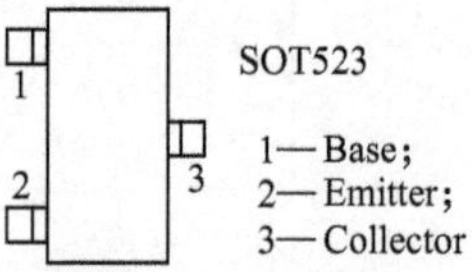SOT523 1 2 3 1— Base; 2— Emitter; 3— Collector
CMPAK （注：Source 为源极，Gate 为栅极，Drain 为漏极，下同）	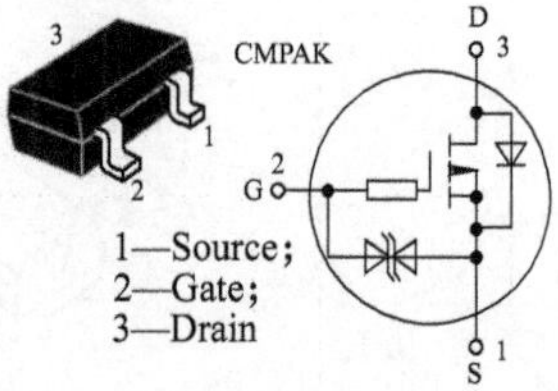CMPAK 3 1 2 D 3 G 2 S 1 1—Source; 2—Gate; 3—Drain
MPAK	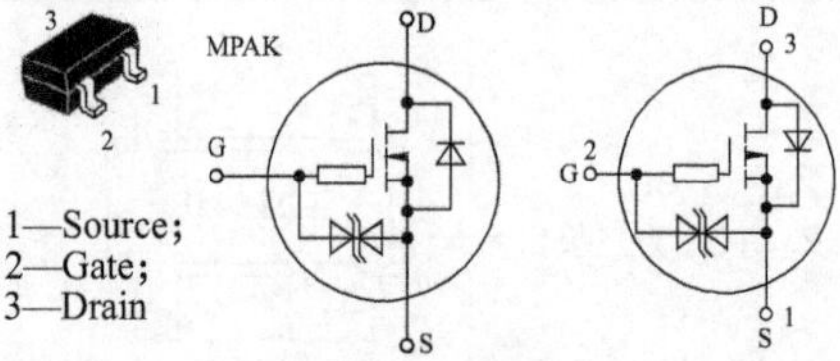MPAK 3 1 2 1—Source; 2—Gate; 3—Drain D G S D 3 G 2 S 1

续表

封装	实物图
MPAK-4	MPAK−4 1—Source; 2—Gate 1; 3—Gate 2; 4—Drain
SC59、TO236	SC59 1—Gate; 2—Source; 3—Drain
SMPAK	SMPAK 1—Source; 2—Cate; 3—Drain
SOP-8	SOP−8 1～3—Source; 4—Gate; 5～8—Drain
SOT143、SOT23-4	SOT143 1—Source; 2—Drain; 3—Gate 2; 4—Gate1

续表

封装	实 物 图
SOT143R	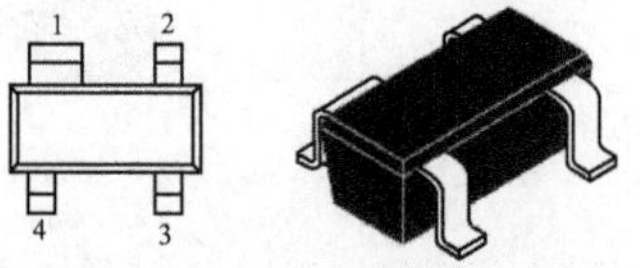 SOT 143R 1—Source；2—Drain；3—Gate 2；4—Gate 1
SOT252、TO251	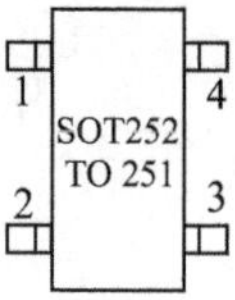 1—Gate； 2—Source； 3—Drain； 4—Source
SOT343R	 SOT 343R 1—Source；2—Drain；3—Gate 2；4—Gate 1
TSOP6	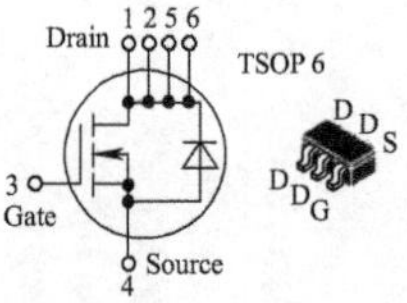 TSOP 6 Drain 1 2 5 6 3 Gate Source 4
UPAK	 UPAK 1—Gate； 2—Drain； 3—Source； 4—Drain 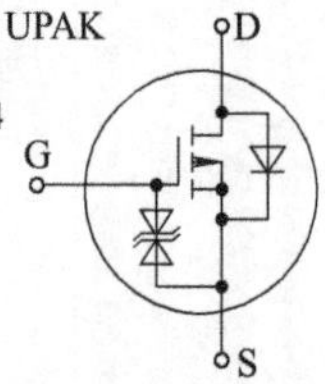

续表

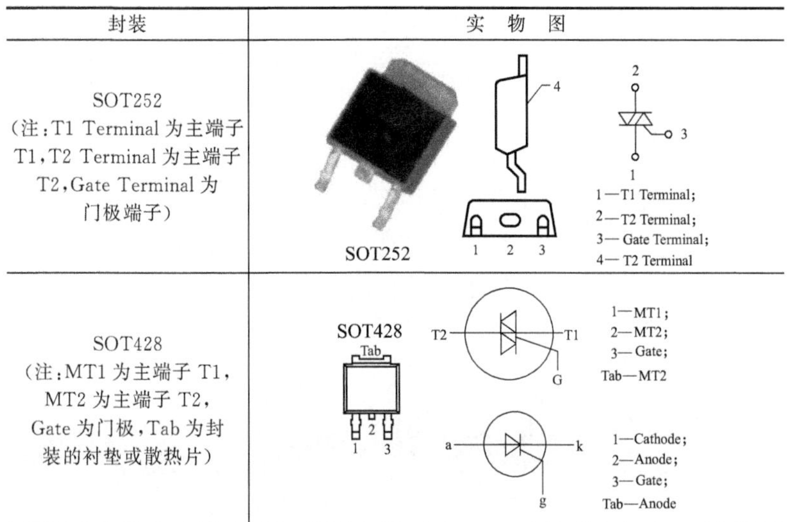

封装	实　物　图
SOT252 （注：T1 Terminal 为主端子 T1，T2 Terminal 为主端子 T2，Gate Terminal 为门极端子）	SOT252 1—T1 Terminal; 2—T2 Terminal; 3— Gate Terminal; 4— T2 Terminal
SOT428 （注：MT1 为主端子 T1，MT2 为主端子 T2，Gate 为门极，Tab 为封装的衬垫或散热片）	SOT428 1—MT1; 2—MT2; 3— Gate; Tab—MT2 1—Cathode; 2—Anode; 3— Gate; Tab—Anode

二、常用电路板实物简介

（一）LG XQB50-S32ST 全自动洗衣机

（1）LG XQB50-S32ST 全自动型洗衣机电脑板实物如图 1-47 所示。

图 1-47　LG XQB50-S32ST 全自动型洗衣机电脑板实物图

（2）LG XQB50-S32ST 全自动型洗衣机电气接线如图 1-48所示。

（3）此型洗衣机相关功能：全自动洗涤功能，波轮的驱动方式，大 LED 显示屏，衣量感知功能等。

（二）东芝 XQB65-EFD 波轮式洗衣机

（1）东芝 XQB65-EFD 波轮式洗衣机电脑板连接器实物如

图 1-49所示。

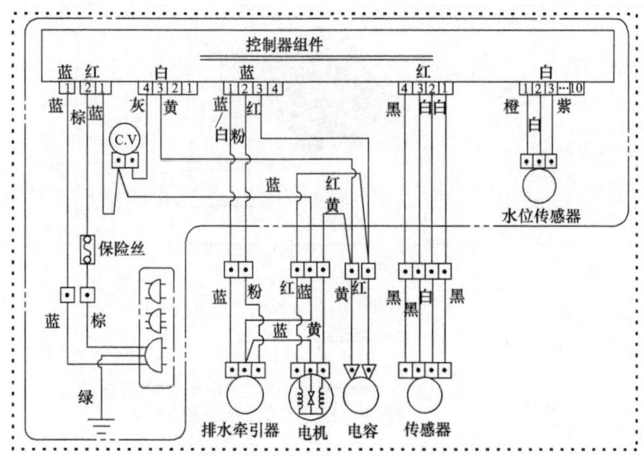

图 1-48　LG XQB50-S32ST 全自动型洗衣机电气接线图

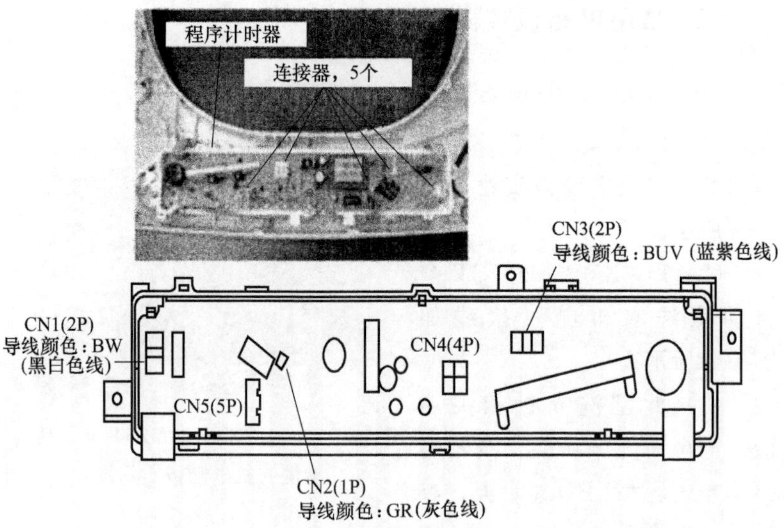

图 1-49　东芝 XQB65-EFD 波轮式洗衣机电脑板连接器实物图

（2）东芝 XQB65-EFD 波轮式洗衣机电气接线如图 1-50 所示。

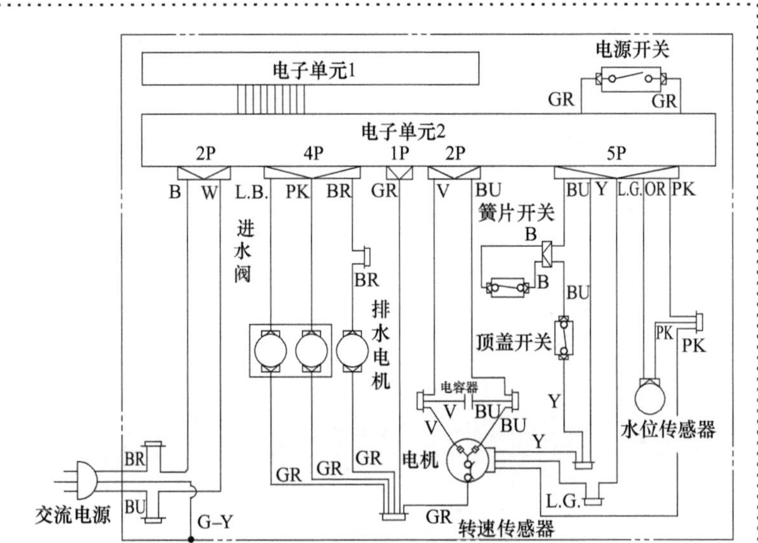

注：GR为灰色，B为黑色，W为白色，L.B为浅蓝色，PK为粉红，BR为棕色，V为紫色，BU为蓝色，Y为黄色，L.G为浅绿色，OR为橙色，G–Y为黄绿色。

图 1-50　东芝 XQB65-EFD 波轮式洗衣机电气接线图

(3) 此型洗衣机相关功能：

① 螺旋立体水流，超强动态洗涤；

② 缠绕感知，衣物无损，LED 数字显示功能；

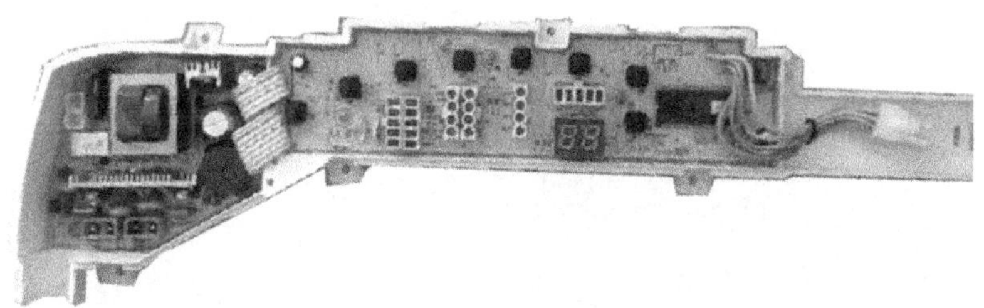

图 1-51　海尔 XQB50-7288HM 型波轮洗衣机电脑板实物图

③ 断电记忆，环保节能；

④ 喷淋漂洗，自由编程，抗菌波轮。

（三）海尔 XQB50-7288HM 型波轮洗衣机

（1）海尔 XQB50-7288HM 型波轮洗衣机电脑板实物如图 1-51 所示。

（2）海尔 XQB50-7288HM 型波轮洗衣机电气接线如图 1-52 所示。

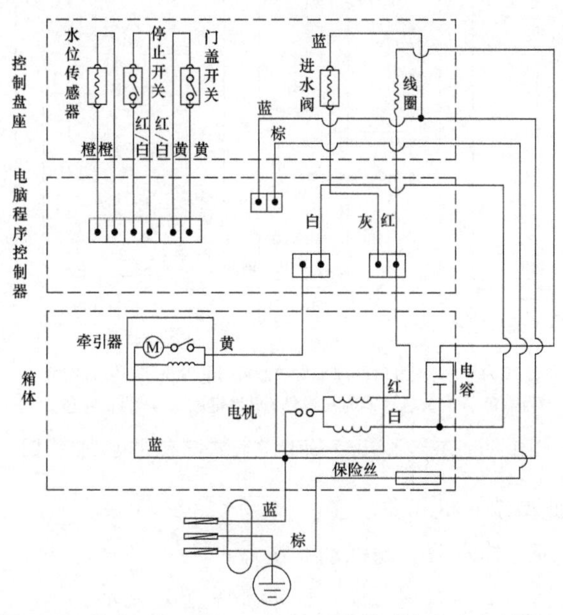

图 1-52 海尔 XQB50-7288HM 型波轮洗衣机电气接线图

（四）海尔 XQG55-H10866 滚筒式洗衣机

图 1-53 海尔 XQG55-H10866 滚筒式洗衣机电脑板相关实物图

（1）海尔 XQG55-H10866 滚筒式洗衣机电脑板相关实物如图 1-53 所示。

（2）海尔 XQG55-H10866 滚筒式洗衣机相关接线如图 1-54所示。

（3）此型洗衣机相关功能：

① JIT智能烘干的效果：自动感知衣物多少及干湿程度，通过电脑自动编程、抖散、调整最佳烘干温度，给衣物全程智能烘干呵护，衣干即停、即洗即穿。

② AMT防霉抗菌窗垫：抗菌率高达99%，防霉等级为0级，有效保证窗垫在长期使用过程中不易滋生霉菌，避免衣物与内筒的交叉污染，呵护家人健康。

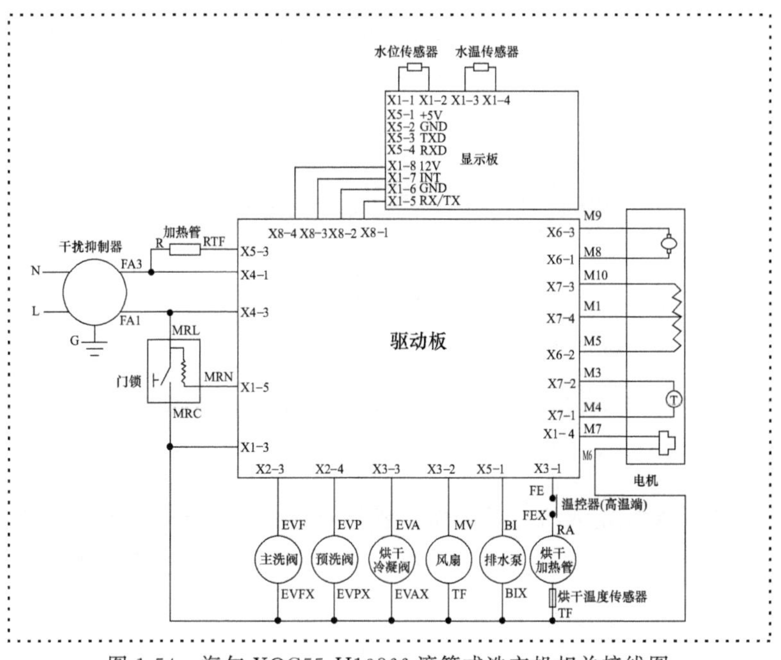

图1-54 海尔XQG55-H10866滚筒式洗衣机相关接线图

③ 预约功能：实现2～24h预约洗涤，预约时间即为洗涤结束时间，随时轻松洗。

④ 自动挡技术：自动感知衣物重量，根据衣量自动设定最合理的用水量和洗衣时间，精确洗衣。

(五) 海信XQB65-2135波轮式洗衣机

(1) 海信XQB65-2135波轮式洗衣机电脑板相关实物如图1-55所示。

图 1-55　海信 XQB65-2135 波轮式洗衣机电脑板相关实物图

(2) 海信 XQB65-2135 波轮式洗衣机相关接线如图 1-56 所示。

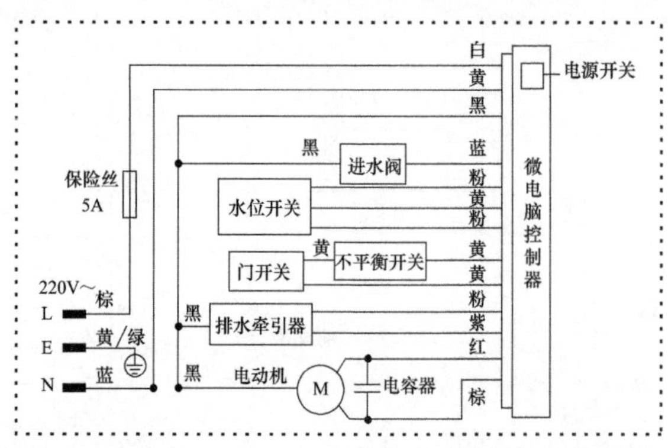

图 1-56　海信 XQB65-2135 波轮式洗衣机相关接线图

(3) 此型洗衣机相关功能：智能静音减振功能，节能又安静；运动浸泡模式，能清除顽固污渍，洗衣安全放心；双重强力洗涤，三维立体水流。

(六) 金羚 XQB60-A609G 波轮型洗衣机

(1) 金羚 XQB60-A609G 波轮型洗衣机电脑板相关实物如图 1-57所示。

图 1-57　金羚 XQB60-A609G 波轮型洗衣机电脑板相关实物图

（2）金羚 XQB60-A609G 波轮型洗衣机相关接线如图 1-58 所示。

（3）此型洗衣机相关功能：进口 MCM 钢板九层保护，模内注塑前控，防潮防水，保护电脑板，自动断电，洗衣粉用量显示，高低双过滤器，超强过滤等功能。

（七）康佳 XQG60-6081W 滚筒式洗衣机

（1）康佳 XQG60-6081W 滚筒式洗衣机相关实物如图 1-59 所示。

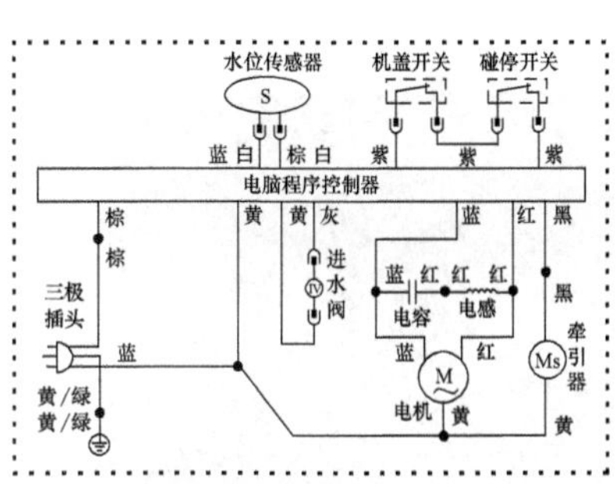

图 1-58 金羚 XQB60-A609G 波轮型洗衣机相关接线图

图 1-59 康佳 XQG60-6081W 滚筒式洗衣机相关实物图

（2）康佳 XQG60-6081W 滚筒式洗衣机相关接线如图 1-60 所示。

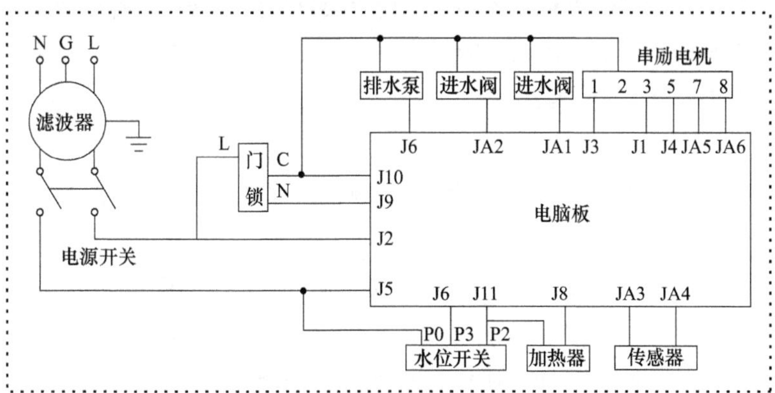

图 1-60 康佳 XQG60-6081W 滚筒式洗衣机相关接线图

(3) 此型洗衣机相关功能：

① 电脑控制智能断电记忆功能；

② 排水阀漏水保护，进水阀漏水保护等功能；

③ 多种洗涤方式选择，防缠绕，夜间洗，电辅加热洗涤等功能。

(八) 三星 WF-R1053 滚筒式洗衣机

(1) 三星 WF-R1053 滚筒式洗衣机电脑板相关实物如图 1-61 所示。

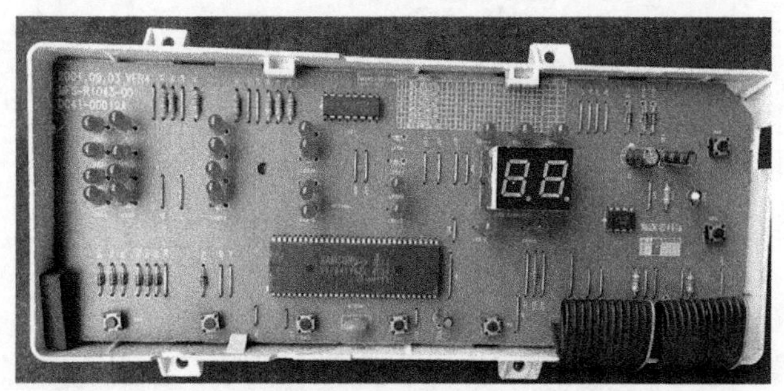

图 1-61 三星 WF-R1053 滚筒式洗衣机电脑板相关实物图

(2) 三星 WF-R1053 滚筒式洗衣机相关接线如图 1-62 所示。

(3) 此型洗衣机相关功能：内设银离子发生器，电解释放出溶于冷水的银离子，渗透衣物纤维对衣物进行杀菌和抑菌，其杀菌和抑菌率均能达到 99.9%以上。

(九) 松下 XQB45-847 全自动洗衣机

(1) 松下 XQB45-847 全自动型洗衣机电脑板实物如图 1-63 所示。

(2) 松下 XQB45-847 全自动型洗衣机电气接线如图 1-64 所示。

(十) 小鸭 XQG50-808 全自动洗衣机

(1) 小鸭 XQG50-808 全自动型洗衣机电脑板相关实物如

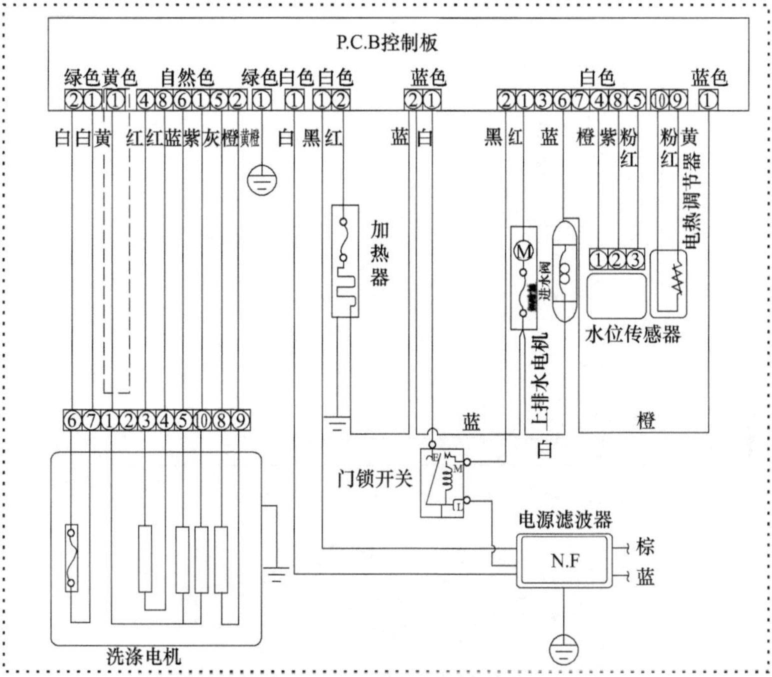

图 1-62　三星 WF-R1053 滚筒式洗衣机相关接线图

图 1-65所示。

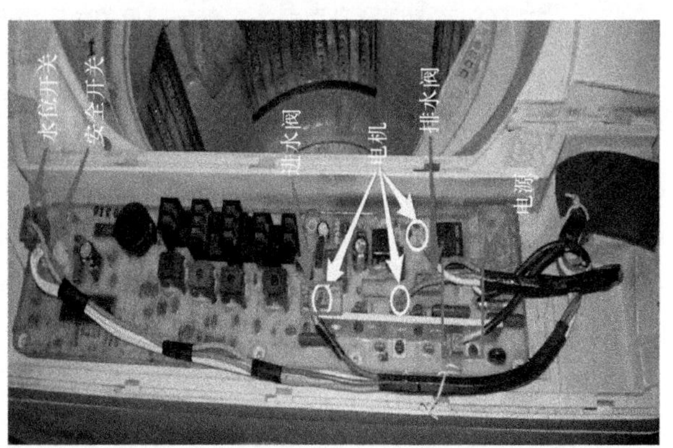

图 1-63　松下 XQB45-847 全自动型洗衣机电脑板实物图

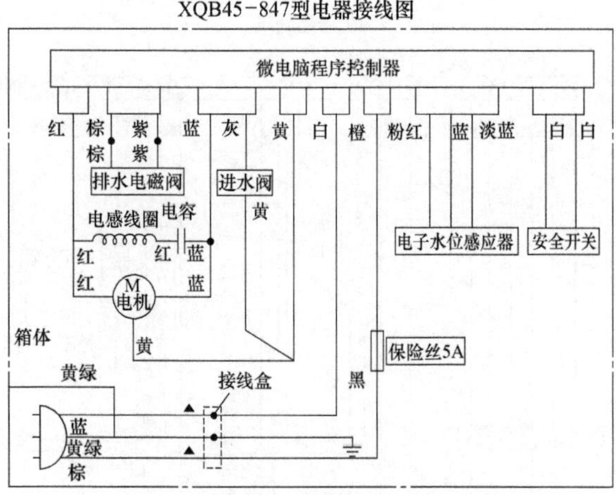

图 1-64 松下 XQB45-847 全自动型洗衣机电气接线图

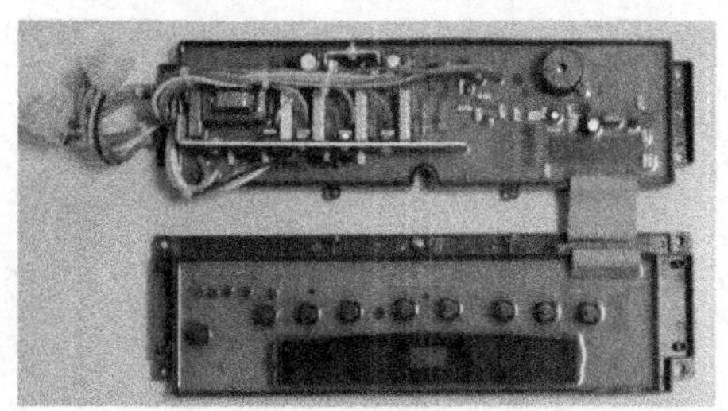

图 1-65 小鸭 XQG50-808 全自动型洗衣机电脑板相关实物图

（2）小鸭 XQG50-808 全自动型洗衣机相关接线如图 1-66 所示。

（3）此型洗衣机相关功能：

① 它具有全自动化功能，超大炫彩液晶 VFD 显示屏。

② 采用 FLASH 数字推理智能芯片，真正实现数码家电化，全程人机对话。

③ 最新的 CPU 控制系统，运行更平稳。

（十一）新乐 XPB70-8186S 双桶式洗衣机

（1）新乐 XPB70-8186S 双桶式洗衣机电脑板相关实物如图 1-67所示。

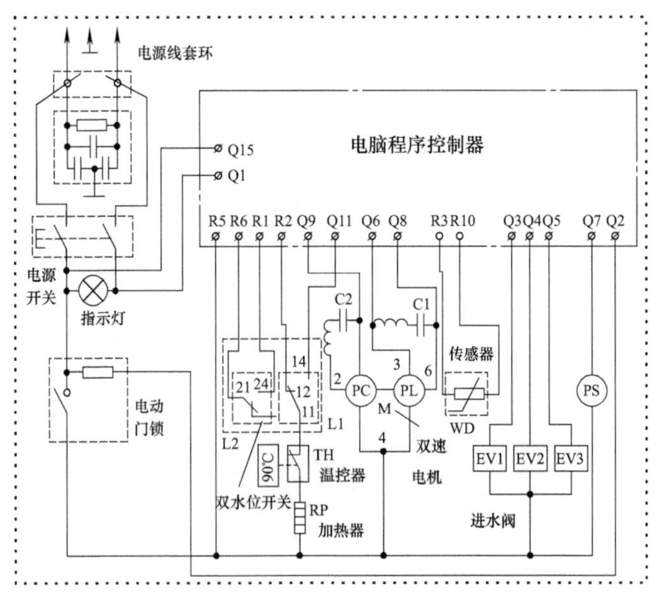

图 1-66 小鸭 XQG50-808 全自动型洗衣机相关接线图

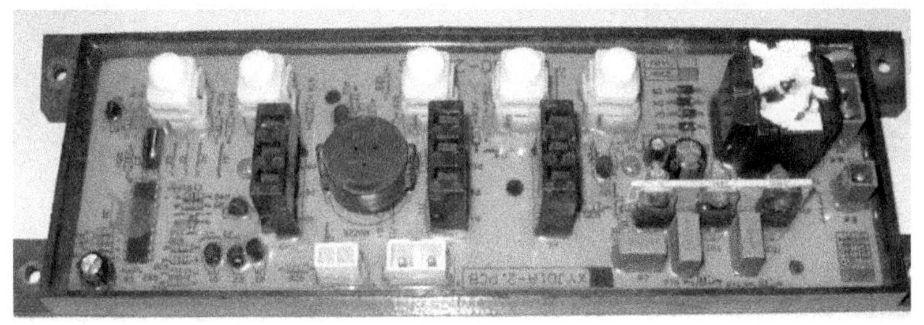

图 1-67 新乐 XPB70-8186S 双桶式洗衣机电脑板相关实物图

(2) 新乐 XPB70-8186S 双桶式洗衣机相关接线如图 1-68 所示。

(3) 此型洗衣机相关功能：支持预约时间功能，3 级的能效等级，160W 的脱水功率。

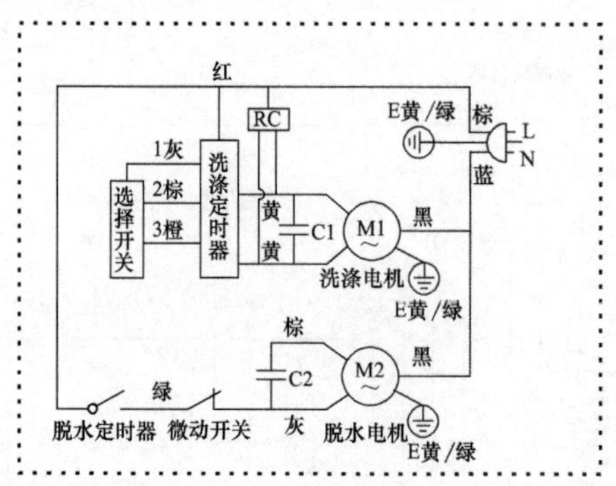

图 1-68　新乐 XPB70-8186S 双桶式洗衣机相关接线图

Chapter 02

维修职业化课前准备

课堂一 场地选用

一、维修工作台的选用及注意事项

（1）洗衣机修理时常常需要拆卸机体，应置备厚实而低矮的木制工作台（如图 2-1 所示），以便将机体横置，检查洗衣机底部电容、电动机等部件。

图 2-1　木制工作台

（2）洗衣机需倾倒时，应先在工作地面上垫一层软材料，以保护洗衣机外壳使其完好。

二、维修场地的选用及注意事项

（一）维修场地的选用

洗衣机的修理实际上大多是在地面进行的，对场地的要求通常有以下几个方面：

（1）必须注意场地内的电气、机械等安全事项，例如，无关人员尤其是小孩不能在现场。

（2）场地内应有供电、供水设施。

（3）场地应宽敞、干净、整洁，以便安全、方便地进行检查工作。

(4) 场地内不要放置可燃性化学溶剂（如喷雾剂、喷漆、涂料、汽油等有机溶剂）。

(5) 维修场地最好设置在附近有灭火设备的地方。对于选择好的场所，在进行维修之前还要进行火源检查，确认无安全隐患后，才动手进行检修。

(二) 检修中的注意事项

(1) 检修中当需用水试机时，需注意水的漫延不能影响电器部件，以免危及人身安全。

(2) 在检修过程中，要注意安全用电，尽可能避免带电操作，且应将洗衣机内的积水排尽。

(3) 安装、拆卸时，应妥善保管好零部件，尤其是专用的小零件，以免丢失。

(4) 维修电路时，应先对电容器充分放电，避免触电。

(5) 修理完后必然要试机，在试机时应密切注意，如发现洗衣机运转声音异常、不启动、转速明显变慢、冒烟、漏水、漏电、有焦煳味，应立即切断电源。

课堂二 工具检测

一、工具的选用

(一) 普通工具

根据拆装部件的不同需要用不同的工具，常用的工具有一字螺钉旋具、十字螺钉旋具、小尺寸活扳手、内六角扳手、钢丝钳、手锉、尖嘴钳、弹簧钳、剪刀、拨线钳和电烙铁等。

(二) 洗衣机专用工具的选用

维修洗衣机的专用工具一般有套筒扳手、扁扳手、离合器扳手、万用表、水平仪、三爪拉马、热风焊枪、绝缘电阻表、钳形电流表等。

1. 套筒扳手

套筒扳手用于螺母或螺栓端完全低于被连接面，而且受凹孔的直径所限不能用开口扳手或活动扳手及梅花扳手的时候。它是由多个带六角孔或十二角孔的套筒、手柄、接杆等附件组成，相关实物如图 2-2 所示。

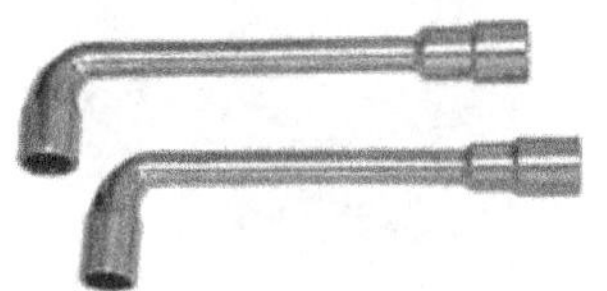

图 2-2　套筒扳手相关实物图

2. 扁扳手

扁扳手是一种手工工具，是用来抓住、拧紧或转动螺栓、螺母、螺钉头、管子或其他物件的机动工具，在洗衣机的维修中，它主要用来调节底脚水平。相关实物如图 2-3 所示。

图 2-3　扁扳手相关实物图

3. 离合器扳手

离合器扳手是专门用来拆卸洗衣机离合器的工具，属于扳手中的一类，相关实物如图 2-4 所示。

4. 万用表

万用表又称多用表，它主要由测量机构、测量电路和转换开关组成。它可以测量洗衣机中交、直流的电压、电流、电容及电阻。相关实物如图 2-5 所示。

图 2-4　离合器扳手相关实物图

电容是洗衣机最常见的故障元件，在用万用表测量电容时，应把万用表调至电阻挡，根据电容容量选择适当的量程。在测量前要对被测电容进行放电，以防损坏万用表。若电容的两极不是连通的，最好用适当电阻连接。

5. 水平仪

水平仪又称水平管或水平尺，是一种量度水平及铅直的测量工

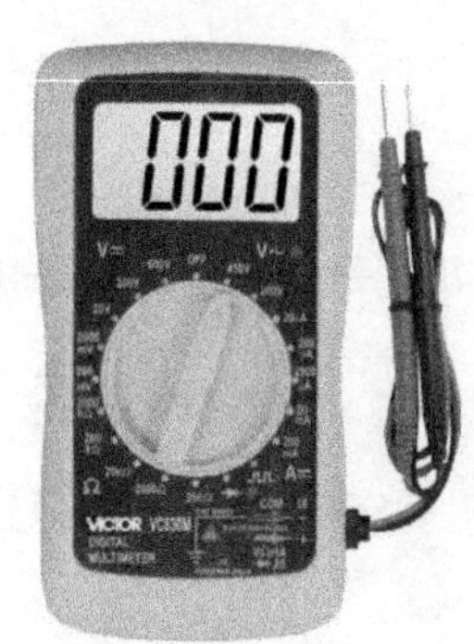

图 2-5　万用表

具，其形状就像尺一样。它的主要组成部分是水平管，是一种测量小角度的常用量具，在洗衣机的维修中主要用来调节水平。相关实物如图 2-6 所示。

6. 三爪拉马

三爪拉马主要用来将损坏的轴承从轴上沿轴向拆卸下来，在洗衣机的维修中主要用来拆卸内筒。它主要由旋柄、螺旋杆和拉爪构成。相关实物如图 2-7 所示。

图 2-6　水平仪相关实物图

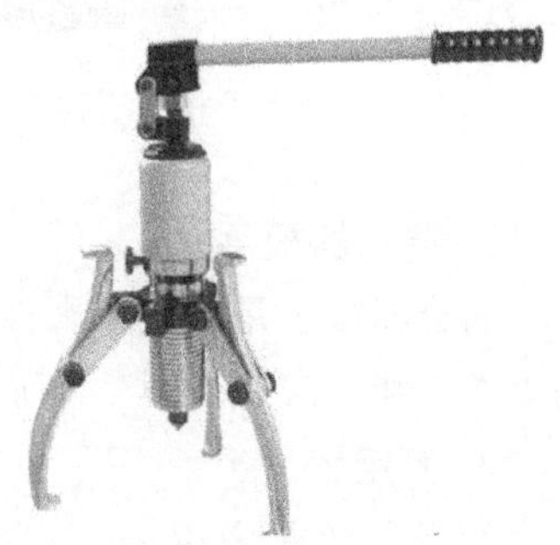
图 2-7　三爪拉马相关实物图

7. 热风焊枪

热风焊枪是用来焊接热塑性塑料的，也可用于热缩套管、薄膜、条带、焊锡套管和模塑产品的焊接。相关实物如图 2-8 所示。

8. 绝缘电阻表

绝缘电阻表也可称为兆欧表或摇表，它是用来测量绝缘电阻的，也可说是绝缘电阻和吸收比的专用仪表。它的单位为兆欧，测量的时候把它的两根线夹在被测器件两端，有时也要分极性（一红一黑），再摇动摇表，即可在刻度盘处读出绝缘阻值。绝缘电阻表相关实物如图 2-9 所示。

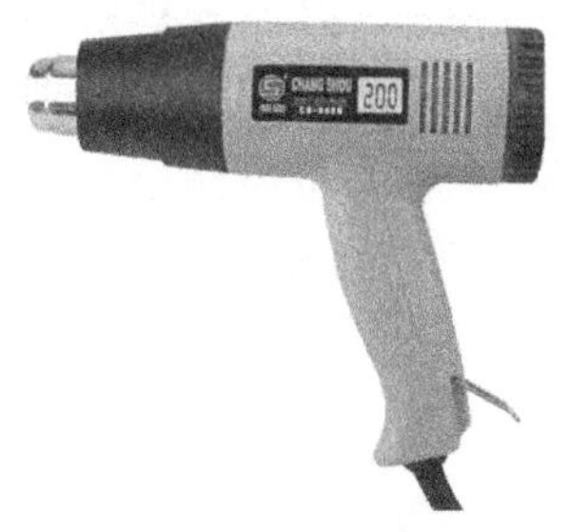

图 2-8　热风焊枪相关实物图

图 2-9　绝缘电阻表相关实物图

9. 钳形电流表

钳形电流表是由电流表和互感器组成的仪表，主要用于高压交流电流、低压交流电流、漏电流的测量和在线交流电流监测等。相关实物如图 2-10 所示。

二、洗衣机元器件检测训练

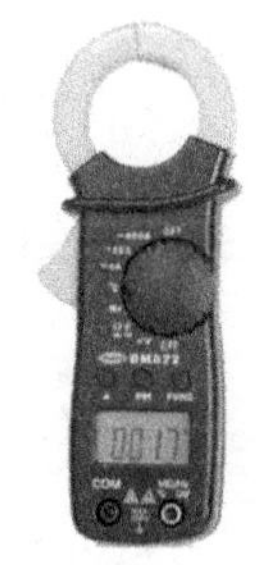

图 2-10　钳形电流表相关实物图

（一）洗衣机进水阀的检测

进水阀的检测如图 2-11 所示。

（1）断电状态下打开水龙头，检测水龙头是否能进水，若不能进水则为进水阀故障。

（2）在断电状态下测量进水阀同一线圈端子间阻值，正常应约为 4.6kΩ，若为无穷大或小于 1kΩ，则为线圈断路或短路故障。

（3）若以上均正常，则通电运行，测量进水阀线圈端子电压。

（4）若线圈端子电压正常且一直不进水，则在断电后立即触摸线圈，若线圈发热，则为进水阀故障。

（二）洗衣机排水阀的检测

排水阀的检测如图 2-12 所示。

（1）首先检查排水阀是否有异物堵塞，导向排水阀橡胶件是否无法复位或弹簧失效。

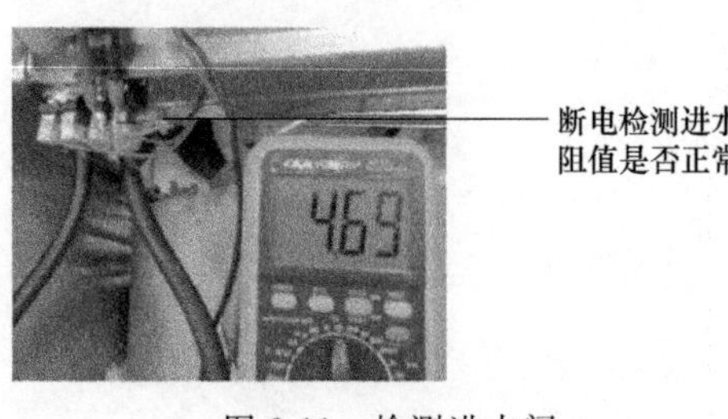

图 2-11　检测进水阀

（2）若排水阀无异物堵塞等情况，则在断电时测量排水阀三根导线两侧的阻值，若有任一阻值小于 1kΩ 或三组阻值均为无穷大，则为排水阀故障。

（3）再测量排水阀电动机端子 2（紫色）和端子 3（蓝色）之间的阻值（正常约为 13kΩ），若短路或断路，则为排水阀电动机故障。

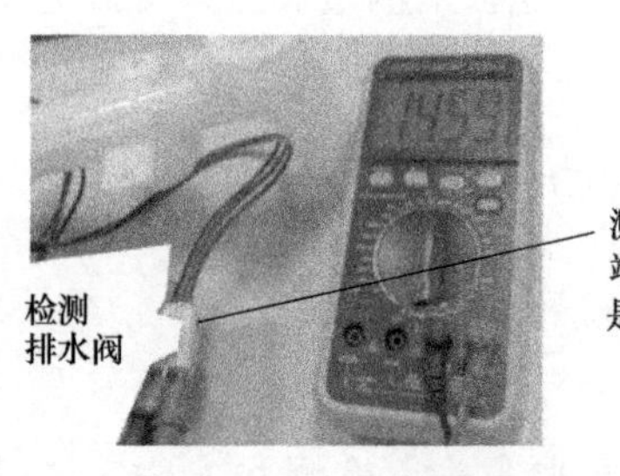

图 2-12　检测排水阀

（三）排水牵引器（又名排水电动机）的检测

牵引器起两个作用：一是拉开排水阀门，起排水的作用；二是拉动离合器洗衣和脱水功能转换控制杆。牵引器主要有齿条式和钢索式两种。

用万用表测量排水牵引器两端电压，若测得两端电压大约为 220V 则说明排水牵引器损坏，如图 2-13 所示。

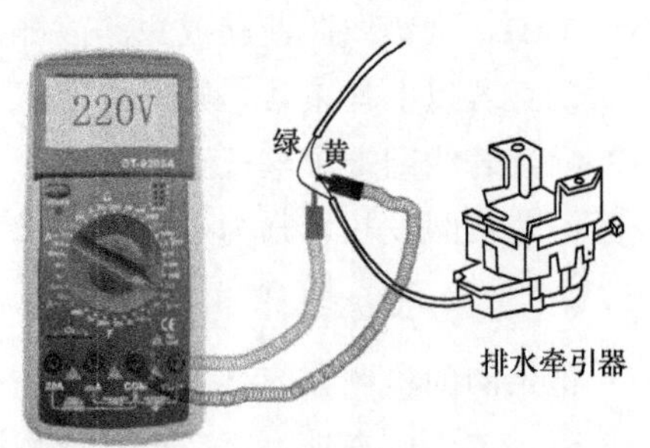

图 2-13　检测排水牵引器

用万用表测量线圈的电阻值约为几千欧，若阻值太小，则是内部短路；若阻值过大，则是牵引器内部断路。可给线圈直接加市电试验，观察电磁铁是否动作来判断线圈是否正常。

（四）洗衣机水加热管的检测

水加热管的检测如图 2-14 所示。

（1）首先测量水加热管两端阻值（正常约为 27Ω）是否正常。若阻值为无穷大，则为加热管断路或热熔断体动作；若阻值为零，则为加热管短路。

（2）再测量温度传感器两端阻值（20℃时应约为 68kΩ），若偏离严重，则为温度传感器故障。

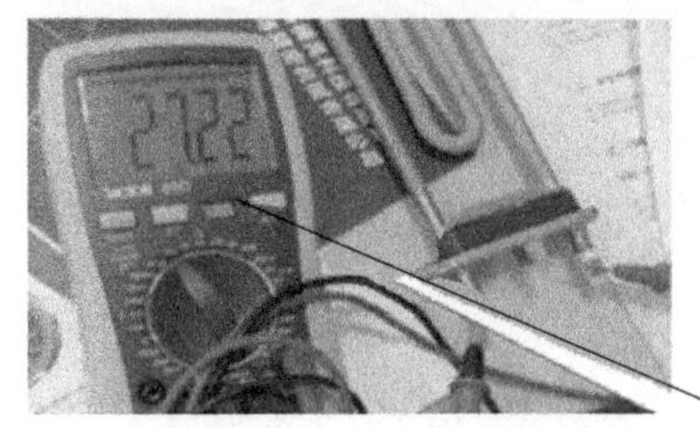

图 2-14　检测洗衣机水加热管

（五）洗衣机直流变频电动机的检测

洗衣机直流变频电动机的检测如图 2-15 所示。

（1）首先检查导线是否磨损、接插件是否正常。

（2）若导线正常，则测量任两端电阻值是否正常。若任两端电阻值约为 10.5Ω，则正常；若任两端电阻值为无穷大或短路，则为电动机故障。

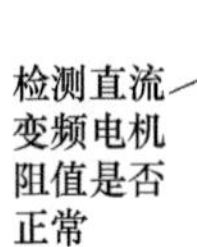

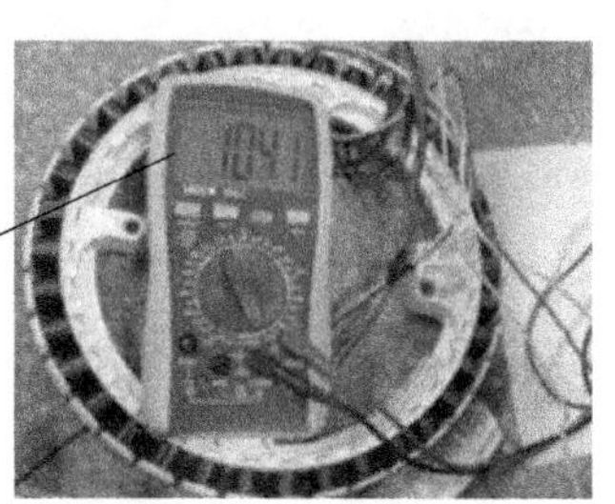

图 2-15　检测直流变频电动机

(六) 洗衣机交流变频电动机的检测

洗衣机交流变频电动机的检测如图 2-16 所示。

(1) 首先检查交流变频板指示灯是否正常。

(2) 再检查交流变频板插件连接是否正常。

(3) 然后检查传动带是否松动。

(4) 最后测量三孔插头任意两端电阻(正常时应为 3.65～3.75Ω 或约为 7.78Ω),若三孔插头任意两端电阻值为无穷大或短路,则为电动机故障。

图 2-16 检测洗衣机交流变频电动机

(七) 洗衣机串励电动机的检测

(1) 首先检查传动带是否松动。

(2) 再检查炭刷是否有磨损。

(3) 然后测量电动机电阻值是否符合要求:定子为 2.4～5Ω(5/10 绕组端子)(如图 2-17 所示);转子为 2.1～2.6Ω(8/9 绕组端子)(如图 2-18 所示);测速电动机约为 68Ω(3/4 绕组端子)(如图 2-19 所示)。

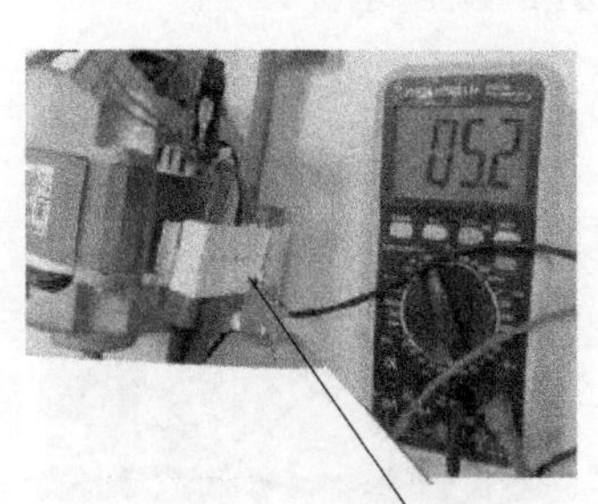

图 2-17 检测定子阻值

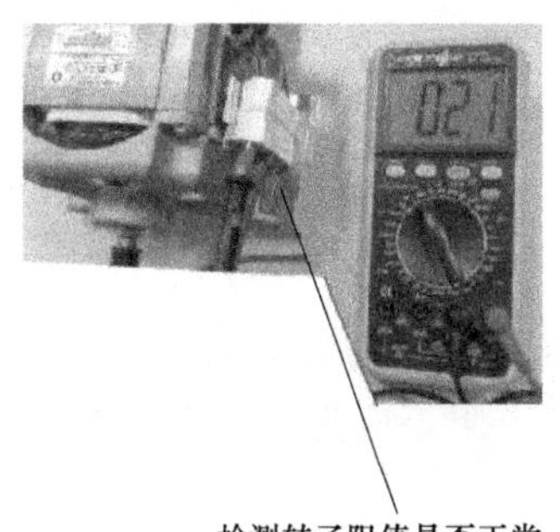

图 2-18　检测转子阻值

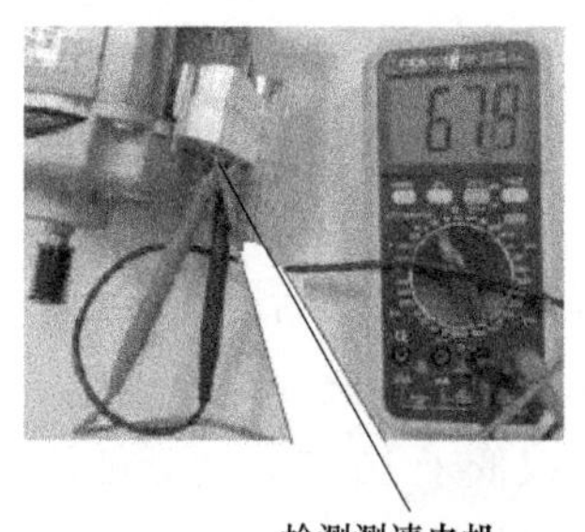

图 2-19　检测电动机阻值

（八）洗衣机开门锁的检测

（1）首先检查洗衣机门钩和门锁位置是否正常，关门是否到位，门锁及锁舌是否损坏。

（2）若门钩和门锁都正常，则应在断电时测量门锁端子 1 及端子 2 之间的阻值，应为断路（如图 2-20 所示）；门锁端子 3 及端子 2 之间的阻值应约为 200Ω，若为无穷大或低于 150Ω，则为门锁故障（如图 2-21 所示）。

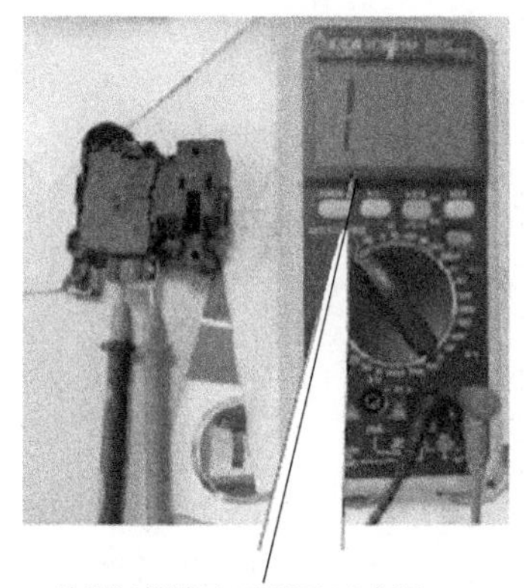

图 2-20　检测门锁端子 1 及端子 2 之间的阻值

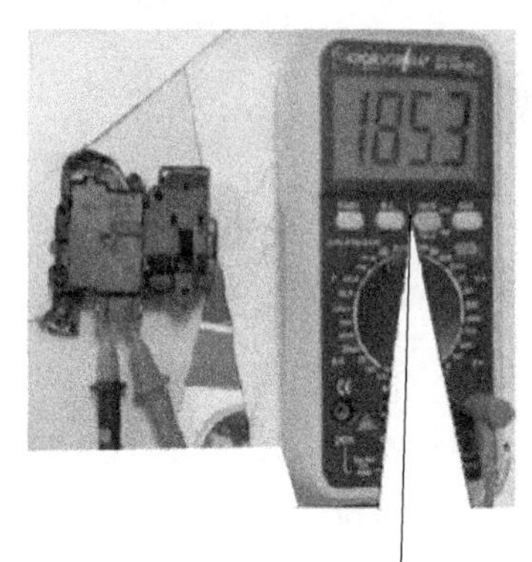

图 2-21　检测门锁端子 3 及端子 2 之间的阻值

（九）洗衣机电磁门锁的检测

洗衣机电磁门锁的检测如图 2-22 所示。

（1）首先检查洗衣机门钩和门锁位置是否正常，关门是否到位，门钩及锁舌是否损坏。

（2）再在断电时测量电源端子间电阻，应约为 1kΩ，若为无穷大或低于 100Ω，则测量信号线端子间电阻，应为无穷大，否则为门锁故障。

（3）无法开门时检查桶内水位是否过高或锁门指示灯是否未灭；若正常，检查按键和拉杆是否连接正常；若正常，则在断电时测量电源端子间电阻，应约为 1kΩ，若为无穷大或低于 100Ω，则为门锁故障。

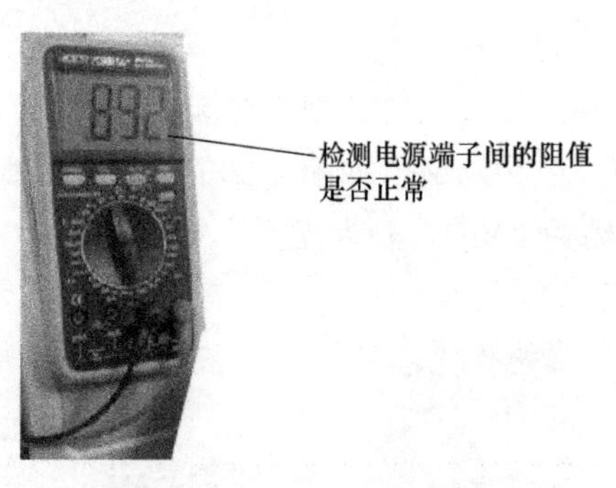

图 2-22　检测洗衣机门锁

（十）洗衣机 PTC 门锁的检测

（1）首先检查洗衣机门钩和门锁位置是否正常，关门是否到位，门锁及锁舌是否损坏。

（2）若洗衣机门钩和门锁位置都为正常，则在断电时测量门锁端子 4 及端子 5 之间的阻值是否正常（正常时应为断路），如图 2-23所示。

（3）若门锁端子 4 及端子 5 之间的阻值正常，则测端子 3 及端子 5 之间的阻值是否正常（正常时约为 1kΩ），如图 2-24 所示。

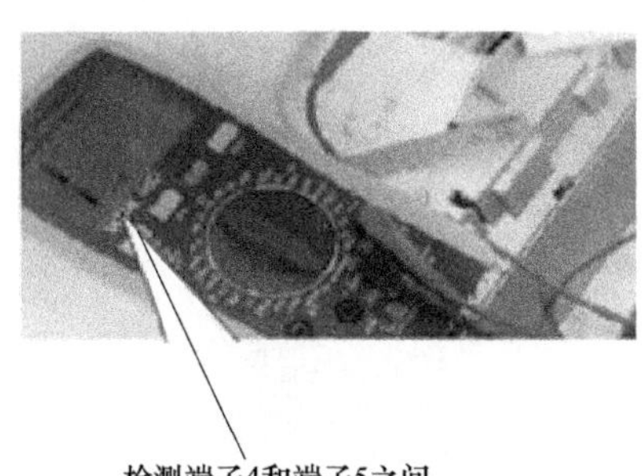

图 2-23 检测端子 4 及端子 5 之间的阻值

图 2-24 检测端子 3 及端子 5 之间的阻值

(十一) 水位传感器（又称水位开关）的检测

判断水位传感器是否有故障主要有以几种检测方法：

1. 观察法

切断电源，拆下盖板，观察回水管到水位开关的胶管是否破裂、两端密封是否良好、管内是否有水（如图 2-25所示）；若洗衣桶水位高达水位开关回水管出口而回水管无水，则是回水管堵塞；若有水，自动进水到位溢出后电磁阀仍不关闭，说明水位开关损坏且回水管漏气。

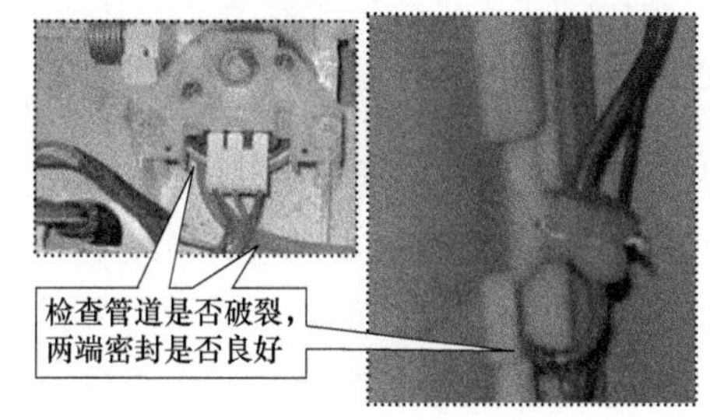

图 2-25 水位传感器检查部位

取下水位开关上的回水管，用另一管接上，用嘴吹一下，听水位开关是否有响声，如有响声，则说明水位开关能工作；如吹气不响或响后不通，或调整后不通，需更换水位开关。

2. 万用表检测法

若检查上述情况均正常，则应用万用表电阻挡测量水位传感器两插片间的电阻值，来判断传感器是否导通，方法如图 2-26 所示。其阻值在传感器导通时一般为 20.1～20.3Ω。若传感器不导通，则说明该水位传感器已损坏。

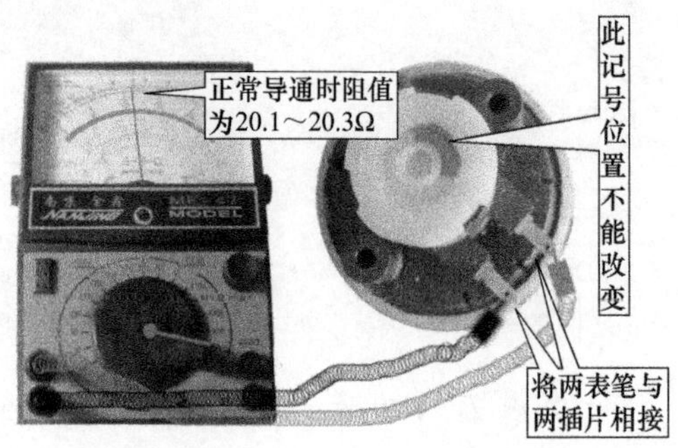

图 2-26　检测水位传感器

> ※**知识链接**※　水位传感器上面的红色记号为洗衣机保护水位微调螺钉，一般在出厂时已经调节好，在测量时不能改变其位置，否则会造成检测和控制水位不准确。

（十二）电动机启动电容器的检测

电容器是波轮洗衣机电气系统中的重要元器件，它同洗衣机电动机合理匹配，作为洗衣机的动力来源。电容器分为洗涤桶启动电容（如图 2-27）和脱水桶启动电容两种（如图 2-28）。若没有电容器匹配，洗衣机电动机就不能正常启动运转。洗衣机在长期使用中，因电容器有问题而引发电气系统故障的现象时有发生，而电容器的故障主要有：电容器击穿、电容器开路、电容器容量下降等。

判断启动电容器是否有故障的方法有以下三种：

1. 观察法

在洗衣机通电情况下，开了定时器之后马上断电，用绝缘手柄的长杆螺钉旋具去短路启动电容器，若碰触电容器的正负极时有强烈的放电火花，且有“啪”一声响，则说明电容器是好的；若碰触电容器正负极无放电现象，则说明电容器已失效。

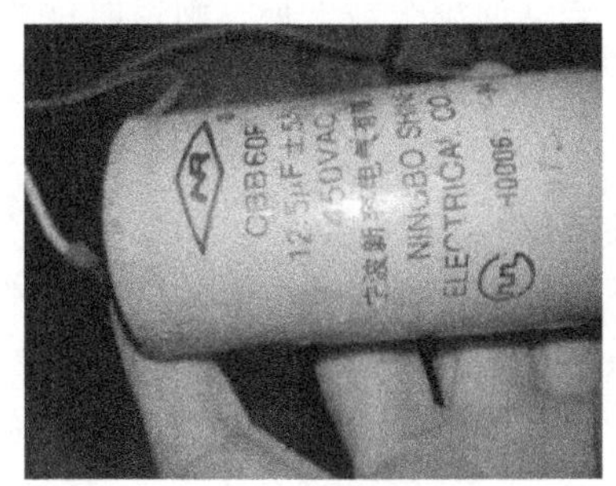

图 2-27 洗涤桶启动电容

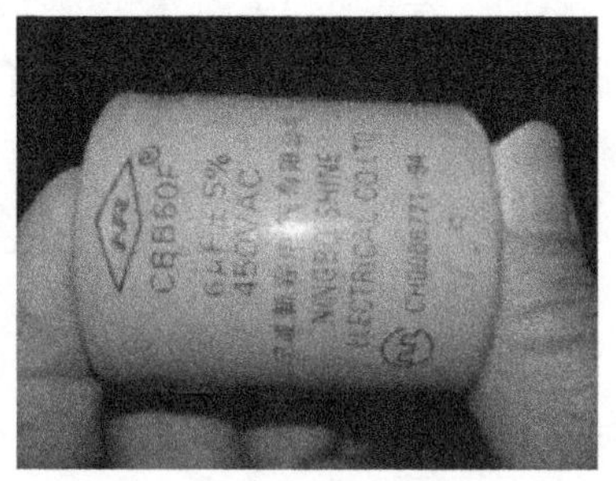

图 2-28 脱水桶启动电容

2. 替换法

当确定定时器无故障，且电动机绕组的阻值均正常时，可用容量相同的好电容去替换洗衣机中原启动电容器，若替换后洗衣机能正常开机，则说明原电容器已损坏；若替换后洗衣机仍不能工作，应仔细查找一下是否有其他故障。

3. 万用表检测法

用指针式万用表进行检测（如图 2-29 所示），其步骤如下：

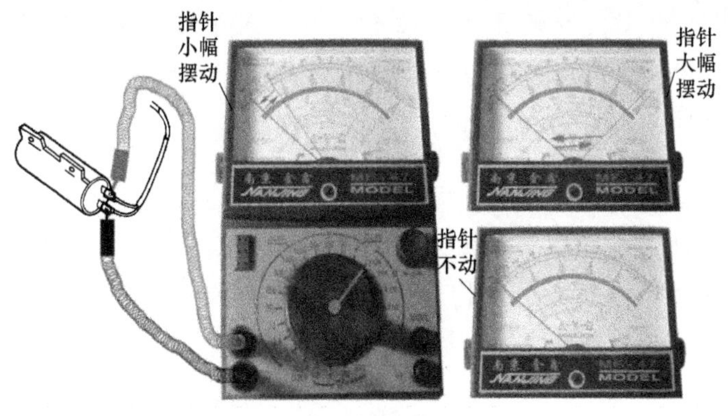

图 2-29 电容器的检测

(1) 漏电电阻的测量　将万用表拨到 $R\times1k$ 或 $R\times10$ 挡；接着用万用表的两表笔分别与电容器的两引线相接，在表笔刚接触的一瞬间，若表针有一个小幅的摆动后又回到无穷大处，则说明该电容器正常。然后断开表笔，并将红、黑表笔对调，重复测量电容器，如表针仍按上述的方法摆动，则说明电容器的漏电电阻很小，表明电容器性能良好，能够正常使用。

当测量中发现万用表的指针不能回到无穷大的位置时，此时表针所指的阻值就是该电容器的漏电电阻。表针距离阻值无穷大位置越远，说明电容器漏电越严重。有的电容器在测其漏电电阻时，表针会退回到无穷大位置，然后又慢慢地向顺时针方向摆动，摆动的幅度越大，表明电容器漏电越严重。

(2) 判断电容器是否短路的测量　将万用表置于欧姆挡，根据电容器的大小选择量程后，再将万用表红、黑表笔分别接电容器的两引脚，如表针所示阻值很小或为零，而且表针不再退回无穷大，说明电容器已经击穿短路。

※知识链接※　(1) 不要在刚停机时就去测量电容器，否则会烧坏万用表或击伤测试者，要先将电容器放电后再作检测；(2) 测量前必须将启动电容器的残存电荷放掉，以免烧坏万用表表头；　(3) 当脱水桶卡住不转时，可用两个电容并联（如图 2-30）去启动脱水电机，但时间要短，以免烧坏脱水电机。

(十三) 减速离合器的检测

减速离合器简称离合器，是全自动波轮（或称套桶）洗衣机洗涤和脱水相互转换的关键部件，工作时可实现洗涤和脱水两种功能。减速离合器为传动部件，结构复杂，对其检测主要通过观察来发现故障部位。检查应包括以下几个方面：

(1) 检查减速器螺钉是否紧固，离合器是否有变形。

(2) 检查脱水过程中棘爪是否正常打开，且要求在断电情况下，棘爪与棘轮的间距大于 2.0mm，如图 2-31 所示。

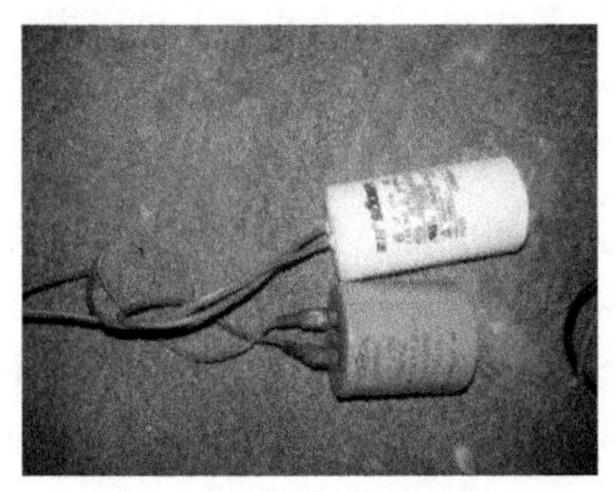

图 2-30 二个电容并联去启动脱水电机

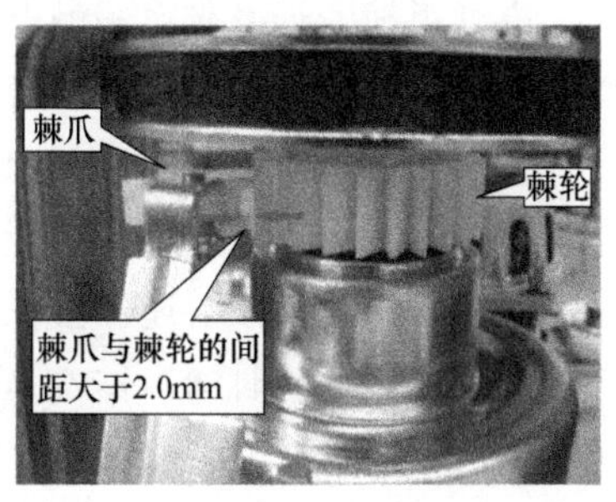

图 2-31 检查棘爪与棘轮的间距

(3) 检查棘爪是否到位，若拨叉位置不正确，则需调整拨叉，使拨叉塑料套紧靠调节螺钉。

(4) 检查抱簧与外轴是否配合过松，若配合过松，则需要更换合适的抱簧。

(5) 检查是否因小油封渗水，引起抱簧、离合套及脱水轴表面锈蚀，造成抱簧与之配合过紧。出现此种情况时，需要更换小油封，并且清除脱水轴及离合套表面的锈蚀。若抱簧锈蚀严重，应更换。

(6) 检查制动带间隙是否合适，是否会造成与制动盘相碰的情况。

(7) 检查滚珠轴承是否出现严重磨损，以致在工作时出现转动偏心，造成脱水时发生异响。若有此种情况应即时更换轴承。

(十四) 机电式程控器的检测

洗衣机的机电式程控器为触点式开关，其结构由触点和弹(压)簧片组成，将各触点分别铆合在各自的簧片上，簧片接控制电路，簧片靠自身的弹性并借助外力的作用使触点接触或分离，从而控制相应电路的通断。

洗衣机机电式程控器常见故障及其检修方法：

(1) 触点表面烧蚀严重，接触电阻增大。若在通断瞬间火花较大，应及时检查触点表面有无烧蚀；若烧蚀严重，应用小锉刀修平，也可用细砂纸磨光；若触点表面因跳火而发生积炭，可先用无水酒精或四氯化碳清洗，然后再用细砂纸打磨干净。

（2）触点粘连。这是因触点严重烧蚀，其接触电阻过大所致。维修时应注意辨别触点开关的哪一侧常闭、哪一侧常开，然后小心地将触点分开，再按上述方法仔细处理触点。

（3）簧片经长时间工作，弹性减少，产生变形。可采用机械法修复，注意修复后其触点在接触时应具有一定的弹力。若修理后仍不能恢复正常状态，则需考虑更换整只程序控制器。

（4）簧片扭曲变形。这类故障较少见，修理时仅能用机械法修复，修复后注意不要造成触点开关通断顺序的紊乱。

（5）触点因受腐蚀而发黑，虽已接触但却未导通。将发黑的触点用细砂纸打磨光亮，露出金属面即可使两触点正常导通。在打磨时，应避免触点变形或移位。在修理程序控制器时，由于触点开关的簧片多以注塑的方法固定在塑料件上，不能拆卸更换，因此当触点不能修复或簧片、凸轮断裂，塑料支架变形而难以更换时，只能更换整只程序控制器。

（十五）微电脑程控器的检测

微电脑程控器主要由微型计算芯片和电子元件组成，程控器根据选定的程序发出指令，控制各个有关部件的工作，无需手动即可完成全部的洗衣过程。电脑程控器的故障分为单片机故障和单片机接口电路故障。

对于接口电路故障，应重点检查电路板上的熔丝是否烧断。洗衣机电路板上设有熔丝的部位有三处：一是在插座前；二是在直流电磁铁整流桥的输出端；三是在整流电源的变压器输入端。如果发现熔丝烧断，则应进一步检查引起熔丝烧断的原因，排除洗衣机和电路板上可能出现的短路故障。另外，接口电路易损元件还有晶闸管、三极管和限流电阻，应作为检修的重点。

对于单片机故障，应重点检查各接口与单片机的接地点 VSS 接口之间的电阻值，并与正常的在路电阻值相比较，若差距过大，则说明单片机有问题；检测各接口电压的波形是否正常；检测各接口对地的直流电压是否正常。

三、拆机装机

（一）洗衣机的常规安装方法

1. 洗衣机安放位置的选择

（1）不要安放在阴暗潮湿的地方，以防洗衣机长期受潮而生锈或导线接头短路。

（2）不要安放在露天的环境中，以防电器件上结有水珠易造成打火损坏或引起其他事故。

（3）应远离热源及阳光直射的地方，以防塑料件、橡胶件老化。

（4）确保洗衣机的安放位置通风顺畅，不能直接安放在不透风的地毯上，以防地毯堵住底部通风口。

（5）不要将洗衣机放在高于地面的台子上使用，以防洗衣机跌落。

（6）不要安装在含有腐蚀性或爆炸性液体、气体（如灰尘、汽油、煤气、液化石油气等）的环境中。

2. 拆除包装并安装

（1）滚筒洗衣机　拆去外包装；将四个防撞螺栓（由于运输原因，洗衣机由四个防撞螺栓固定）用专用扳手拆下，并妥善保存防撞螺栓以备将来搬运时再次使用；取出附件袋中的四个防溅塑料塞，并塞入因拆除防撞附件而露出的四个孔中；将洗衣机搬到安放位置，调整洗衣机的四个底脚，直到洗衣机水平，再用附件袋中的专用扳手锁紧螺母（将螺母与箱体并紧），如图 2-32 所示。

（2）波轮全自动洗衣机　拆除包装，取出泡沫底座上面的包装箱；去掉其余所有包装物，包括泡沫底座中心的凸形塑料块；将洗衣机略向前倾斜，将底板贴有说明的一面向上，沿箭头方向插入底座插槽内；用十字螺钉旋具将底板用附件中的一个螺钉安装到洗衣

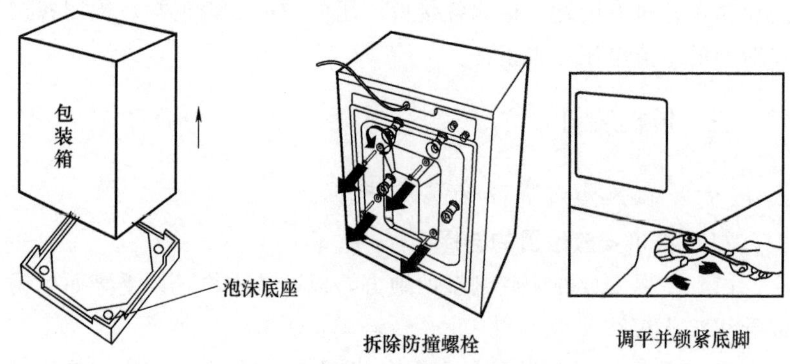

图 2-32　滚筒洗衣机拆除包装并安装

机底座上；将洗衣机调整脚稍抬起，松开调整螺母，旋转调整脚至洗衣机平稳，调整完毕后旋紧调整螺母，如图 2-33 所示。

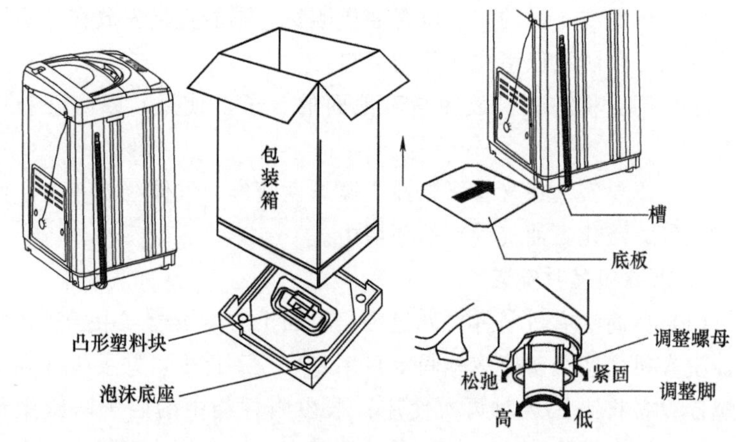

图 2-33　波轮洗衣机拆除包装并安装

3. 电源插座和地线的安装

（1）安装洗衣机的电源插座时，首先要核对该洗衣机铭牌上的额定电压和额定频率。国家电网电压正常时应为 220V、频率为 50Hz。

（2）电源插座离洗衣机的工作位置不宜超过 2m，若洗衣机未安装熔丝，可在电源插板上安装 5A 的熔丝，以防止洗衣机工作时发生短路而烧毁电表。

（3）在使用洗衣机前一定要安装地线。应注意地线请不要接在煤气管道或液化石油气管道上，也不能接在电话线及避雷针上。

4. 进水管、排水管的安装

（1）水龙头的选用　水龙头出水口端部长度应大于 10mm，且出口端面外角应为圆角、表面应光滑，否则会损伤进水管橡胶密封圈，导致漏水。

（2）进水管接头与水龙头的连接　进水管接头与水龙头的连接如图 2-34 所示。按住锁紧杆下端往下压滑动器，从进水管部件上取下进水管头，如图 2-34（a）所示；将进水管接头四个螺钉松至可套在水龙头上为止，然后将进水管接头套在水龙头上，如图 2-34（b）所示；如果水龙头口径偏大，进水管接头套不上，则松开四个螺钉，取下衬套，如图 2-34（c）所示；均匀紧固进水管

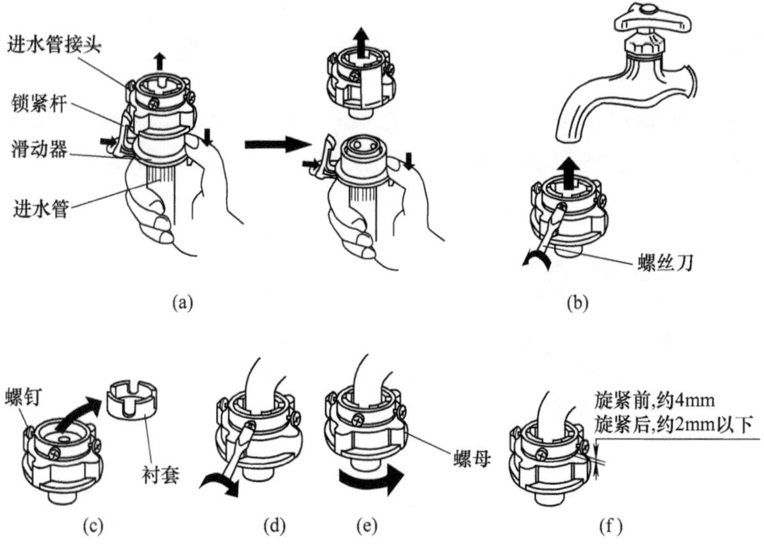

图 2-34　进水管接头与水龙头的连接

接头上的四个螺钉，如图 2-34（d）所示；如图 2-34（e）所示旋紧螺母［旋紧紧固螺母前，螺纹应露出约 4mm，旋紧后螺纹露出应为 2mm 以下，如图 2-34（f）所示］。

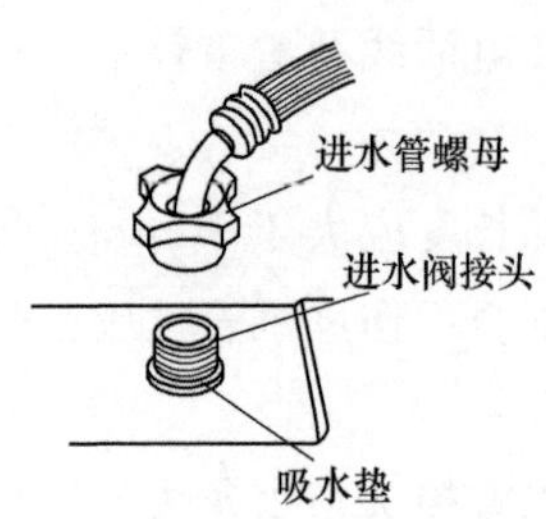

图 2-35 进水管与洗衣机连接

（3）进水管与洗衣机连接　将进水管螺母套到进水阀接头上，旋紧进水管螺母，并稍晃动确认是否紧固合适，如图 2-35 所示。注意：旋紧时应用力均匀且不能扭动进水管，以免损坏进水管接头；切勿取下吸水垫，每次使用洗衣机前请检查吸水垫是否脱落或损坏。

（4）进水管接头与进水管连接　压下滑动器，将进水管插入进水管接头；用锁紧杆挂住进水管接头，放下滑动器，到发出“啪”的声音为止，如图 2-36 所示。

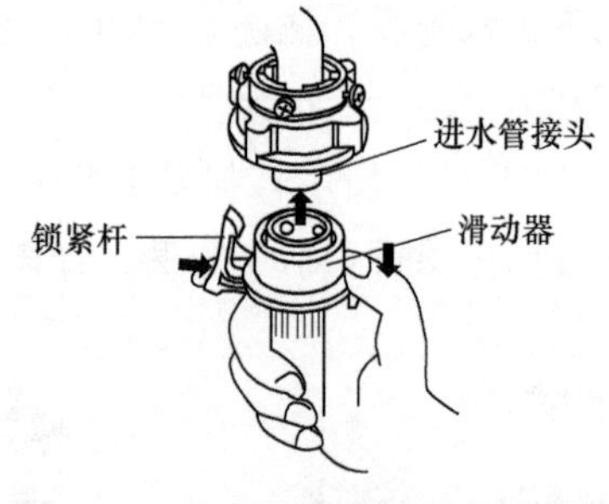

图 2-36 进水管接头与进水管连接

（5）排水管的安装　洗衣机底座或机箱两侧通常都开有水管出口，由于在出厂时排水管都集缩在机箱内部，在使用时，可根据地漏位置，选择合适的排水管位置，并用手将排水管全部拉出。在拉出时注意，底座上设有固定排水管的卡钩，在拉出水管后，机内的一部分管应卡在卡钩内。

图 2-37 取下进水阀盖

（二）波轮全自动洗衣机的拆装

1. 拆装后板

（1）首先将进水阀盖取下，如图 2-37 所示。

（2）将后板紧固螺钉松开，拆

下后板，如图 2-38、图 2-39 所示。

图 2-38　松开后板紧固螺钉

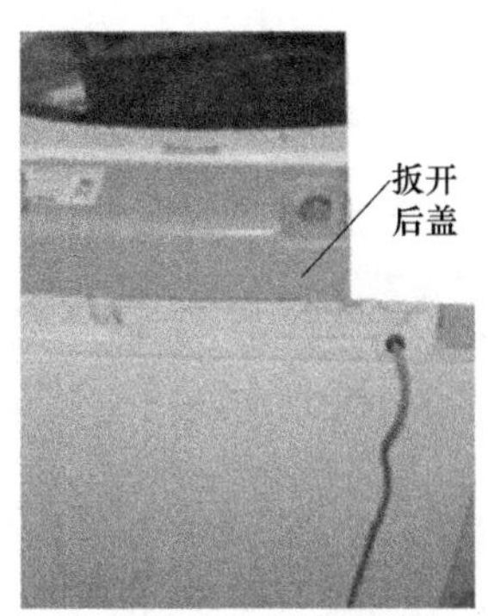

图 2-39　拆下后板

（3）安装时按反顺序进行即可。

2. 拆装进水阀

（1）首先将后板或防水板等部件拆下。

（2）将进水阀紧固螺钉松开，将进水阀的接插件和焊接线拆除，取下进水阀组件，如图 2-40 所示。

（3）安装时按反顺序进行即可。

3. 拆装水位传感器

（1）首先将后板/防水板拆下，如图 2-41 所示。

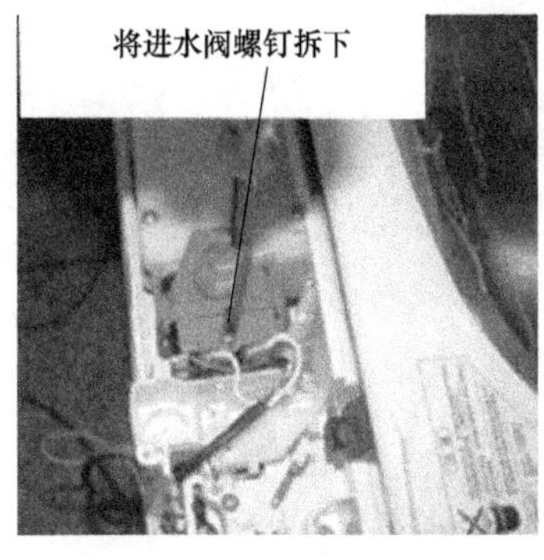

图 2-40　拆卸进水阀

图 2-41　拆下后板

（2）再将水位传感器的限位卡、通气软管卡簧松开，取下水位传感器，如图 2-42、图 2-43 所示。

图 2-42　松开限位卡

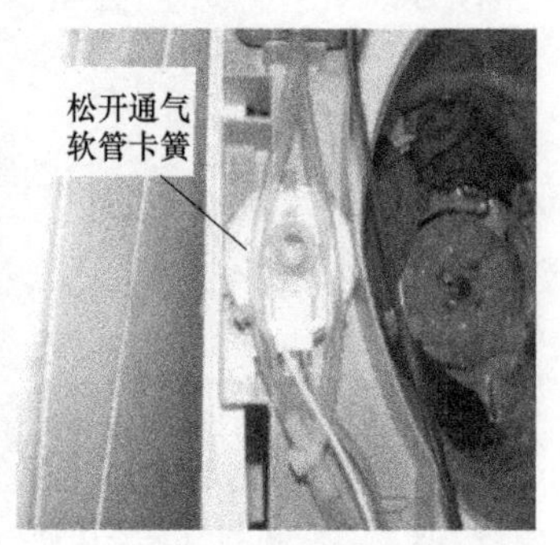

图 2-43　松开通气软管卡簧

（3）安装时按反顺序进行即可。

4. 拆装控制板、电脑板

（1）用螺钉旋具将螺钉盖取下，如图 2-44 所示。

（2）将控制板的紧固螺钉松开，拔出线束接插件，再将控制板组件取下，如图 2-45 所示。

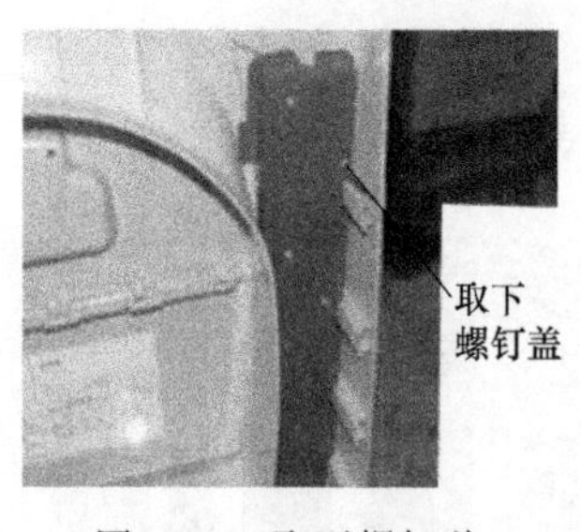

图 2-44　取下螺钉盖

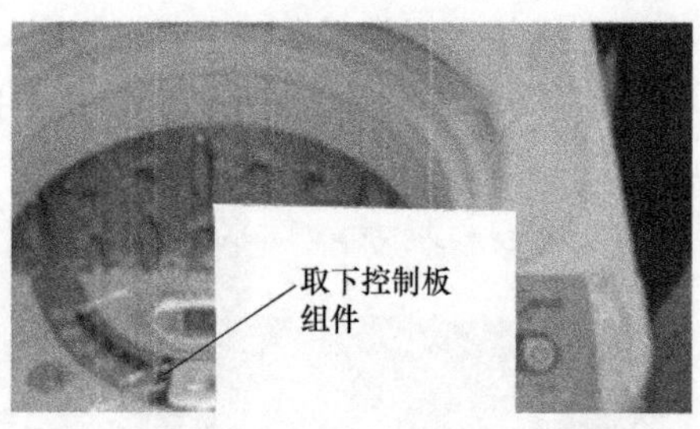

图 2-45　取下控制板组件

（3）将电脑板紧固螺钉松开，再拆下电脑板，如图 2-46 所示。

（4）安装时按反顺序进行即可。

5. 拆装上面板部件

（1）首先将后部两个紧固螺钉拆除，如图 2-47 所示。

（2）再将左右两个紧固螺钉拆除，如图 2-48 所示。

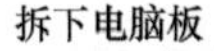

图 2-46　拆卸电脑板

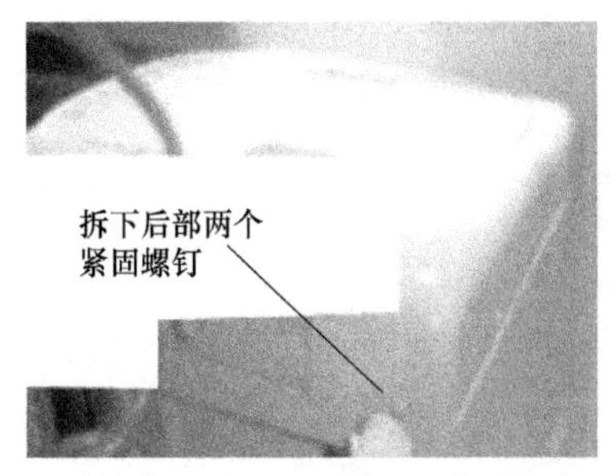

图 2-47　拆除后部两个紧固螺钉

(3) 再将电脑板的压线卡子拆下。

(4) 然后把与外桶体相连的通气软管拆除，将导线束缚与导线卡松开，取下上面板组件。

(5) 安装时按反顺序进行即可。

6. 拆装外桶圈

(1) 首先将四个或两个外桶圈的紧固螺钉拆除，松开外桶圈卡爪，再把外桶圈取下，如图 2-49 所示。

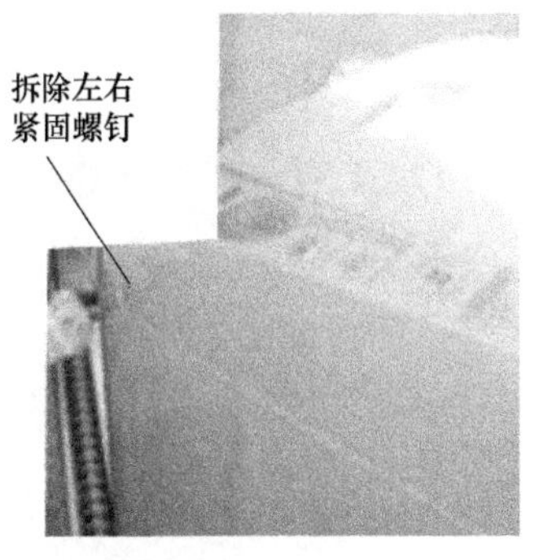

图 2-48　拆除左右两个紧固螺钉

图 2-49　取下外桶圈

(2) 安装时按反顺序进行即可。

7. 拆装波轮

(1) 首先松开波轮螺钉，再取出波轮衬垫，如图 2-50 所示。

(2) 安装时按反顺序进行即可。

8. 拆装脱水桶

(1) 首先将脱水桶的四个紧固螺钉拆下，如图 2-51 所示。

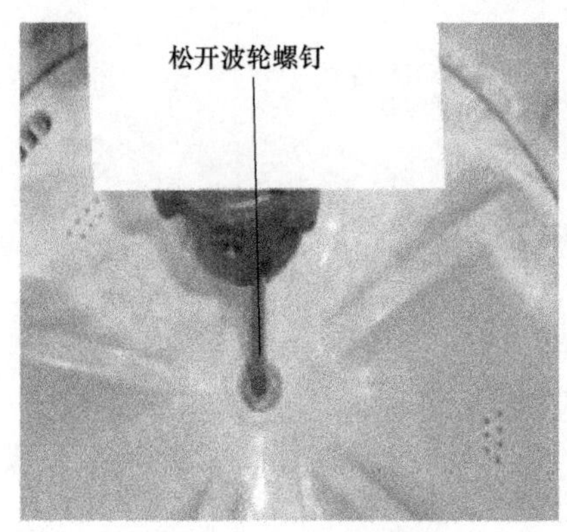

图 2-50 松开波轮螺钉　　图 2-51 拆下脱水桶的四个螺钉

(2) 将脱水桶取出，如图 2-52 所示。

(3) 安装时按反顺序进行即可。

9. 拆装内排水软管

(1) 首先松开且取下内排水软管卡簧。

(2) 将内排水软管取下。

(3) 松开内排水软管卡爪，再将内排水软管向外拉出，如图 2-53 所示。

图 2-52 取出脱水桶

图 2-53 拉出内排水软管

（4）安装时按反顺序进行即可。

10. 拆装小带轮

（1）首先松开小传动轮螺母，再将小传动轮紧固螺钉松开，即可取下小带轮，如图 2-54 所示。

（2）安装时按反顺序进行即可。

11. 拆装电动机

（1）首先将电动机接线的压线卡子松开，现将排水阀压线固定螺钉松开，然后再把固定电动机线束的导线束缚松开，最后松开两个电动机紧固螺钉，即可把电动机拆下来，如图 2-55 所示。

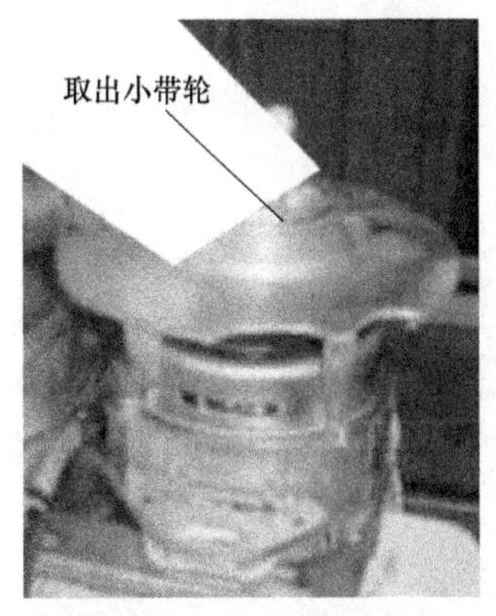

图 2-54　取下小带轮

图 2-55　拆卸电动机

（2）安装按反顺序进行即可。

12. 拆装排水阀组件

（1）首先将排水阀上固定导线的一个紧固螺钉松开，再拉开导线，如图 2-56 所示。

（2）将与排水阀粘接的溢水软管拔出。

（3）将使排水阀固定在外桶体上的一个紧固螺钉松开。

（4）将排水阀向上拔出，如图 2-57 所示。

13. 拆装离合器

（1）首先将电动机、扭矩电动机、传动带取下，再松开排水阀紧固螺钉。

(2) 将四个保护架紧固螺钉和安装板紧固螺钉松开，如图 2-58、图 2-59 所示。

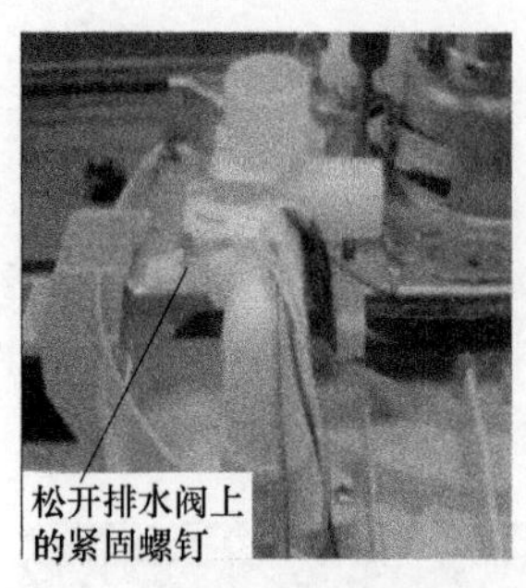

图 2-56 松开排水阀上固定导线的一个紧固螺钉

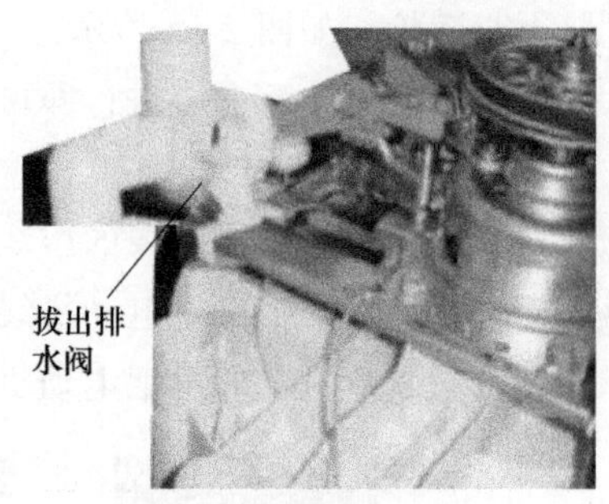

图 2-57 拔出排水阀

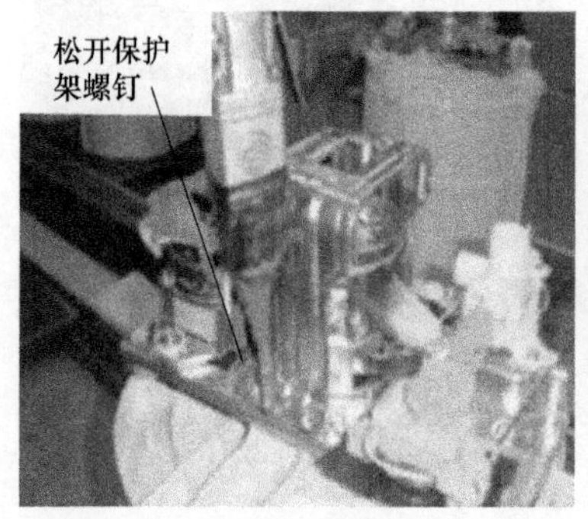

图 2-58 松开四个保护架紧固螺钉

图 2-59 松开安装板紧固螺钉

(3) 将制动杆从连接栓中分离后，即可取下离合器。

(4) 安装时按反顺序进行即可。

14. 拆装吊杆组件

(1) 首先向上拉起吊杆，敲击吊杆球座，如图 2-60 所示。

(2) 取下吊杆止退销，如图 2-61 所示。

(3) 向上取出外桶，如图 2-62 所示。

(4) 安装时按反顺序进行即可。

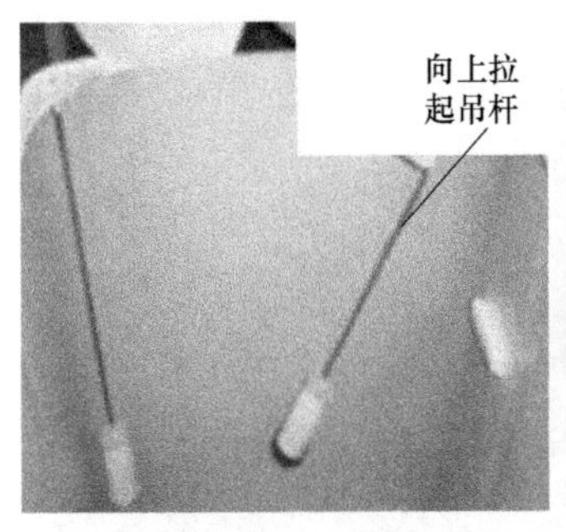

图 2-60　向上拉起吊杆

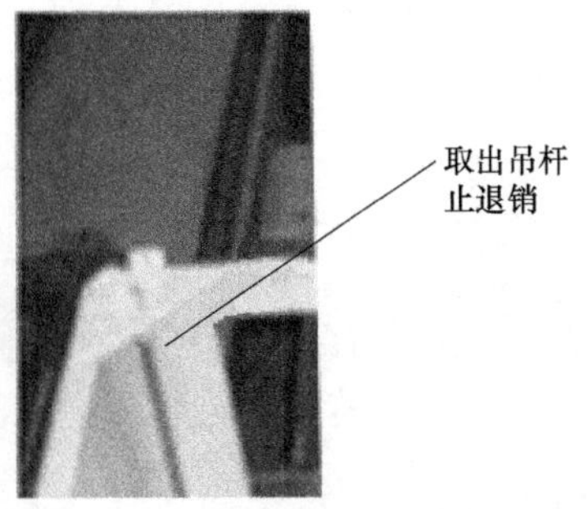

图 2-61　将吊杆止退销取下

15. 装配洗衣机 (三洋 XQB45-428 为例)

(1) 上面板组件的安装

① 安装进水阀组件。在进水阀端口的底部套入进水阀，再将其和进水盒组件连接在一起，如图 2-63 所示。

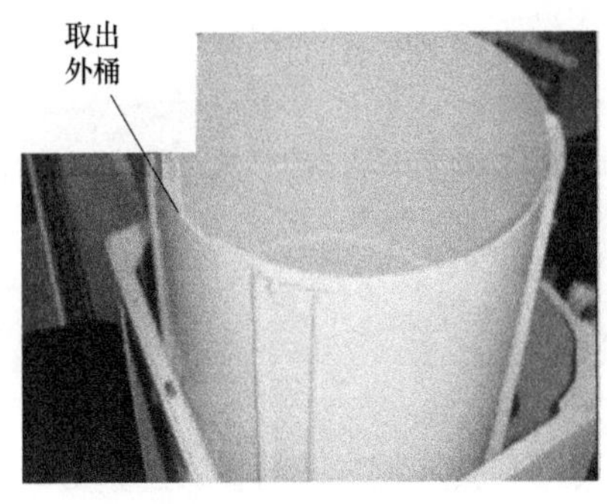

图 2-62　取出外桶

图 2-63　安装进水阀

② 安装水位开关/水位传感器组件。首先把软管卡簧套入通气软管一端，软化后再装到水位开关上并用软管卡簧紧固，如图 2-64所示。

③ 安装进水阀组件及水位开关组件。首先将进水阀组件卡入上面板内并与线束接插件接插，再将线束接插件与水位开关组件接插，如图 2-65 所示。

④ 安全开关的安装。首先检查安全开关是否有变形及后接插件是否插牢，然后用两个螺钉固定到上面板上，如图 2-66 所示。

图 2-64 安装水位开关

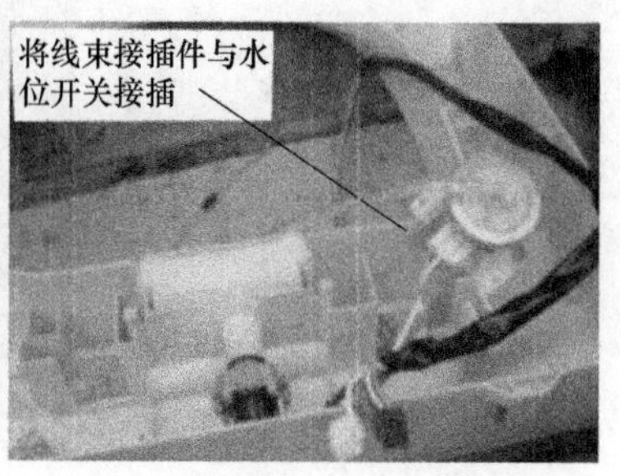

图 2-65 安装进水阀组件及水位开关组件

⑤ 电脑板的安装。

a. 首先将屏蔽板贴于上面板指定位置，再将电脑板装于上面板上，然后用接插件接插，如图 2-67 所示。

图 2-66 安装安全开关

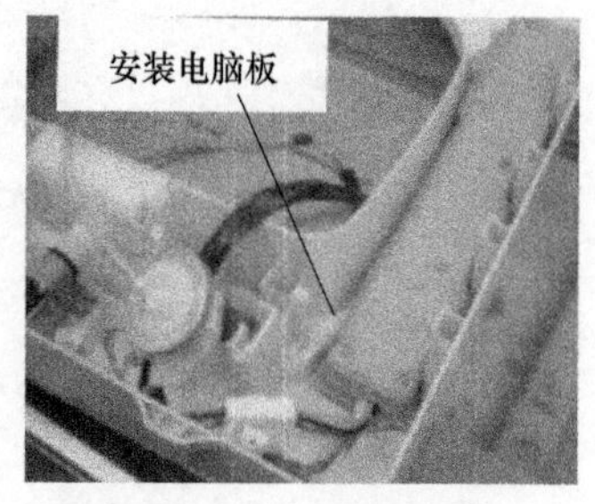

图 2-67 安装电脑板

b. 用五颗螺钉将电脑板紧固，如图 2-68 所示。

（2）洗涤上盖的安装　首先将上面板翻面，再把洗涤上盖装到上面板上，然后用自制刀划开把手隔膜并翻转上面板，如图 2-69 所示。

（3）盖板弹簧的安装及水位开关组件的紧固　首先将盖板弹簧装好，再用两颗螺钉紧固水位开关组件，如图 2-70、图 2-71 所示。

（4）安装屏蔽板

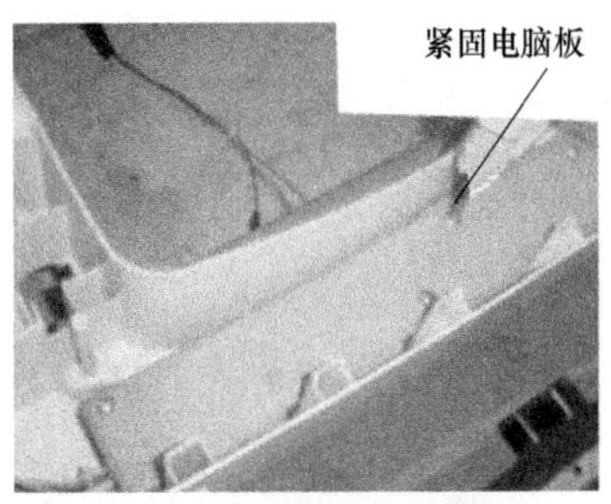

图 2-68　紧固电脑板

图 2-69　安装洗涤上盖

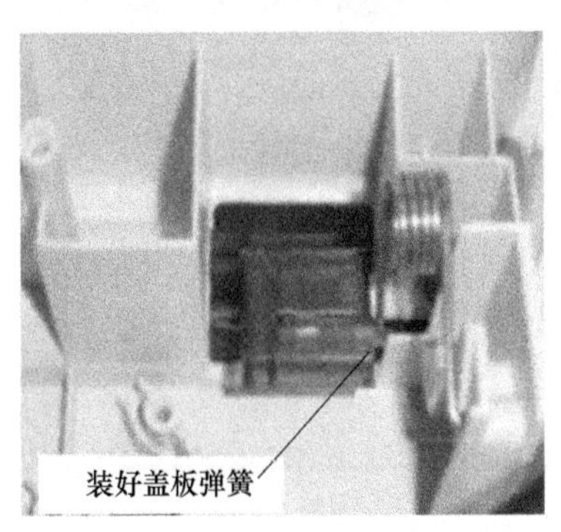

图 2-70　装好盖板弹簧

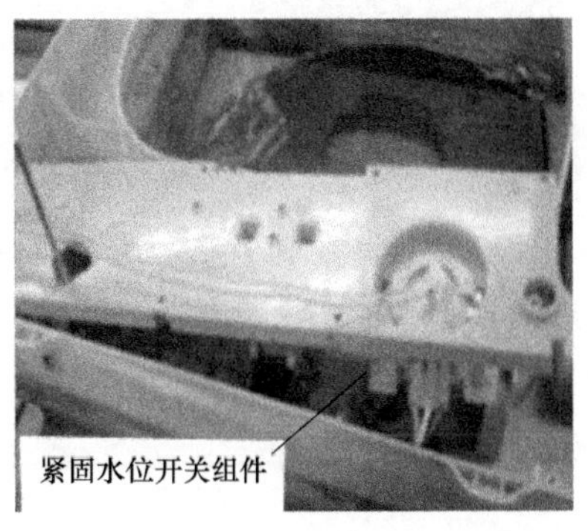

图 2-71　紧固水位开关组件

① 首先将线束、通气软管从屏蔽指定孔内穿入，并将屏蔽板卡入上面板卡槽内，如图 2-72 所示。

② 用六颗螺钉将屏蔽板紧固，如图 2-73 所示。

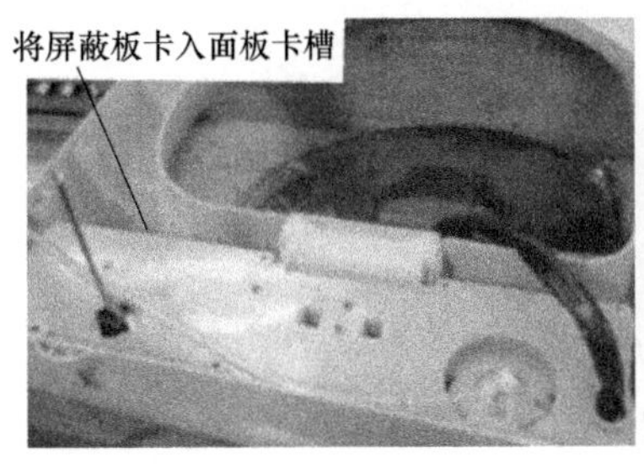

图 2-72　安装屏蔽板

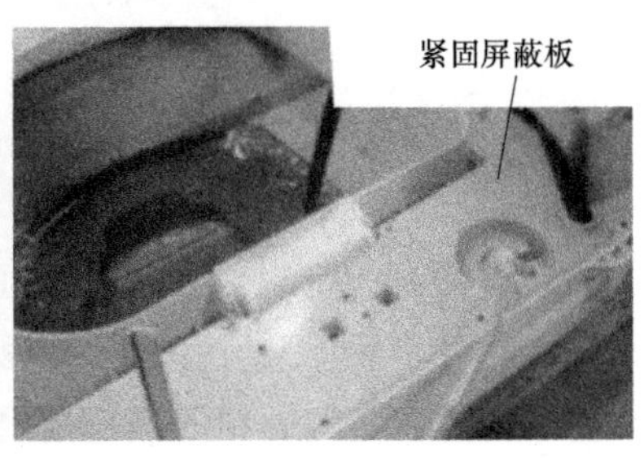

图 2-73　紧固屏蔽板

16. 拆装投币洗衣机减速器

（1）首先将电源断开，再用螺钉旋具松开左边的螺钉，如图 2-74 所示。

（2）将右边的螺钉用螺钉旋具松开，如图 2-75 所示。

图 2-74　将左边的螺钉松开

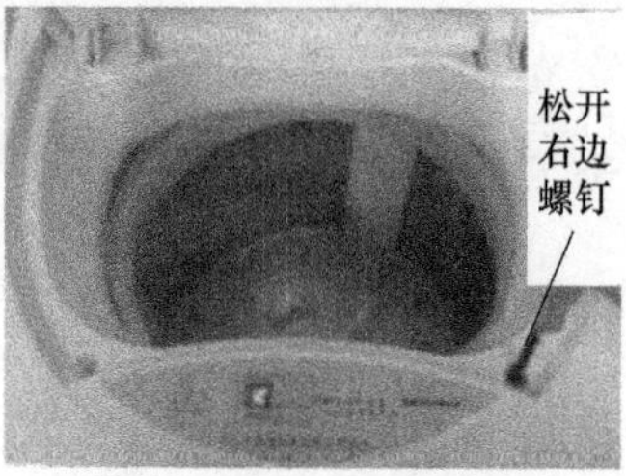

图 2-75　松开右边的螺钉

（3）将手伸到上盖与外桶之间的间隙里面，用手指把前盖扣左右两边顶开，如图 2-76 所示。

（4）拿开前盖，如图 2-77 所示。

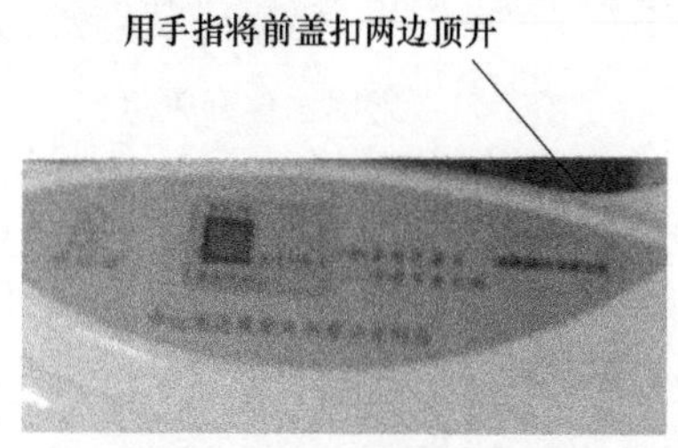

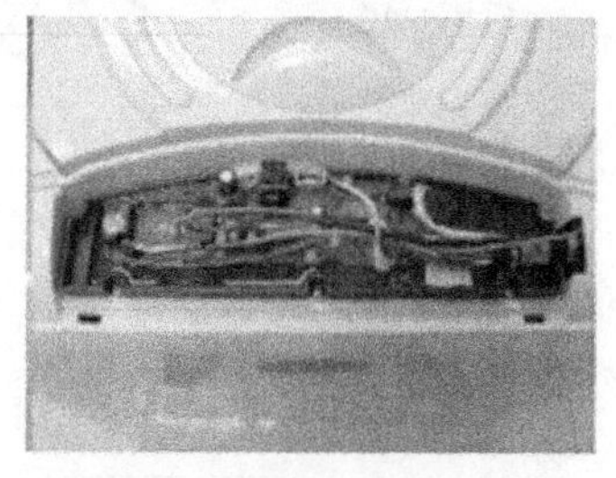

图 2-76　用手指把前盖扣左右两边顶开

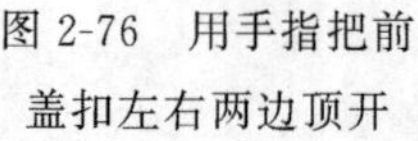

图 2-77　拿开前盖

（5）将洗衣机后盖的三个螺钉松开，如图 2-78 所示。

（6）取出后上盖，如图 2-79 所示。

（7）把四个角孔里的螺钉拧出来，如图 2-80、图 2-81 所示。

（8）将后盖打开，如图 2-82 所示。

图 2-78　松开后盖的三个螺钉

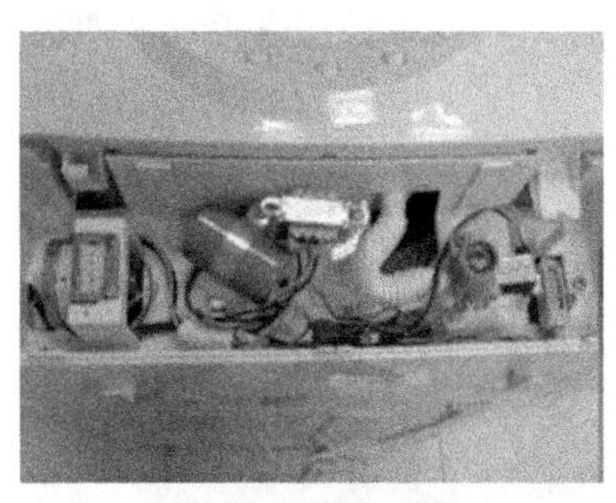
图 2-79　取出后上盖

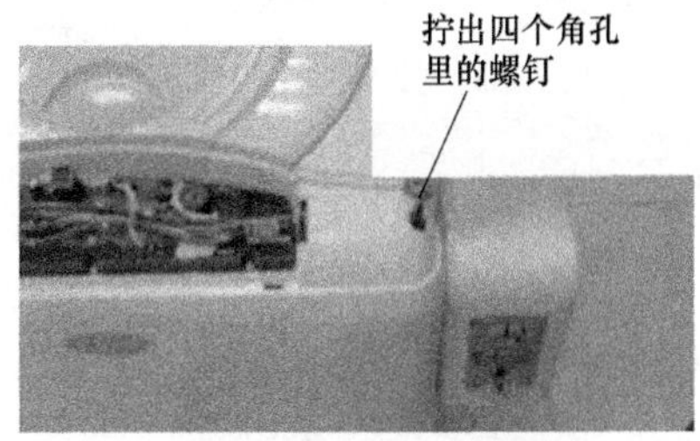

图 2-80　拧出四个角孔里的螺钉（一）

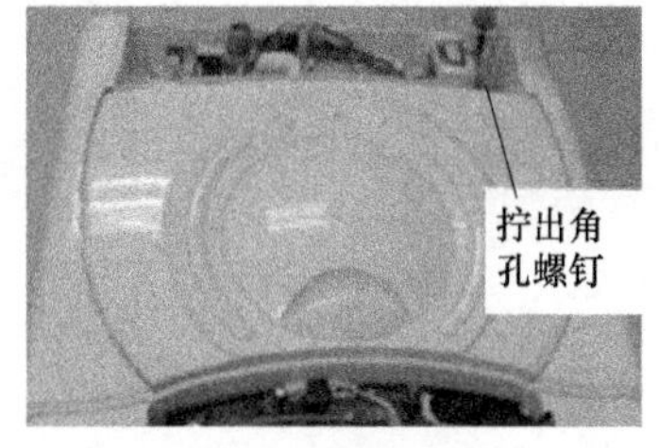

图 2-81　拧出四个角孔里的螺钉（二）

（9）拿起上盖，将其靠在凳子上，如图 2-83 所示。

图 2-82　打开后盖

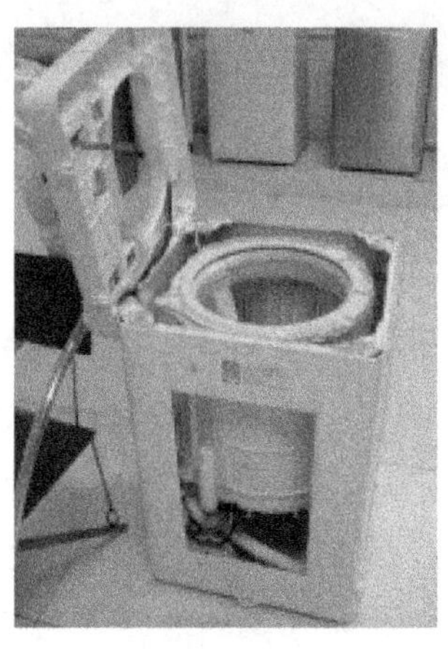
图 2-83　拿起上盖

（10）松开外桶罩上的四个螺钉，如图 2-84 所示。

（11）将波轮中间的螺钉拧开，拿开波轮，如图 2-85、图 2-86 所示。

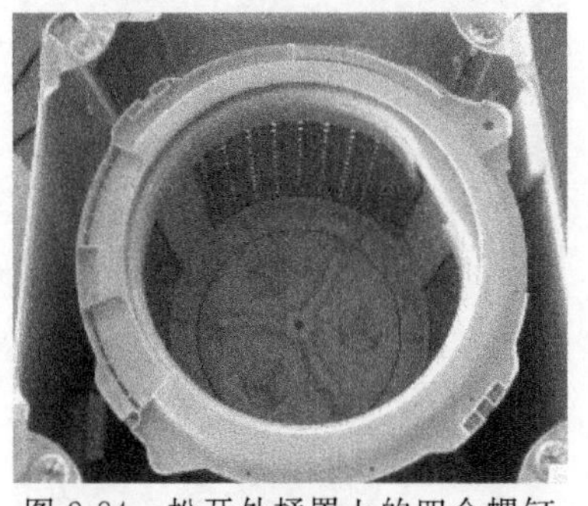
图 2-84　松开外桶罩上的四个螺钉

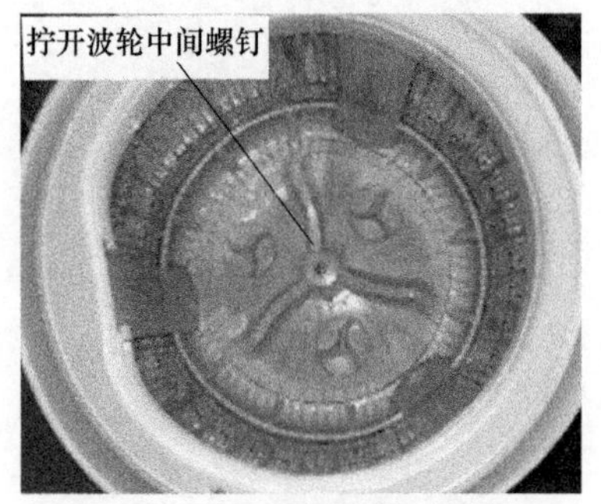

图 2-85　拧开波轮中间的螺钉

（12）用工具把中间的大螺母拧出来，再拿出整个内桶，如图 2-87、图 2-88 所示。

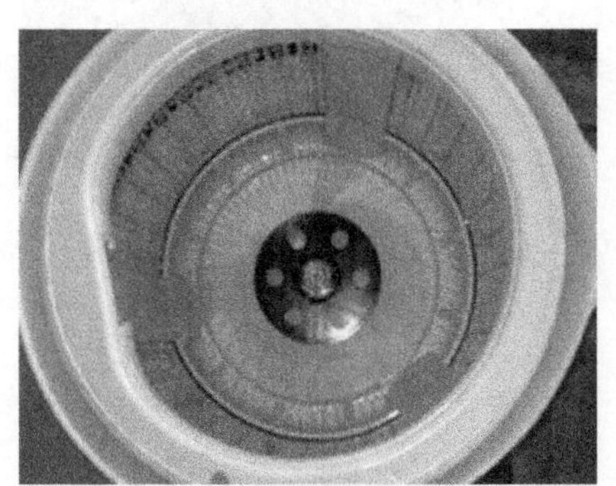
图 2-86　拿开波轮

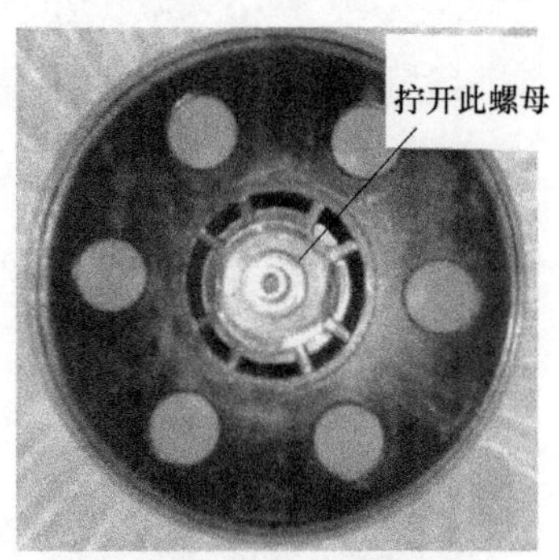

图 2-87　拧出大螺母

（13）拆出内桶后，用布将洗衣机垫住放倒，如图 2-89 所示。

（14）用套筒把减速器护架拆开，把减速器的螺钉拧开，拆下减速器即可。

（三）双桶洗衣机的拆装

1. 过滤器的拆装

（1）线屑过滤器的拆装　安装线屑过滤器的方法如下：将线屑

过滤器插入线屑过滤器安装处下端的孔内，再压入其上端［图 2-90（a)］，左右转动灵活。若要取下线屑过滤器时，把手放到相应的位置，往下按，即可将其取下［图 2-90（b)］。

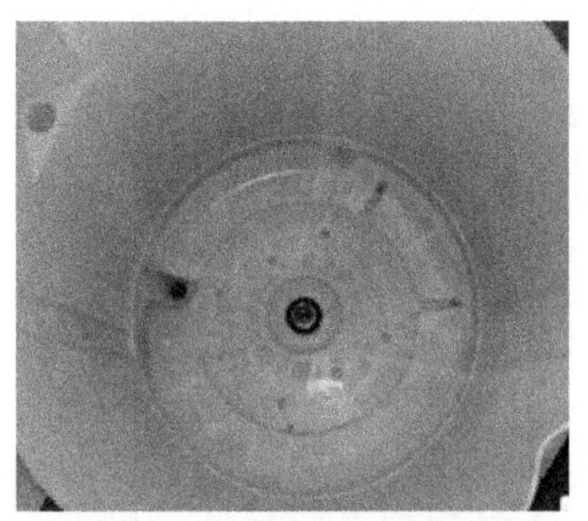

图 2-88　拿出整个内桶

图 2-89　放倒洗衣机

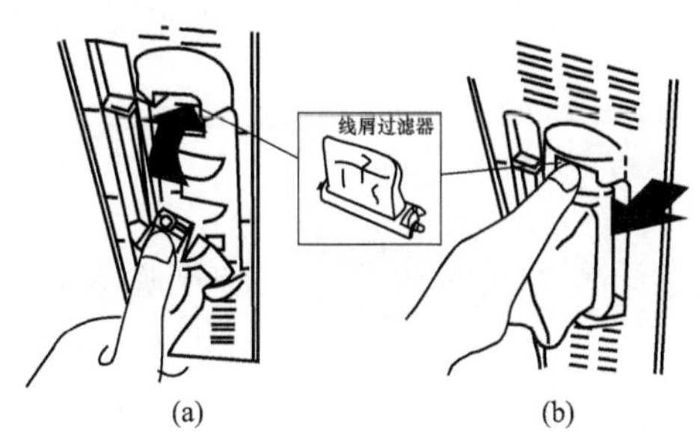

图 2-90　线屑过滤器的安装

（2）溢水过滤器的拆装　当溢水过滤器线屑过多时将导致不能进行水位调节，此时应进行清理，其拆装方法如下：捏住弹性固定爪，按箭头方向拉，将溢水过滤器取下［图 2-91（a)］；将溢水过滤器内的波纹管上端拆下［图 2-91（b)］即可进行清洁；清洁完成后，首先安装波纹管，然后将溢水过滤器底部的固定板插回原位，再将左上部的挂钩挂好，按入其上部［图 2-91（c)］。

2. 控制盘部件拆装

拧开紧固螺钉，按如图 2-92 所示箭头方向用力即可卸下控制盘；安装时倒钩应扣入盘座及脱水桶框的安装孔。

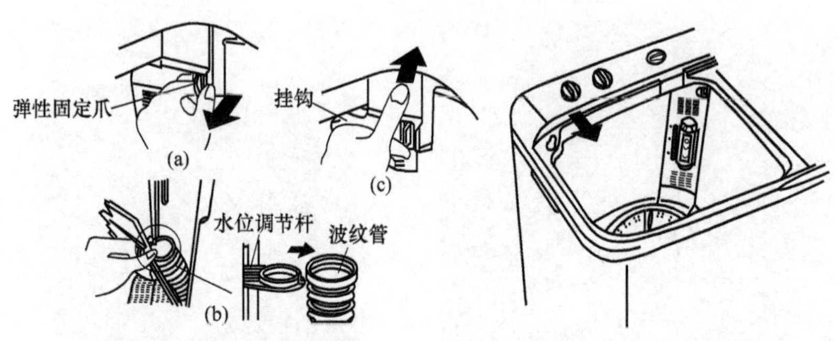

图 2-91　溢水过滤器拆装　　图 2-92　控制盘部件拆装

3. 脱水桶框拆装

卸下脱水桶盖，拧开脱水桶框的后端紧固螺钉，即可拆下脱水桶框部件；紧固好水槽部件后方可再安装脱水桶框部件，如图 2-93所示。

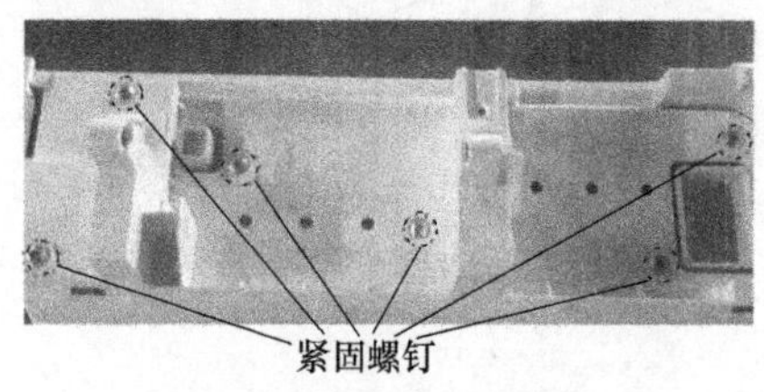

图 2-93　脱水桶框拆装

4. 脱水桶部件拆装

卸下脱水桶框部件，拧开脱水桶轴紧固螺钉，即可取出脱水桶；安装时，制动轮内衬凸起应嵌入脱水桶轴的凹槽内。

5. 底台部件拆装

卸下后盖，松开导线，拧开脱水桶轴紧固螺钉，将脱水桶轴与制动轮脱离，松开制动钩，将制动索架从双连桶的安装槽中拆下，卸下三角传动带，将排水管从底台的凹槽中取出，松开底台与箱体的紧固螺钉，即可卸下底台部件。

6. 轴承座的拆装

轴承座一旦拆除后不能再次使用，因此尽量不要拆卸，如必须更换时，可按以下方法进行拆卸并安装新的轴承座：卸下脱水桶；用剪钳剪断轴承座内衬卡爪并取出；安装新的轴承座及轴承座内衬(轴承座为嵌入件，必须将轴承座内衬的爪部对准桶的孔后压入，应使用合适的工具，要在四周均匀地施加压力)；嵌入轴承座后，从双连桶外侧确认爪部是否安装到位（如图 2-94 所示）。

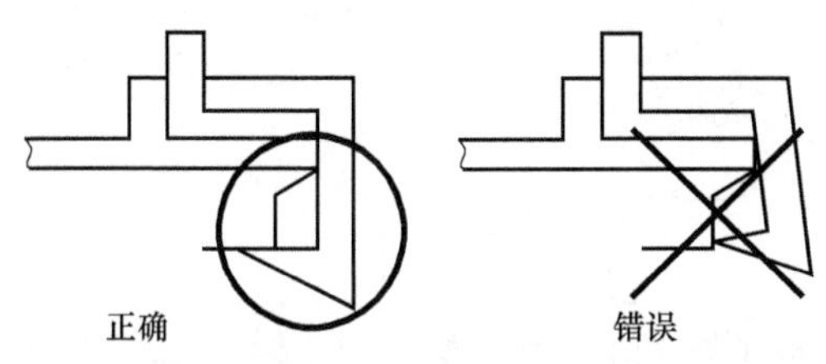

图 2-94　轴承座的安装

7. 波轮的拆卸

新洗衣机波轮的拆卸方法：用螺钉旋具旋出波轮中间的紧固螺钉，然后用该螺钉或圆锉头部插入波轮螺钉内，用手向向外拉出波轮；或用一字螺钉旋具插到波轮与洗涤桶之间的缝隙处，使波轮旋转，用手向上撬螺钉旋具，也可将波轮卸下。

旧洗衣机波轮与轴配合较紧，有时还存在波轮紧固螺钉与波轮轴锈蚀在一起的情况，较难拆卸，此时可采用以下两种方法：

（1）用塑料包装带从波轮与洗涤桶的空隙中塞入，套住波轮底部（最好用两根），然后两手用力垂直向上将波轮提出。

（2）将洗衣机放倒，用螺钉旋具从大传动轮处向外撬起传动带，同时，用手慢慢转动大传动轮，使三角传动带脱离大传动轮导槽，并继续转动大传动轮，卸下三角传动带，拆下传动轮。用橡胶锤敲击波轮轴，将波轮和波轮轴一起卸下，然后将波轮轴固定在台钳上，再将螺钉拧下。

8. 双桶洗衣机零部件

双桶洗衣机零部件总图如图 2-95、图 2-96 所示。

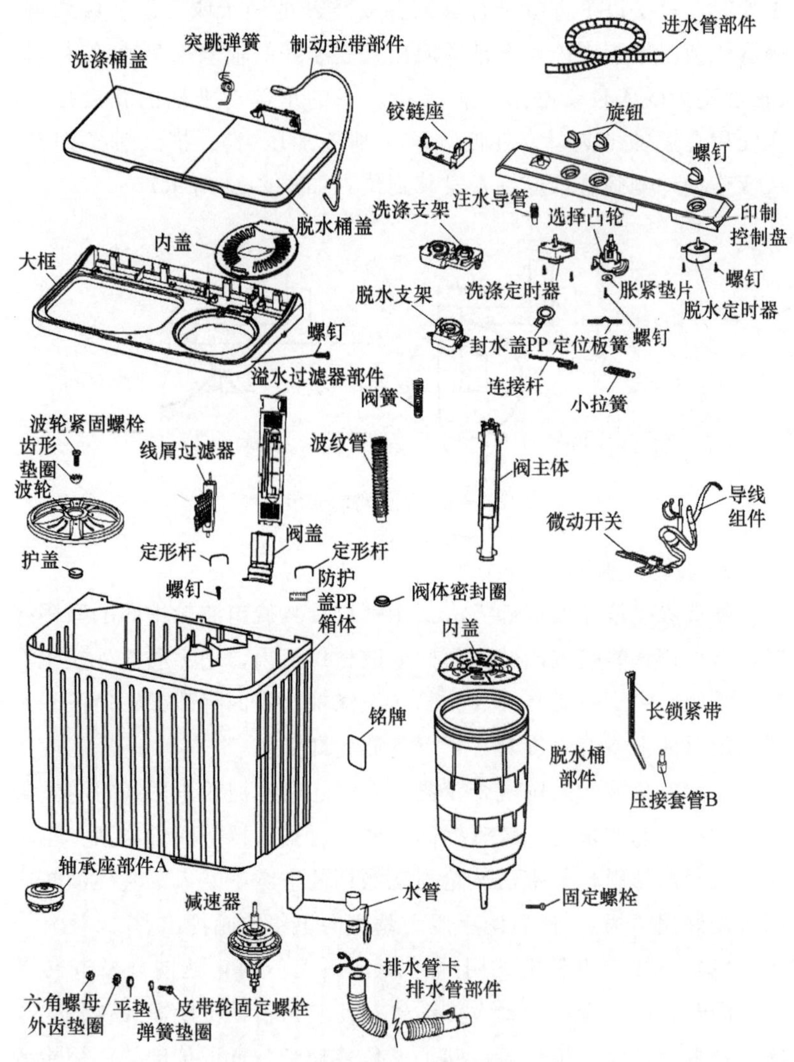

图 2-95　双桶洗衣机零部件总图（一）

（四）滚筒全自动洗衣机的拆装

1. 滚筒洗衣机使用前的拆装

滚筒洗衣机在出厂时外桶与箱体之间是用四个运输螺钉固定在

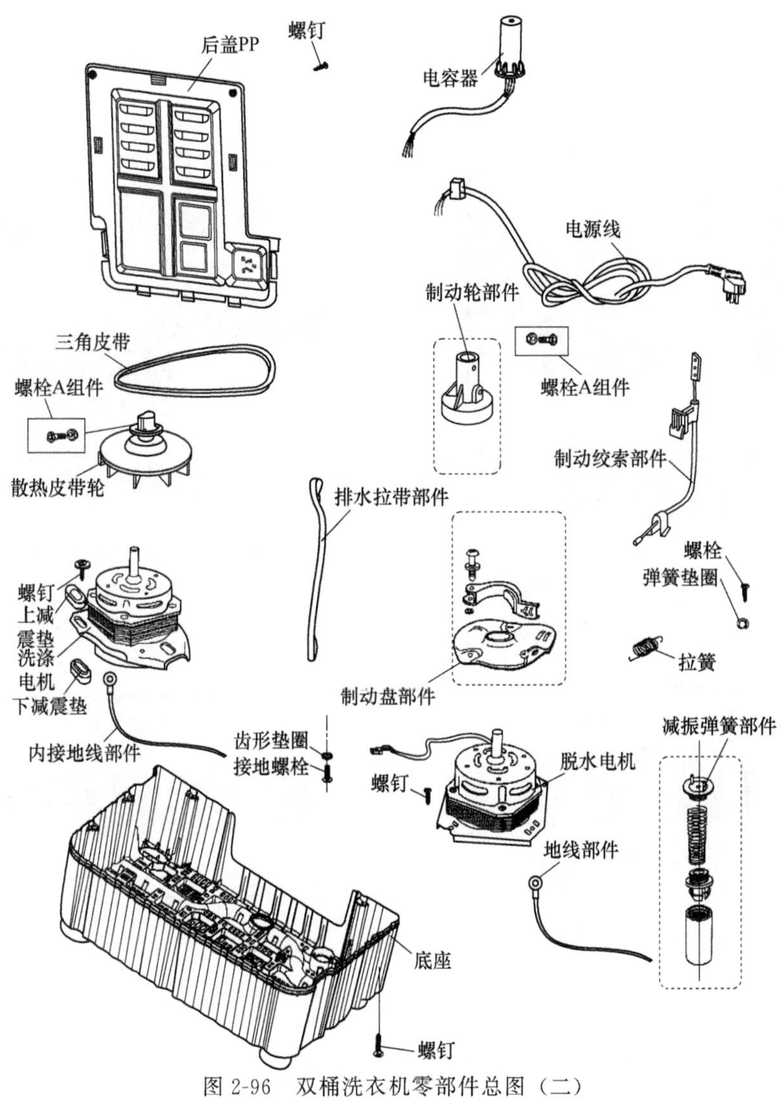

图 2-96　双桶洗衣机零部件总图（二）

一起的，在安装洗衣机时，要先拆除运输螺钉，如图 2-97 所示。

2. 调整底角

底脚是用来调节滚筒洗衣机平衡的。在洗衣机放好后，首先用

17in 的扳手旋松四个底脚的螺母，再用手将底脚螺钉调整好使洗衣机保持平衡状态，然后，再将底脚螺母与箱体底部拧紧。如图 2-98 所示。

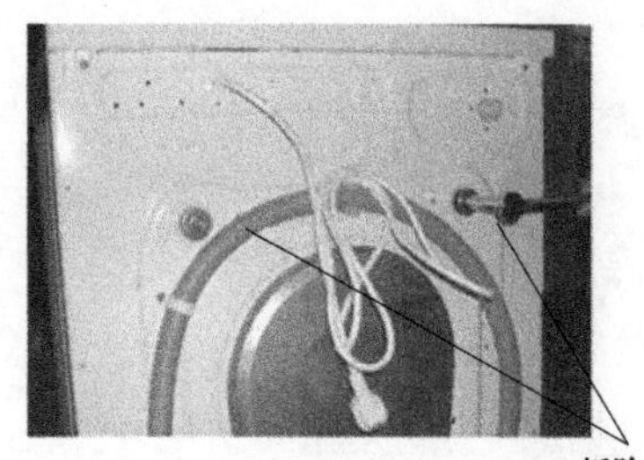

图 2-97　拆运输螺钉

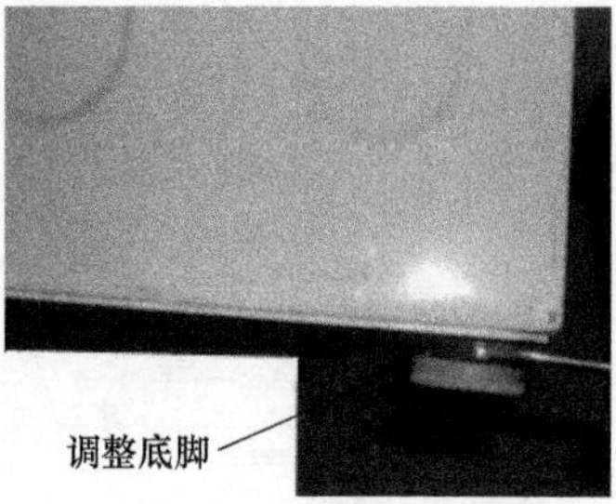

调整底脚

图 2-98　调整底脚

3. 安装排水管

(1) 首先将洗衣机前面朝下轻轻放倒，然后用十字螺钉旋具将两个螺钉卸下，把底板取下，再取下防鼠板，如图 2-99 所示。

(2) 从后侧沟槽内拔出排水管，如图 2-100 所示。

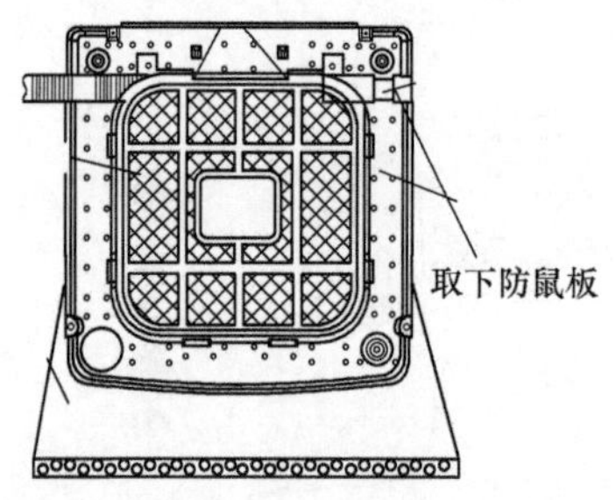

图 2-99　取下防鼠板

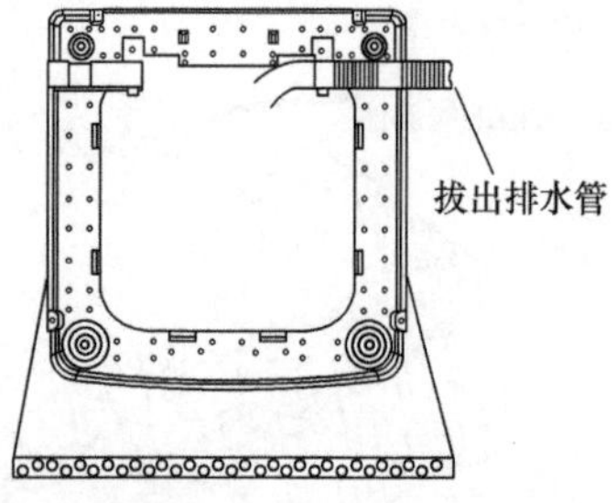

图 2-100　拔出排水管

(3) 拔出排水管后将其固定，再安装防鼠板，如图 2-101 所示。

(4) 将底板安装好，再轻轻扶起洗衣机即完成排水管安装，如图 2-102 所示。

4. 装拆进水管

(1) 连接进水管与洗衣机。首先将进水管螺母套到进水阀接头上，将进水管螺母旋紧，注意用力均匀，然后轻轻晃动确认是否紧固，如图 2-103 所示。

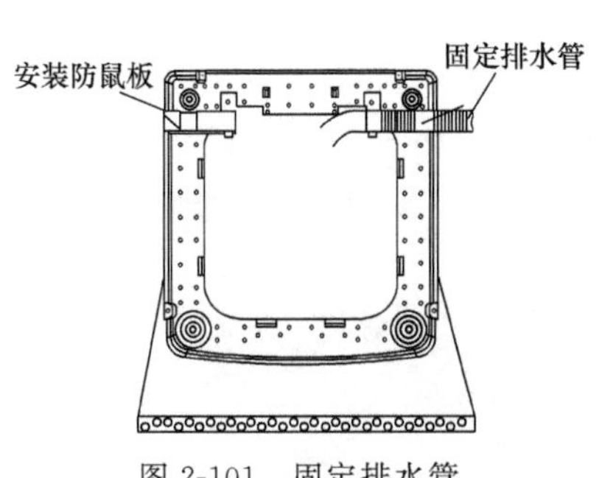

图 2-101　固定排水管

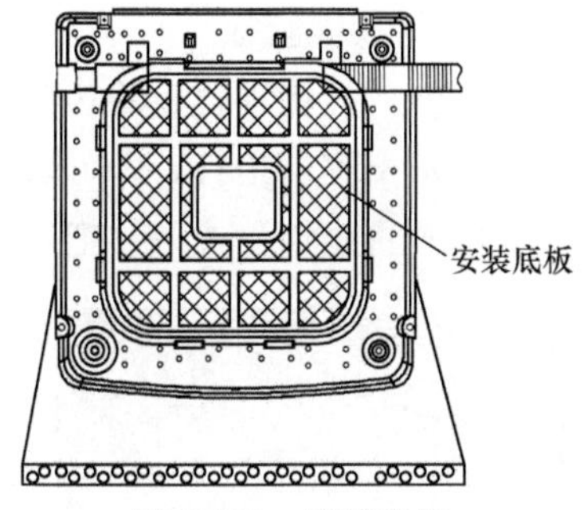

图 2-102　安装底板

(2) 连接进水管接头与进水管。首先将滑动器压下，再将进水管插入进水管接头，然后用锁紧杆挂住进水管接头，放下滑动器，直到发出“啪”的声音为止，如图 2-104 所示。

图 2-103　连接进水管与洗衣机

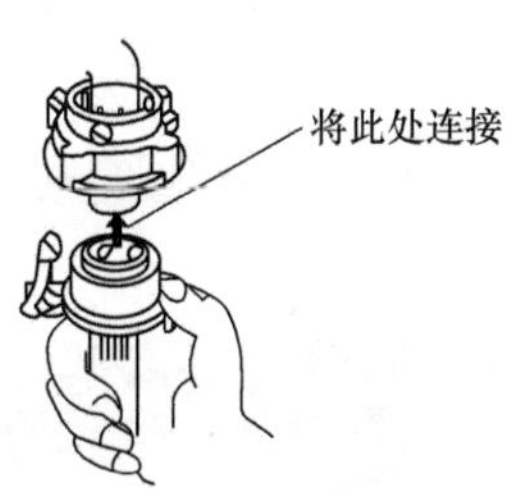

图 2-104　连接进水管接头与进水管

(3) 检查进水管接头与进水管的连接。首先轻轻拉进水管确认是否紧固，再打开水龙头检查是否漏水，如图 2-105 所示（注意进水管不能用力弯曲，而且在每次使用洗衣机之前，需检查进水管接头与水龙头的连接及进水管连接处安装是

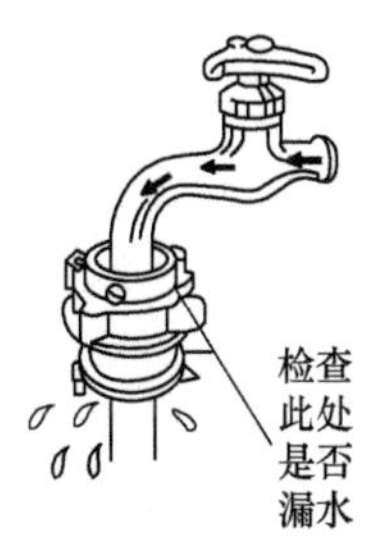

图 2-105　检查水龙头是否漏水

否牢固）。

（4）在拆下进水管时，可按安装的反顺序进行。

5. 拆装电脑板

（1）首先将顶盖板后边的两个固定螺钉用十字螺钉旋具卸下，再用手从上到下拍打，即可取下顶盖板，如图 2-106 所示。

（2）将止挡件按下，把分配器盒取出，如图 2-107 所示。

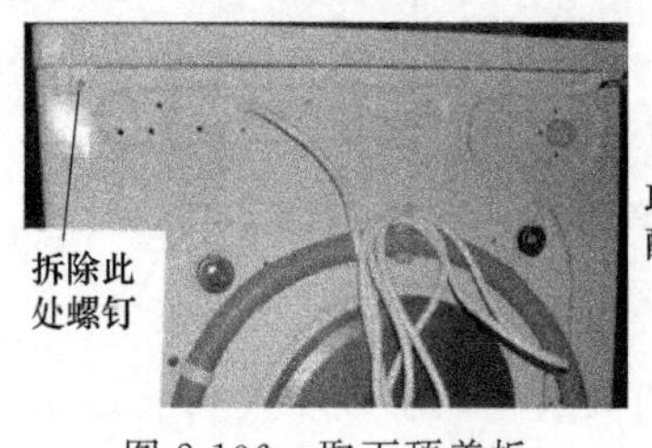

图 2-106　取下顶盖板

图 2-107　取出分配器盒

（3）将洗涤盒前端两颗螺钉用十字螺钉旋具卸下，如图 2-108 所示。

（4）将控制面板的两个螺钉用十字螺钉旋具卸下，如图 2-109 所示。

图 2-108　卸下洗涤盒前端两颗螺钉

图 2-109　卸下控制面板的两个螺钉

（5）将控制面板向上拿起，旋下电脑板的六个螺钉，如图 2-110所示。

（6）将电脑板从控制面板中拿出来，然后拔出导线插件，如图 2-111、图 2-112 所示。

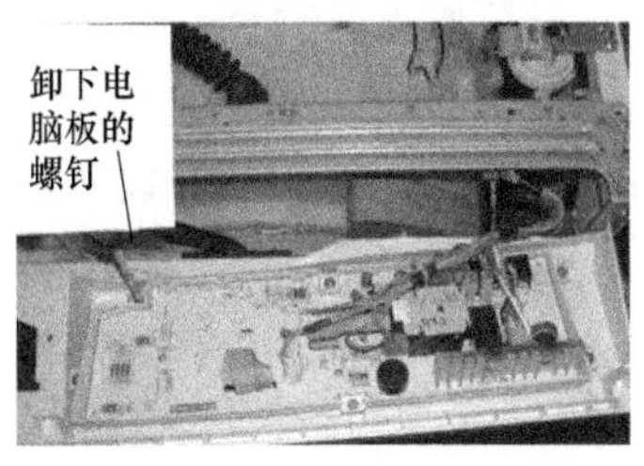

图 2-110 旋下电脑板的六个螺钉

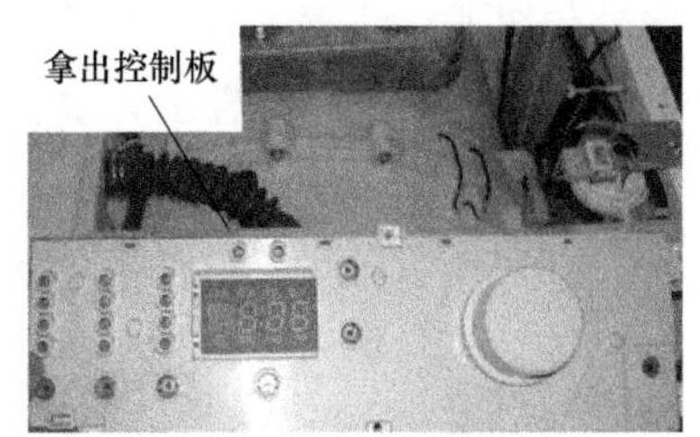

图 2-111 拿出控制板

（7）安装电脑板时，可按拆电脑板时的反顺序进行。

6. 拆装进水电磁阀、水位传感器和滤波器

（1）首先将洗衣机上盖打开，如图 2-113 所示。

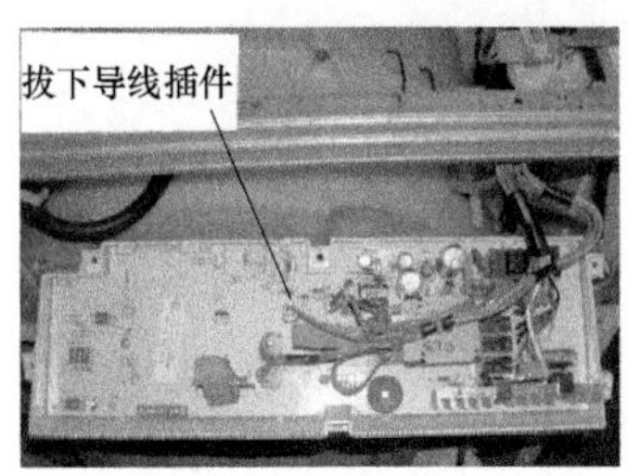

图 2-112 拔出导线插件

图 2-113 打开洗衣机上盖

（2）拆装进水电磁阀。首先卸下进水阀与进水导管的相连卡箍，再拔下进水导管和两根接线，然后用十字螺钉旋具卸下安装在箱体左后上方的固定螺钉，即可将进水电磁阀拆下。注意：若进水电磁阀损坏，只要把进水阀上的两根接线换到新的进水电磁阀上，重新安装即可。有的洗衣机有两个电磁阀，上面一个是进水电磁阀，下面一个是分步进水电磁阀（图 2-114）。

图 2-114 分步进水电磁阀

（3）水位传感器的拆装。首先用十字螺钉旋具卸下安装在箱体右前上方的固定螺钉，再拔下气压导管，就可拆下

水位传感器。注意：若水位传感器损坏，对照原导线颜色，将连接线换到新的水位传感器上，重新安装到洗衣机上即可。

（4）滤波器的拆装。首先用 12 号套筒扳手拆下安装在箱体右后上方的六角螺母（如图 2-115 所示），然后就可拆下滤波器。注意：若滤波器损坏，对照原导线颜色，将连接线换到新的滤波器上，重新安装到洗衣机上即可。

（5）安装进水电磁阀、水位传感器和滤波器时，可按拆卸的反顺序进行。

7. 拆装洗涤盒

（1）首先打开洗衣机顶盖板。

（2）再将止挡件按下，把分配器盒抽出。

（3）再将洗涤盒前端两颗螺钉用十字螺钉旋具卸下。

（4）然后卸掉卡箍，将进水导管、喷淋导管、排气管轻轻拔下。

（5）最后向后推洗涤盒，即可卸下洗涤盒。

（6）安装洗涤盒时可拆卸时的反顺序进行。

8. 拆装门部装

（1）首先将铰链与前封门的两螺钉用十字螺钉旋具卸下，再向上提起，即可拆下门部装，如图 2-116 所示。

（2）门部装拆下后，将其放在有软布的平台上，再卸下门内圈

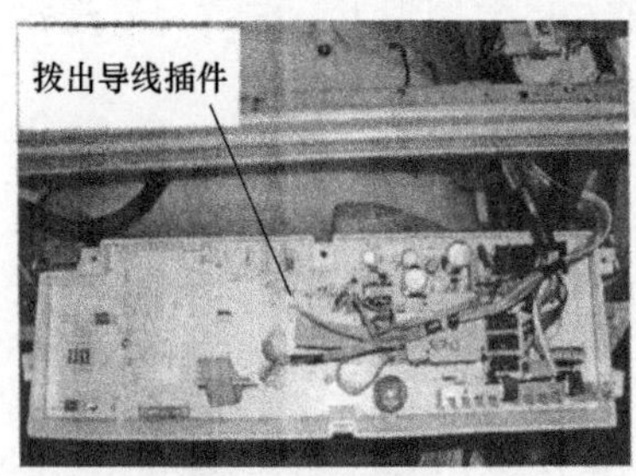

图 2-115　拆卸安装在箱体右后上方的六角螺母

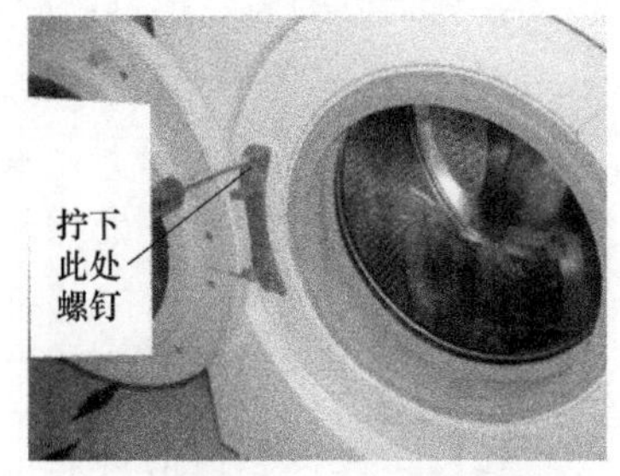

图 2-116　拆下门部装

与门外圈的十二颗连接螺钉，如图 2-117 所示。

（3）再将门内圈、门玻璃、防烫罩、门铰链拆下，如图 2-118 所示。

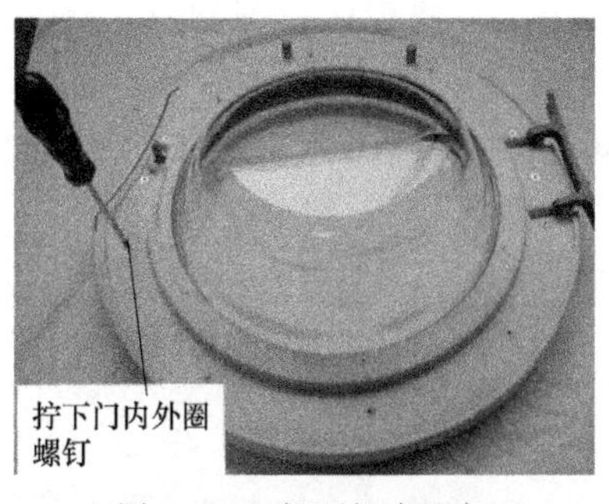

图 2-117 卸下门内圈与门外圈的十二颗连接螺钉

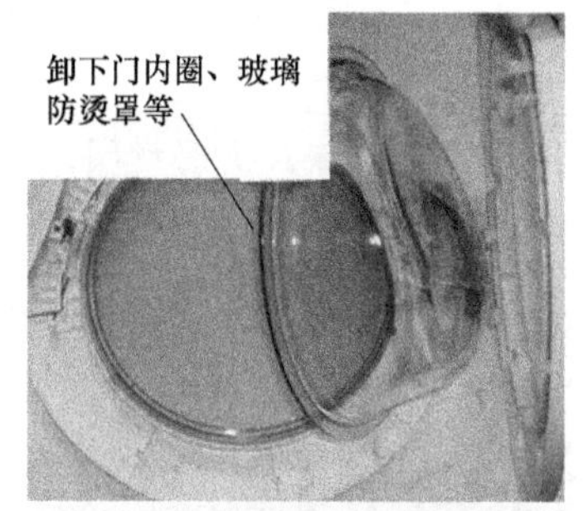

图 2-118 拆下门内圈、门玻璃、防烫罩、门铰链

（4）向左稍用力推门钩就可卸下门把手，如图 2-119 所示。

（5）安装门部装时可按拆卸的反顺序进行。

9. 拆装门锁

（1）首先打开洗衣机机门，再用一字头螺钉旋具取出门密封圈夹缝中的钢丝卡环，然后拆下密封圈，将其推入内桶，如图 2-120 所示。

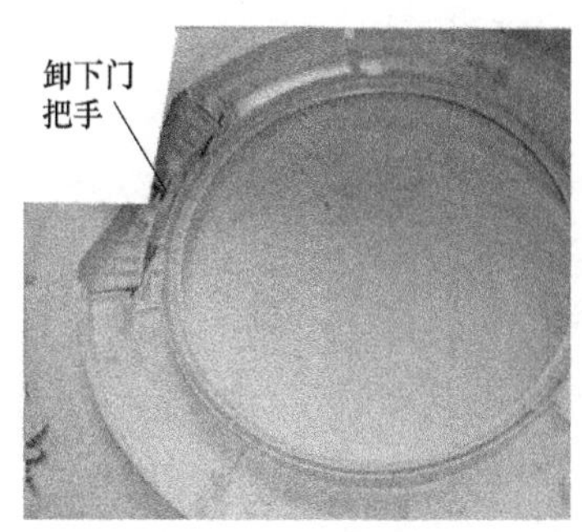

图 2-119 卸下门把手

图 2-120 拆下密封圈

（2）将门开关固定架上的螺钉用十字头螺钉旋具卸下，再取出

门锁，如图 2-121 所示。

（3）装门锁时，可按拆卸的反顺序进行。

10. 拆装前封门

（1）首先将控制面板放在箱体上，再将门密封圈钢丝卡环拆下，然后卸下门锁。

（2）把洗衣机前封门上面的固定螺钉用十字头螺钉旋具拆下，即可拆下前封门，如图 2-122 所示。

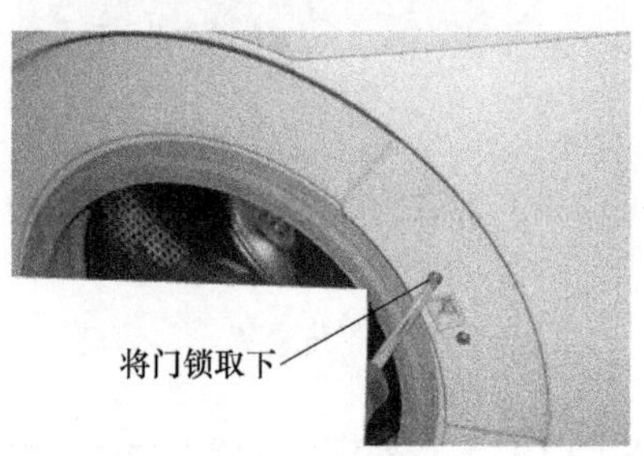

图 2-121　取出门锁

图 2-122　拆装前封门

（3）安装前封门时按拆卸时的反顺序进行即可。

11. 拆装服务板

（1）首先将过滤器门用手扳开，再拆下服务板的固定螺钉，如图 2-123、图 2-124 所示。

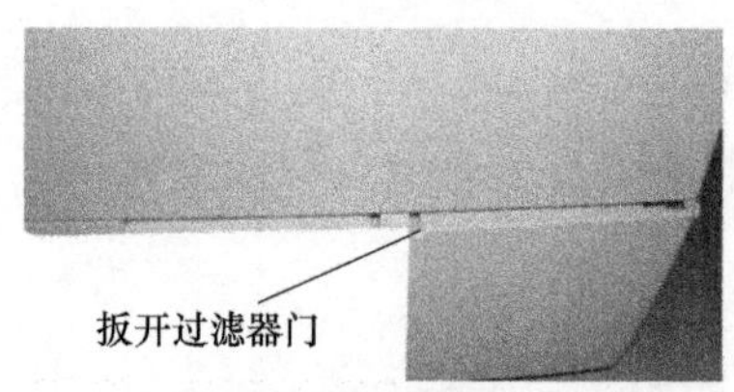

图 2-123　扳开过滤器门

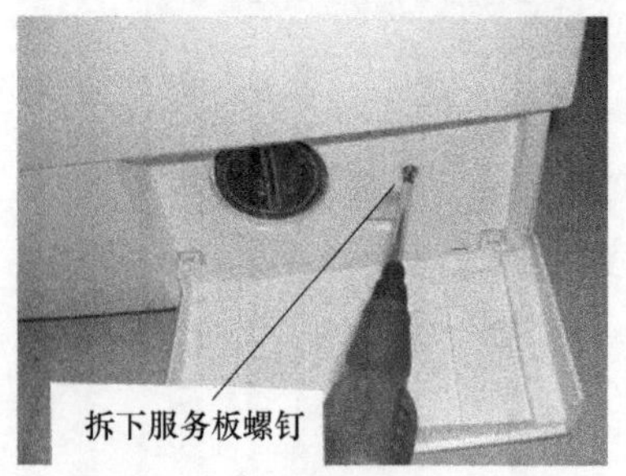

图 2-124　拆下服务板的固定螺钉

图 2-125　拆下洗衣机前封门下面的固定螺钉

（2）拆下洗衣机前封门下面的固定螺钉，如图 2-125 所示。

（3）向上提起即可卸下前封门。

（4）安装前封门时按拆卸时的反顺序进行即可。

12. 拆装过滤器

（1）首先逆时针旋转过滤器，再向外拿出过滤器，如图 2-126 所示。

（2）安装过滤器时按拆卸时的反顺序进行即可。

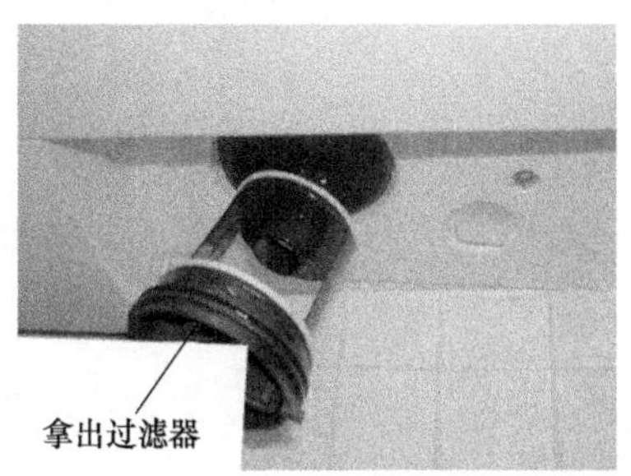

图 2-126　拆过滤器

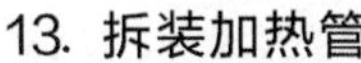

13. 拆装加热管

（1）首先将加热管的紧固螺母用 10 号套筒扳手松开，再将插件拔下，向外拉出加热管，如图 2-127 所示。

（2）安装加热管时按拆卸时的反顺序进行即可。

14. 拆装门密封圈

（1）首先拆下前封门。

（2）再将门密封圈卡箍螺栓旋松，如图 2-128 所示。

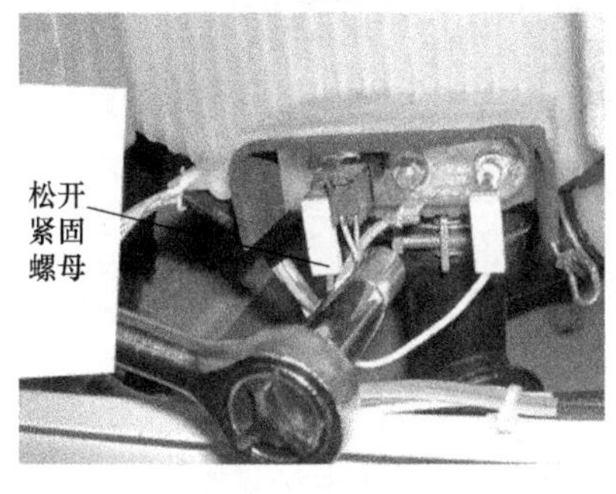

图 2-127　拆加热管

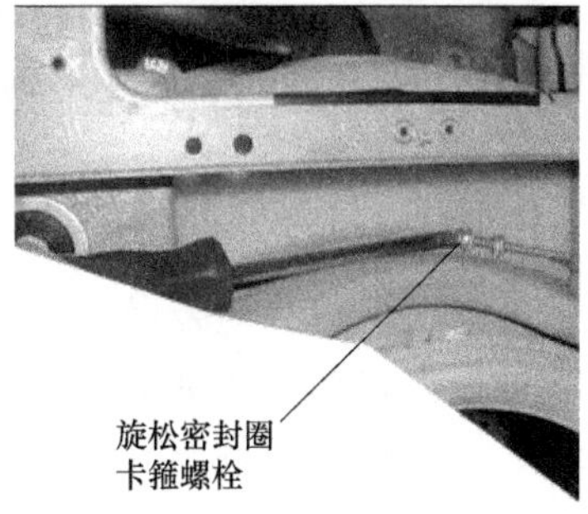

图 2-128　旋松门密封圈卡箍螺栓

（3）然后向外拉就可从外桶上卸下门密封圈，如图 2-129、图 2-130 所示。

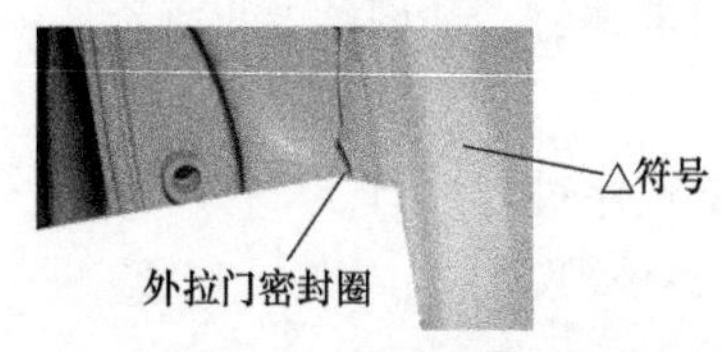

图 2-129　外拉门密封圈

15. 拆装传动带和大传动轮

（1）首先将洗衣机后封门上的固定螺钉用十字头螺钉旋具拆下，再取下后封门，如图 2-131 所示。

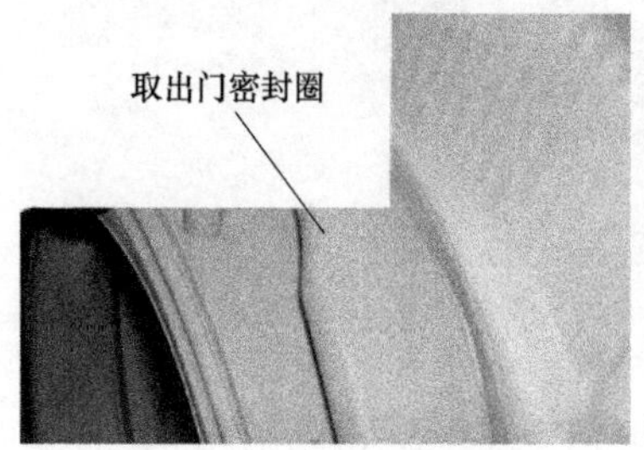

图 2-130　取出门密封圈

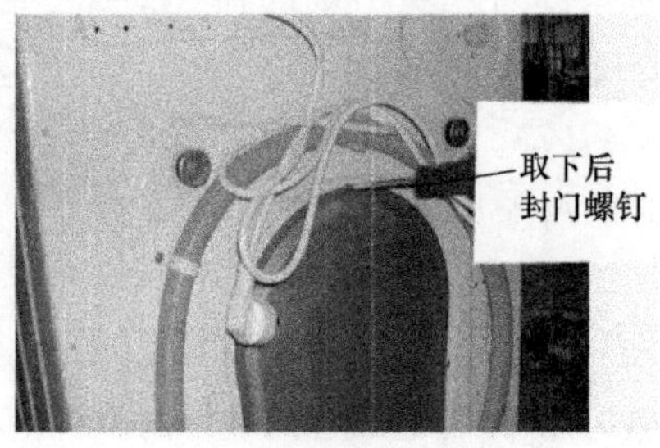

图 2-131　取下后封门

（2）用左手向外拉传动带，然后用右手轻轻顺时针旋转大传动轮后就可拆下传动带，如图 2-132 所示。

图 2-132　拆下传动带

（3）将大传动轮上的螺钉用 16 号套筒扳手拆下，再向外用力拉大传动轮，就可拆下大传动轮。

（4）安装传动带时，可先将传动带套在电动机小传动轮上，然后把传动带的另一边套到大传动轮上，将大传动轮顺时针旋转，就可装上传动带。

16. 拆装串励电动机

（1）首先把洗衣机后封门打开。

（2）再把电动机连接导线的插件和接地插件用一字螺钉旋具拔下，如图 2-133、图 2-134 所示。

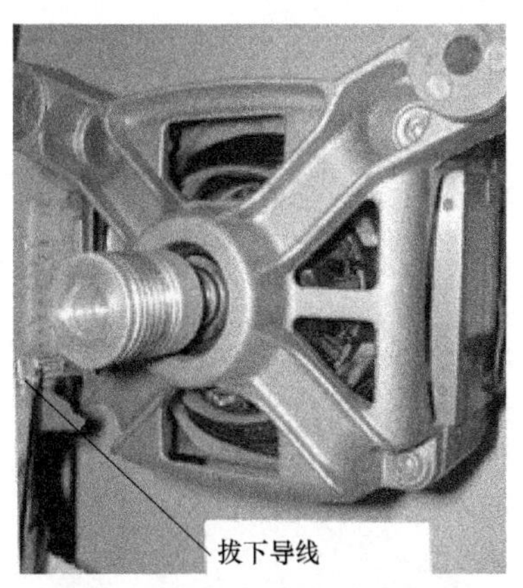

图 2-133 拔下插座的连接导线

图 2-134 拔下导线插件

（3）将传动带拆下。

（4）用 13 号套筒扳手或活动扳手将固定电动机的螺栓松开并卸下，如图 2-135 所示。

（5）把电动机向下移动，再从洗衣机后门口往外移，即可将电动机卸下。

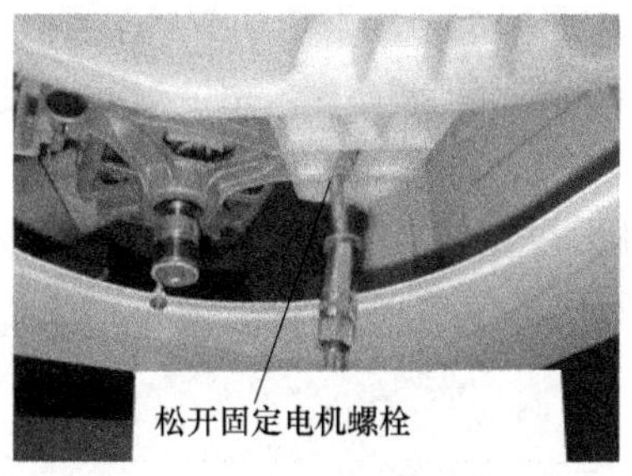

图 2-135 卸下电动机的螺栓

（6）在安装串励电动机时，可按拆卸的反顺序进行。注意：电动机的橡胶爪垫、塑料爪垫的位置，橡胶爪垫在靠近电动机轴的一端，在安装到位后，可将固定螺栓穿入电动机支架孔，并拧紧在外桶上。

17. 拆装减振器

（1）首先用一圆棒敲击减振器销，让减振器固定在箱体和外桶上。

（2）再用一字螺钉旋具将减振器销的倒刺压下即可将减振器销拔出，卸下减振器，如图 2-136 所示。

（3）在安装减振器时，可按拆卸的反顺序进行。

18. 拆外桶

外桶是采用卡扣结构安装的，必须要将所有的卡扣全部分离，才能拆开外桶，故用竹签分离各卡扣，再分离外桶的两个半球（如图 2-137）。

图 2-136　拆卸减振器

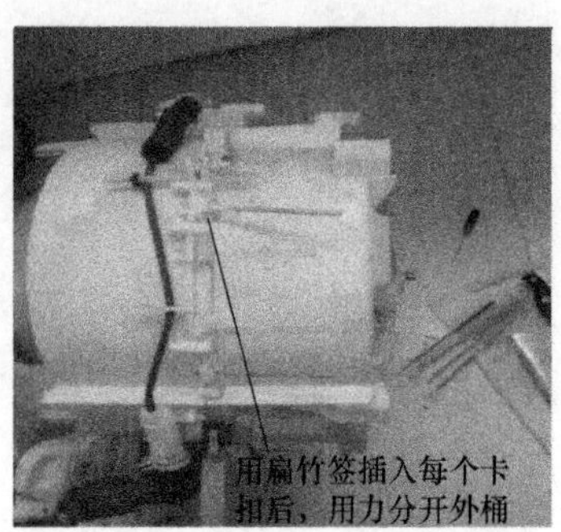

图 2-137　分离外桶的两个半球

19. 拆滚筒洗衣机外桶轴承

先拆下水封，再用冲子冲出轴承（如图 2-138）。

通过上述拆卸步骤，洗衣机的所有部件全部拆除（如图 2-139）。

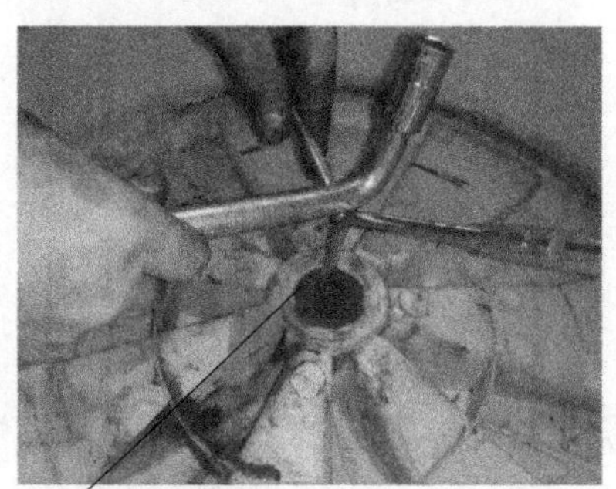

图 2-138　再用冲子冲出轴承

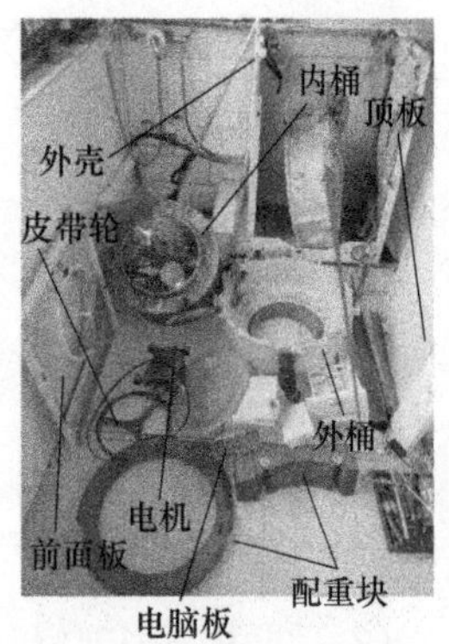

图 2-139　洗衣机的所有部件全部拆除图

Chapter 03

维修职业化课内训练

课堂一 维修方法

一、通用检修思路

检修电器故障的通用思路是利用故障现象初步推断故障的大致范围，利用元器件检查和数据测试确定故障部位。当然实际维修中因机型、故障现象的不同，采用的方法也多种多样，不管采用哪一种方法，检修时应本着先调查后熟悉、先外后内、先机械后电气、先静态后动态、先清洁后检修、先电源后机器、先通病后特殊等思路进行检修。

1. 先调查后熟悉

当用户送来一台故障机，首先要询问产生故障的前后经过以及故障现象，再根据用户提供的情况和线索，认真地对电路进行分析研究，从而弄通其电路原理和元器件的作用。

2. 先机外后机内

对于故障机，应先检查机外部件，特别是机外的一些开关、旋钮位置是否得当，外部的引线、插座有无断路、短路现象等。当确认机外部件正常时，再打开机器进行检查。

3. 先机械后电气

着手检修故障机时，应先分清故障是机械原因引起的，还是由电气毛病造成的。只有确定各部位转动机构无故障时，才能进行电气方面的检查。

4. 先静态后动态

所谓静态检查，就是在机器未通电之前进行的检查。当确认静态检查无误时，再通电进行动态检查。如果在检查过程中，发现冒烟、闪烁等异常情况，应立即关机，并重新进行静态检查，从而避免不必要的损坏。

5. 先清洁后检修

检查机器内部时，应着重检查机内是否清洁，如果发现机内各组件、引线、走线之间有尘土、污垢等异物，应先加以清除，再进行检修。实践表明，许多故障都是由于脏污引起的，一经清洁故障往往会自动消失。

6. 先电源后机器

电源是机器的心脏，如果电源不正常，就不可能保证其他部分的正常工作，也就无从检查别的故障。根据经验，电源部分的故障率在整机中占的比例最高，许多故障往往就是由电源引起的，所以先检修电源常能收到事半功倍的效果。

7. 先通病后特殊

根据机器的共同特点，先排除带有普遍性和规律性的常见故障，然后再去检查特殊的电路，以便逐步缩小故障范围。

8. 先外围后内部

在检查集成电路时，应先检查其外围电路，在确认外围电路正常时，再考虑更换集成电路。如果确定是集成电路内部问题，也应先考虑能否通过外围电路进行修复。从维修实践可知，集成电路外围电路的故障率远高于其内部电路。

9. 先直流后交流

这里的直流和交流是指电路各级的直流回路和交流回路。这两个回路是相辅相成的，只有在直流回路正常的前提下，交流回路才能正常工作。所以在检修时，必须先检查各级直流回路，然后检查交流回路。

10. 先检查故障后进行调试

对于“电路、调试”故障并存的机器，应先排除电路故障，然后再进行调试。这是因为调试必须是在电路正常的前提下才能进行。当然有些故障是由于调试不当而造成的，这时只需直接调试即可恢复正常。

二、通用检修方法

（一）检修的一般程序

要排除电器的故障就要了解电器的工作原理，熟悉电器的结构、电路，知道电器的某部件出现故障会引起什么后果、产生什么现象。根据故障现象，联系机器的工作原理，通过逻辑推理分析，初步判断故障大致产生在哪一部分，以便逐步缩小检查目标，集中力量检查被怀疑的部分。下面具体说明电器检修的一般程序。

1. 判断故障的大致部位

（1）了解故障　在着手检修发生故障的电器前除应询问、了解该电器损坏前后的情况外，尤其要了解故障发生瞬间的现象，例如是否发生过冒烟、异常响声、摔跌等情况，还要查询有无因他人拆卸检修而造成的“人为故障”。另外，还要向用户了解电器使用的年限、过去的维修情况，作为进一步观察要注意和加以思考的线索。

（2）试用待修电器　对于发生故障的电器要通过试听、试看、试用等方式，加深对电器故障的了解，并结合过去的经验为进一步判断故障提供思路。

检修顺序为：接通电源，拨动各相应的开关、接插件，调节有关旋钮，同时仔细听音观图，分析、判断可能引起故障的部位。

（3）分析原因　根据前面的观察和以前学的知识与积累的经验的综合运用，再设法找到故障机的电路原理图及印制电路板布线图(若实在找不到该电器的相关数据，也可以借鉴类似机型的电路图)，灵活运用以往的维修经验并根据故障机的特点加以综合分析，查明故障的原因。

(4) 归纳故障的大致部位或范围　根据故障的表现形式，推断造成故障的各种可能原因，并将故障可能发生部位逐渐缩小到一定的范围。其中尤其要善于运用“优选法”原理，分析整个电路包含几个单元电路，进而分析故障可能出在哪一个或哪几个单元电路。总之，对各单元电路在整个电路系统中所担负的特有功能了解得越透彻，就越能减少检修中的盲目性，从而极大地提高检修的工作效率。

2. 故障的查找与排除

(1) 故障的查找　对照电路原理图和印制电路板布线图，再分析电器工作原理和故障现象形成维修思路，推测出可疑的故障点后，即应在印制电路板上找到其相应的位置，运用仪器仪表进行在路或不在路测试，将所测资料与正常资料进行比较，进而分析并逐渐缩小故障范围，最后找出故障点。

(2) 故障的排除　找到故障点后，应根据失效元器件或其他异常情况的特点采取合理的维修措施。例如，对于脱焊或虚焊，可重新焊好；对于组件失效，则应更换合格的同型号同规格元器件；对于短路性故障，则应找出短路原因后对症排除。

(3) 还原调试　更换元器件后往往还要或多或少地对电器进行全面或局部调试，因为即使新换入的元器件型号相同，也会因工作条件或某些参数不完全相同而导致电器特性差异，有些元器件必须进行调整。如果大致符合原参数，即可通电试机，若电器工作全面恢复正常，则说明故障已排除；否则应重新调试，直至该故障机完全恢复正常为止。

(二) 检修的方法

随着现代电器设备的增多，电器出现的故障愈显复杂。发生故障后，选用合适的诊断方法是顺利排除故障的关键。电器故障的诊断方法很多，但就其过程而言，还是比较复杂的，因此维修人员在掌握基本方法的同时，应努力钻研新技术，以适应不断高速发展的高新技术的需要。

电器故障的常用诊断方法如下：

(1) 观察法 电器出现故障后，通过对导线和电器组件可能产生的高温、冒烟，甚至出现电火花、焦煳气味等，靠观察和嗅觉(闻气味) 来发现较为浅显的故障部位。

(2) 触摸法 用手触摸电器组件表面，根据温度的高低进行故障诊断。电器组件正常工作时，应有合适的工作温度，若温度过高、过低，则意味着有故障。

(3) 短路法 当低压电路断路时，用导线或螺钉旋具等将某一线路或局部短路，以检验和确定故障部位。对于现代的电器设备而言，应慎用短路法来诊断故障，以防止短路时因瞬间电流过大而损坏电器设备。

(4) 机件更换法 对于难以诊断且故障涉及面较大的故障，可利用更换机件的方法以确定或缩小故障范围。如高压火花弱，当怀疑是电容器故障时，可换用良好的电容器进行试火，若火花变强，说明原电容器损坏，否则应继续查找。

(5) 仪表检测法 利用万用表等仪表，对电器组件进行检测，以确定其技术状况。对现代电器设备来说，仪表检测法有省时、省力和诊断准确的优点，但要求操作者必须具备熟练应用万用表的技能，以及对电器组件的原理、标准资料能准确地把握。

三、专用检修方法

(一) 洗衣机的检修思路

洗衣机同其他家用电器一样，既采用了机械技术又采用了电子技术。随着科学技术的发展，微电脑技术在洗衣机上广泛应用。检修洗衣机时，应从初步判断入手，利用各种检修方法，逐步缩小故障范围，直至找到故障部位及元件。

(1) 当全自动洗衣机发生故障时，首先检查使用条件和使用方法是否正确，用户水压及电源电压是否正常、机械部分是否存在故障，当以上几项未出现异常时，可对电路进行检查。检查电路时，首先检查电源开关、水位开关、安全开关，再检查电动机、电容、电磁铁、进水阀，最后检查微电脑控制电路。

（2）当普通洗衣机发生故障时，首先观察故障现象，再经分析确定故障部位和原因，在确定故障结果后，再针对故障部位的器件进行修理或更换元器件。例如引起波轮转动慢的原因有电源电压过低、洗涤衣物过多、传动带过松、打滑、大传动轮或小传动轮紧固螺钉松动、电容器的容量减少、波轮轴与轴承配合较紧等。

（二）洗衣机的常见维修方法

1. 询问法

在维修洗衣机之前，应详细询问用户此洗衣机的故障现象及使用情况等。例如，故障机有没有被水浸泡过，安放环境是怎样的，根据用户提供的相关依据，可初步判断出洗衣机的故障部位。

2. 观察法

观察法包括“看”“听”“闻”“摸”等方法，通过此类方法判断故障范围及故障元件。此方法简便且不需要任何仪器，对检修电器的一般性故障及损坏性故障效果较好，但在运用时，也要与检修人员的经验、理论知识和专业技能等紧密结合。具体的方法如下：

（1）看　首先查看线路有无断裂，线路板有无折断和电容器是否爆裂，机件之间是否紧固良好，元件是否有松脱现象。

（2）听　从洗衣机内发出的声音是否正常及发出异常声音的部位来判断故障，比如可通过听进水电磁阀是否有“嗡嗡”声来判断进水电磁阀是否打开。

（3）闻　闻洗衣机内是否有烧焦的异味。

（4）摸　用手触摸电动机是否有过热现象，因为全自动洗衣机微电脑板线路短路或元器件击穿时会发生过热现象。另外，可通过触摸进水电磁阀的进水口有无震动来判断进水电磁阀有无工作。

3. 联想法

当找到故障元件后，不要马上进行更换，要联想到该损坏件是否会对其他的部件造成损坏，或者说是否是其他部件的损坏而造成此部件的损坏。如双桶洗衣机的脱水电动机烧坏，一定要确定是否是皮碗损坏造成的；进水阀损坏，是否也造成电脑板的损坏。

4. 电压法

它是通过对检测单元电路及具体元件的工作电压进行测量并与正常值进行比较来判断故障的一种检测方法。这种方法通常用到的检测工具是万用表，首先选择好万用表的挡位和量程，再通过它来检测交流电压和直流电压。

5. 电阻法

它是通过测量仪器对相关元件、集成电路、晶体管各脚和各单元电路的对地电阻值进行测量，从阻值的变化来判断元件是否损坏的一种检测方法，对检修短路性和开路性故障十分有效。在检测中，首先采用在线测量，当发现问题后，再将元器件拆下并进行检测。在线测量一定要在断电情况下进行。

课堂二 检修实训

一、洗衣机不启动检修技巧实训

（一）洗衣机不启动检修方法

（1）检查电源插头是否脱落，若脱落则更换电源插头。

（2）检查洗衣机的门是否关好，若没关好则将机门关好。

（3）检查内部布线是否松脱或断开，若有故障则重新连接导线。

（4）检查电动机绕组是否断路，若断路则更换电动机绕组。

（5）检查洗涤定时器是否损坏，若损坏则更换洗涤定时器。

（6）检查轴承间隙是否过大，若过大则更换同规格轴承。

（7）检查电脑板及电脑板上的电器元件是否有损坏，若有则更换电器元件。

（二）洗衣机不启动维修案例

1. 小天鹅 XQB30-8 型洗衣机开机不启动

（1）首先检查电脑板 IC1（DJ2001）第⑬脚电压是否为高电平，若为高电平，则检测 V302 及 V303 是否正常。

（2）若 V302 正常，但 V303 未导通，则更换 V303。

（3）若更换 V303 后依然不启动，则检测 IC（1402WFCS）外接电阻 R5 是否损坏。

（4）若电阻 R5 损坏，则更换。

此例属于电阻 R5 损坏，更换即可。R5 相关电路如图 3-1 所示。

2. 威力 XPB20-2S 型洗衣机洗涤电动机不启动

（1）首先检测洗涤电容器是否损坏，若未损坏，则检查洗涤电动机绕组是否断路。

（2）若发现洗涤电动机绕组断路，则更换洗涤电动机。

此例属于洗涤电动机损坏，更换即可。洗涤电动机相关实物如图 3-2 所示。

3. 白菊 XPB20-2S 型洗衣机不启动

（1）首先检查电源电压是否正常，若正常则检查导线是否断开。

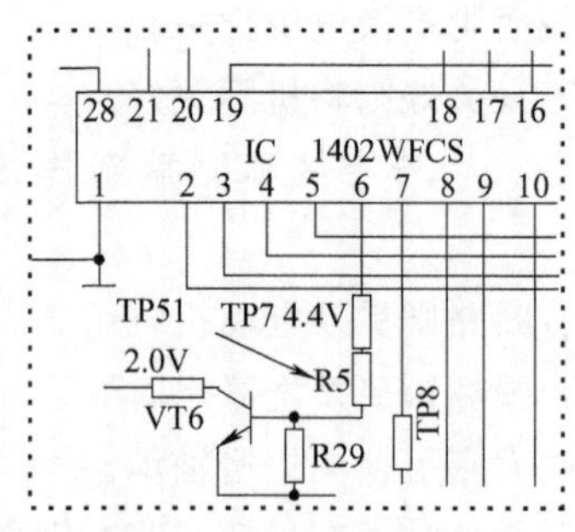

图 3-1 R5 相关电路图

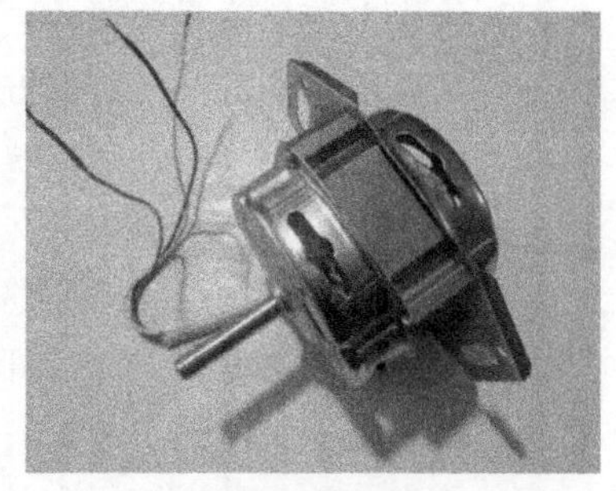

图 3-2 洗涤电动机相关实物图

（2）若导线未断开，则检查电动机是否损坏。

（3）若电动机未损坏，则检查洗涤定时器是否损坏。

此例属于洗涤定时器损坏，更换即可。洗涤定时器相关实物如图 3-3 所示。

图 3-3 洗涤定时器相关实物图

二、洗衣机不能洗涤检修技巧实训

（一）洗衣机不能洗涤检修方法

对于洗衣机不能洗涤的故障，一般检查的部位有波轮、传动带、散热轮、传动轮、离合器、电容器、电动机、程序控制器等。

（1）波轮：首先拆下波轮检查它是否被异物卡住，若有异物，则取出异物；其次检查波轮螺钉是否变形、变大，波轮是否打滑；若波轮已损坏，则更换波轮。

（2）传动带、散热轮、传动轮：首先检查传动带是否脱落，若脱落则重新安装；再检查传动带是否过松，若过松则调整电动机固定位置使传动带松紧合适，不能调整的时候则更换合适的传动带；然后检查散热轮、传动轮的紧固螺钉是否松动，若松动则将其紧固。

（3）离合器：首先用手转动离合器检查传动轮是否被卡死，再观察波轮轴是否能跟随转动；若离合器损坏，则更换离合器。

（4）电容器：首先检查电容器的引线是否断开，若断开则重新接好；再用电容表或万用表检查电容是否有开路或失容，若有开路或失容则更换电容器。

（5）电动机：首先用万用表测量电动机绕组阻值是否正常，若开路或短路则重新绕制电动机绕组或更换电动机；再用手转动电动机轴，检查电动机轴承与转轴是否配合过紧，若配合过紧且无法重新装配则更换电动机。

（6）程序控制器：检查程序控制器电路是否有元器件损坏，若有损坏则更换元器件。

（二）洗衣机不能洗涤维修案例

1. 爱德 XQB45-4DA 型洗衣机不能洗涤

（1）首先检查电动机绕组是否烧毁，若没有烧毁，则检查离合器的方丝扭簧是否失灵。

（2）若离合器的方丝扭簧正常，则检查电动机的控制电路元器件是否异常。

（3）若检查发现晶闸管 VTR1、VTR2 损坏，则更换。

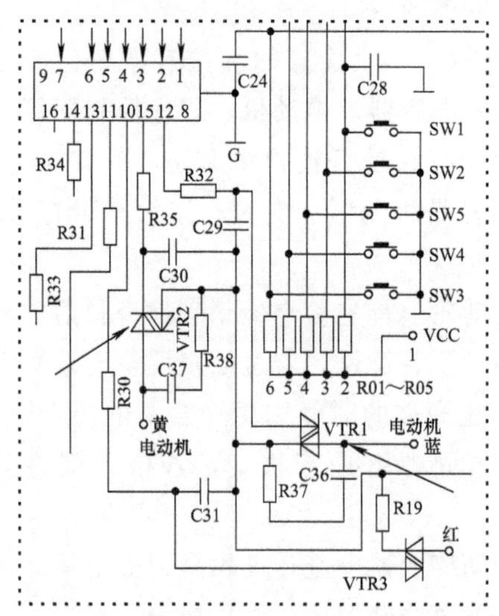

图 3-4 VTR1、VTR2 相关电路图

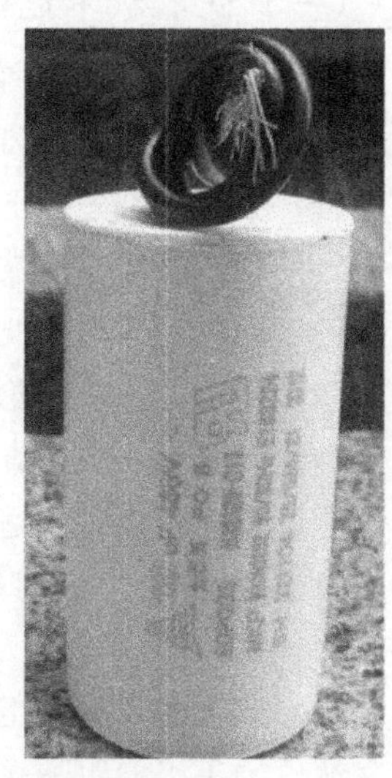

图 3-5 启动电容相关实物图

此例属于晶闸管 VTR1、VTR2 损坏，更换即可。VTR1、VTR2 相关电路如图 3-4 所示。

2. 小天鹅 XQG50-801 型洗衣机不能洗涤

（1）首先检查电源电压是否正常，若正常，则检查电动机是否能启动。

（2）若电动机不能启动，则检查电动机启动电容是否损坏及电动机接线是否异常。

（3）若检查发现启动电容损坏，则更换。

此例属于启动电容损坏，更换即可。启动电容相关实物如图 3-5 所示。

三、洗衣机不进水检修技巧实训

（一）洗衣机不进水检修方法

双桶洗衣机的进水系统按自动化程度不同可分为自动进水和手动进水两种，当出现不进水故障时，采用自动进水的应重点检查进水电磁阀和压力开关；采用手动进水的应重点检查管路是否有问题。全自动洗衣机的注水是通过进水电磁阀及其控制部分和微电脑 IC 来控制的，当出现不进水现象时，应对机械部分、控制电路部分及微电脑 IC 部分进行检查，其具体检修方法如下：

（1）检查水龙头是否打开，进水管是否弯折，洗衣机进水口过滤网是否堵塞。

（2）切断电源，用螺钉旋具旋下上盖板紧固螺钉，拆下上盖板，检查进水电磁阀插头与插座是否松脱，若松脱则将其重新插牢。

（3）检查排水泵处控制电路导线接线端子是否松脱，若松脱则将接线端子接牢。

（4）测量进水电磁阀的电阻值是否正常，判断进水电磁阀是否有断路、短路情况，若有则更换进水电磁阀。

（5）测量进水电磁阀线圈或进水电磁阀的两个接线片的电阻值

是否正常，若不正常则说明线圈开路。

（6）检查进水阀与电脑板之间的连接导线是否开路，若开路则重新接好导线或更换导线。

（7）启动时检查洗衣机电脑板向进水电磁阀输出端的电压是否为220～240V，若不是，则更换电脑板。

（8）测量水位控制器两端子之间是否导通，若不导通，则更换水位控制器。

（9）检查程控器控制进水电磁阀排水泵的导线插头是否接触良好，若接触不良可拔下插头重新插上。

（10）检查程控器工作是否正常，若不正常则更换程控器。

（二）洗衣机不进水维修案例

1. 爱德 XQB45-4DA 型洗衣机不进水

（1）首先检查进水电磁阀的进水口及进水管是否堵塞。

（2）若无堵塞现象，则检查进水电磁阀线圈阻值是否正常。

（3）若进水电磁阀线圈阻值正常，则检查进水控制电路。

（4）检查时若发现电阻 R34 开路，则更换。

此例属于电阻 R34 开路，更换即可。R34 相关电路如图 3-6 所示。

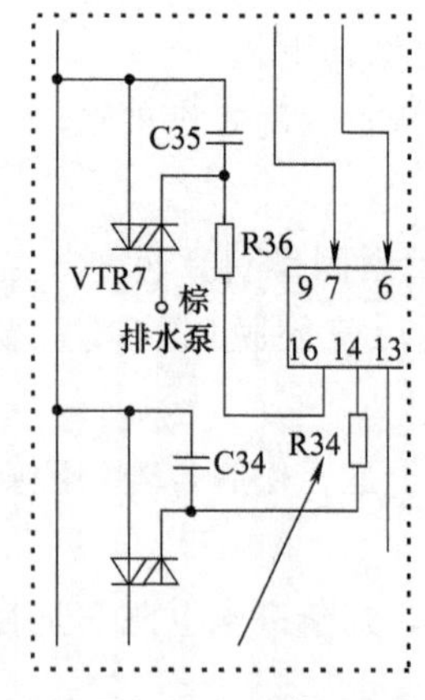

图 3-6　R34 相关电路图

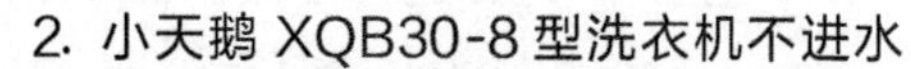

2. 小天鹅 XQB30-8 型洗衣机不进水

（1）首先检查微电脑程序控制器的交流电压是否正常，若正常则检查插件及导线连接是否良好。

（2）若插件及导线连接都正常，则检查进水电磁阀是否损坏。

（3）若检查发现进水电磁阀开路，则更换。

此例属于进水电磁阀开路，更换即可。进水电磁阀相关实物如图 3-7 所示。

3. 松下 NA-710 型洗衣机不进水

(1) 首先检查自来水水压是否正常，若正常则检查进水阀口网罩是否被异物堵塞。

(2) 若未堵塞，则检查控制电路晶体管 Q4 是否损坏。

(3) 若检查发现晶体管 Q4 损坏，则更换。

此例属于晶体管 Q4 损坏，更换即可。Q4 相关电路如图 3-8 所示。

图 3-7 进水电磁阀相关实物图

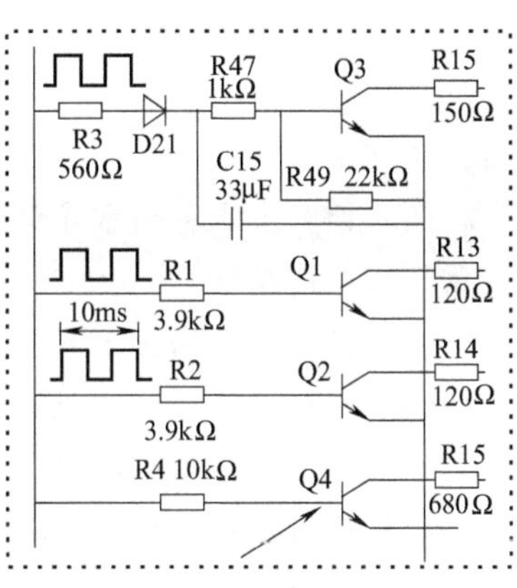

图 3-8 Q4 相关电路图

4. 荣事达 XQB38-92 型洗衣机不进水

(1) 首先检查进水管是否有堵塞现象，若无则检查进水阀是否有异物堵塞。

(2) 若进水阀无异物堵塞，则检查进水阀是否损坏。

(3) 若检查发现进水阀阻值不正常，则更换进水阀。

此例属于进水阀异常，更换即可。进水阀相关电路如图 3-9 所示。

四、洗衣机漏水检修技巧实训

漏水是洗衣机的常见故障，而漏水原因主要有洗涤桶裂缝、洗涤轴油封不良、前视孔密封圈老化、排水阀密封不良等，其具体检

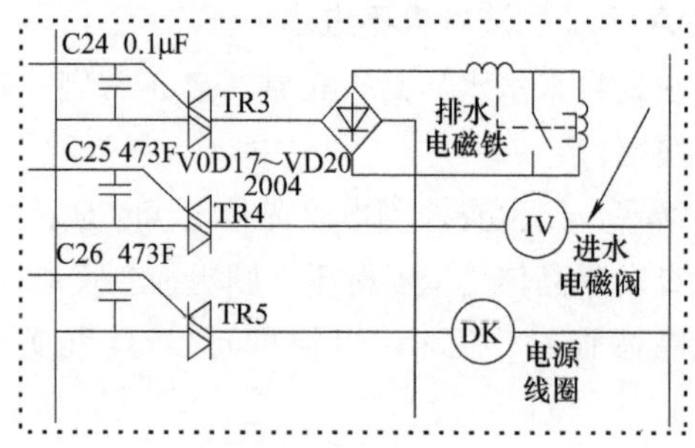

图 3-9 进水阀相关电路图

修方法如下：

（1）检查进水管与水龙头以及洗衣机连接处是否漏水，若漏水则重新接好进水管。

（2）检查是否为排水管开裂漏水，若是则更换排水管。

（3）检查是否有衣物或其他杂物夹在观察窗垫与观察窗之间，若是，则取出夹在观察窗垫与观察窗之间的物品。

（4）检查各处软管及接头如电磁阀到分配器软管、分配器到外筒软管、外筒到排水泵软管，是否有漏水，若漏水则重新装配或更换维修。

（5）检查观察窗垫是否有破损漏水，若有则更换观察窗垫。

（6）检查外筒是否漏水，若有则更换外筒。

（7）检查排水阀门是否损坏，若损坏则更换排水阀。

下面介绍洗衣机漏水维修案例。

1. 友谊 XPB30-1S 型洗衣机漏水

（1）首先检查波轮轴套上的塑料螺母是否松动。

（2）若波轮轴套上的塑料螺母未松动，则检查软管及接头是否异常。

（3）若无异常，则检查双连桶下部 F 型水管是否脱胶。

（4）若发现 F 型水管有脱胶现象，则更换 F 型水管。

此例属于 F 型水管损坏，更换即可。

2. 三乐 XQB20-2 型洗衣机漏水

（1）首先检查进水管及水龙头连接处是否漏水，若不漏水则检查排水管是否开裂。

（2）若排水管未开裂，则检查排水阀门是否损坏。

（3）若发现排水阀门损坏，则更换。

图 3-10　排水阀相关实物图

此例属于排水阀门损坏，更换即可。排水阀相关实物如图 3-10 所示。

3. 夏普 XPB36-3S 型洗衣机底部漏水

（1）检查波轮轴套上的塑料螺母是否松动，若未松动则检查轴承套上的骨架油封是否老化或损坏。

（2）若轴承套上的骨架油封未损坏，则检查双连桶间的 E 型水管是否脱胶。

（3）若发现双连桶间的 E 型水管破裂，则更换。

此例属于双连桶间的 E 型水管损坏，更换即可。

4. 荣事达 XPB50-18S 型洗衣机洗涤时漏水

（1）首先检查洗衣桶底部是否有裂缝，若没有裂缝则检查波轮是否粗糙、密封圈是否磨损。

（2）若密封圈良好，则检查波轮轴是否锈蚀。

（3）若波轮轴未锈蚀，则检查外筒是否损坏。

（4）若发现外筒损坏，则更换。

此例属于外筒损坏，更换即可。

五、洗衣机不排水检修技巧实训

（一）洗衣机不排水检修方法

普通洗衣机的排水系统是机械式的，是通过手动操作排水钮来实现排水的，当出现不排水故障时，应重点检查排水阀及拉带、排水管。全自动洗衣机有采用上排水和下排水两种结构，当出现不排水故障时，采用上排水的应重点检查排水电动机；采用下排水的应重点检查排水电磁阀。不排水的具体检修方法如下：

（1）检查排水路及排水管是否有堵塞现象，疏通排水路或疏通排水管即可。

（2）检查排水管是否变形，若变形则更换排水管。

（3）检查排水阀内部是否堵塞，若堵塞则疏通排水阀。

（4）检查排水阀拉带是否脱落或拉带栓结是否松动，若脱落或松动，则重新固定。

（4）检查扭矩电动机是否工作，若不工作则更换扭矩电动机。

（5）检查安全开关是否损坏，若损坏则更换安全开关。

（6）检查线束是否有接触不良现象，若有则更换线束。

（7）检查电脑板是否损坏，若损坏则更换电脑板。

（二）洗衣机不排水维修案例

1. 海尔 XQS50-28 型洗衣机不排水

（1）首先检查洗衣机的排水阀是否堵塞。

（2）若未发现堵塞，则检查排水电动机牵引器是否工作。

（3）若不工作，则检查牵引器齿轮是否损坏。

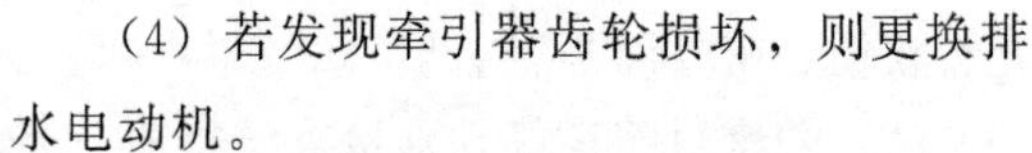

（4）若发现牵引器齿轮损坏，则更换排水电动机。

此例属于排水电动机损坏，更换即可。排水电动机相关实物如图 3-11 所示。

图 3-11　排水电动机相关实物图

2. 海棠 XPB30-2 型洗衣机不排水

（1）首先检查排水阀的排水拉带与排水阀连接处是否脱开。

（2）若未发现脱开，则检查排水阀是否堵塞。

（3）若排水阀没有堵塞，则检查安全开

关是否损坏。

(4) 若安全开关未损坏，则检查扭矩电动机是否工作。

(5) 若发现扭矩电动机损坏，则更换。

此例属于扭矩电动机损坏，更换即可。扭矩电动机相关实物如图 3-12 所示。

图 3-12　扭矩电动机相关实物图

3. 爱德 XQB45-4DA 型洗衣机不排水

(1) 首先检查牵引电动机与排水阀连接是否牢固。

(2) 若牢固，则检查排水阀是否堵塞。

(3) 若未堵塞，则检查牵引电动机和排水泵的线圈是否断路或短路。

(4) 若未见短路或断路，则检查程序控制器的双向晶闸管 VTR3、VTR7 是否损坏。

(5) 若检查发现 VTR3、VTR7 损坏，则更换。

此例属于 VTR3、VTR7 损坏，更换即可。VTR3 相关电路如图 3-13 所示。

4. 松下 NA-710 型洗衣机不排水

(1) 首先检查排水阀线圈是否正常。

(2) 若正常，则检查控制排水阀的晶闸管 TP4 是否烧坏。

(3) 若 TP4 未烧坏，则检查晶体管 Q3 是否烧坏。

(4) 若发现 Q3 烧坏，则更换。

此例属于 Q3 损坏，更换即可。Q3 相关电路如图 3-14 所示。

六、洗衣机排水速度慢检修技巧实训

(一) 洗衣机排水速度慢检修方法

(1) 检查排水管或排水阀是否有杂物堵塞，若有则清理排水管或排水阀。

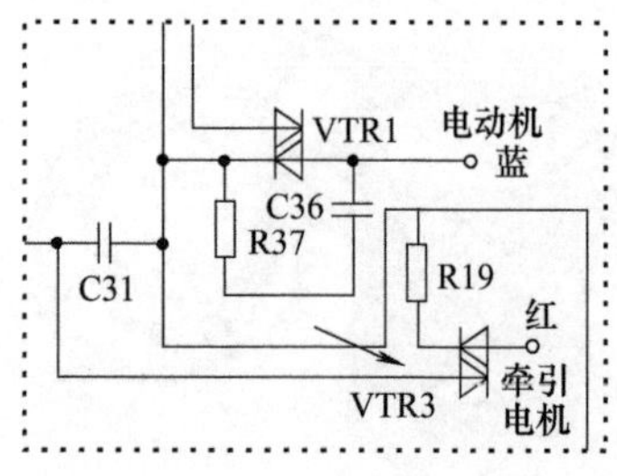

图 3-13 VTR3 相关电路图

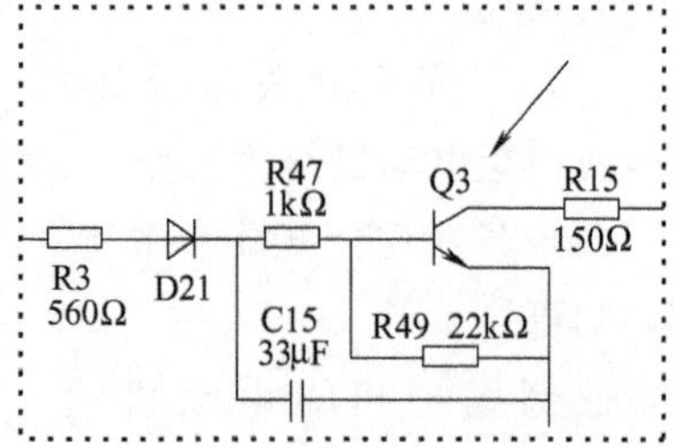

图 3-14 Q3 相关电路图

（2）检查电磁铁与橡胶阀的连接拉杆是否松弛，若松弛则重新连接。

（3）检测排水泵上两根导线上的电压是否正常，若正常则更换排水泵。

（4）检查排水泵是否生锈，若生锈则去锈加润滑剂。

（5）检查内、外筒之间是否进入了小衣物，若有衣物进入，则取下加热器或拆下波纹管，将衣物取出即可。

（6）检查电源电压是否过低，若电压过低，则排水阀也不能正常工作。

（二）洗衣机排水速度慢维修案例

1. 爱德 XQB45-D 型洗衣机排水缓慢

（1）首先检查排水时是否放倒排水管。

（2）若放倒则检查排水管是否过长或排水管放置位置是否太高。

（3）若排水管放置合适，则检查排水管内是否有异物堵塞。

（4）若未堵塞，则检查排水阀弹簧是否失去弹性。

（5）若检查发现排水阀弹簧失去弹性，则更换弹簧。

此例属于弹簧损坏，更换即可。

2. 海棠 XQB42-1 型洗衣机排水慢

（1）首先检查排水管或排水阀是否有杂物堵塞。

（2）若未堵塞，则检查电磁铁与橡胶阀门的连接拉杆是否松弛。

（3）若不松弛，则检查电磁铁吸力是否变小。

（4）若检查发现电磁铁吸力变小，则更换。

此例属于电磁铁吸力变小，更换即可。电磁铁相关实物如图3-15所示。

3. 友谊 XQB36-3 型洗衣机排水速度慢

（1）首先检查排水管或排水阀内是否有杂物堵塞。

（2）若未堵塞，则检查排水管是否被压扁、弯折。

（3）若排水管未压扁，则检查排水泵是否生锈。

（4）若排水泵生锈，则更换。

此例属于排水泵异常，更换即可。排水泵相关实物如图 3-16 所示。

图 3-15　电磁铁相关实物图

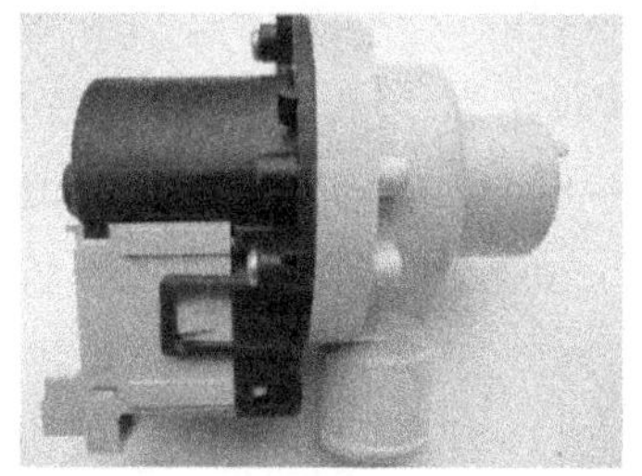

图 3-16　排水泵相关实物图

七、洗衣机不脱水检修技巧实训

（一）洗衣机不脱水检修方法

（1）检查传动带是否磨损过多或太松，若是则更换传动带或调整电动机位置。

（2）检查电动机启动电容容量是否下降，若是则更换电容。

（3）检查控制电动机的晶闸管是否损坏，若损坏则更换晶闸管或电脑板。

图 3-17　安全开关相关实物图

（4）检查电动机是否损坏，若是则更换电动机。

（5）检查洗衣机摆放是否平稳，若不平稳则将洗衣机摆平稳。

（6）检查脱水桶法兰盘紧固螺钉是否松动或破裂，若是则将螺钉紧固或更换法兰盘。

（7）检查脱水轴是否有松动或严重磨损，若是则紧固或更换脱水轴承即可。

（8）检查排水阀上的调节杆螺母是否松动或磨损，若是则调整调节杆的位置。

（9）检查安全开关是否损坏，若损坏则更换。安全开关相关实物如图 3-17 所示。

（二）洗衣机不脱水维修案例

1. 小天鹅 XQB40-868FC 型洗衣机不脱水

（1）首先检查安全开关是否损坏。

（2）若未损坏，则检查脱水电动机是否损坏。

（3）若发现脱水电动机不转，则检查电动机启动电容是否损坏。

（4）若发现电动机启动电容损坏，则更换。

此例属于电动机启动电容损坏，更换即可。电动机启动电容相关实物如图 3-18 所示。

图 3-18　电动机启动电容相关实物图

2. 水仙 XQB35-1 型洗衣机不脱水

（1）首先检查安全开关是否正常。

（2）若正常则检查继电器驱动晶体管的各极工作电压是否正常。

（3）若电压不正常，则检查继电器线圈电阻是否断路。

（4）若检查发现断路，则更换继电器。

此例属于继电器断路，更换即可。

3. 金松 XQB38-K321 型洗衣机不脱水

（1）首先检查 V 带是否松弛。

（2）若未发现松弛，则检查排水管是否放置过高或过长。

（3）若排水管正常，则检查脱水轴是否磨损严重。

（4）若脱水轴正常，则检查脱水电动机是否损坏。

（5）若检查发现脱水电动机损坏，则更换。

此例属于脱水电动机损坏，更换即可。脱水电动机相关实物如图 3-19 所示。

图 3-19 脱水电动机相关实物图

八、洗衣机脱水桶不转检修技巧实训

（一）洗衣机脱水桶不转检修方法

脱水桶不转在双桶洗衣机的故障中比例较高，检修时应重点检查熔断器、脱水定时器、脱水桶上盖开关、脱水电动机及启动电容、机械部分等；全自动洗衣机中脱水桶不转一般发生在脱水系统中，应主要检查离合器、牵引器、棘爪等。具体检修方法如下：

1. 双桶洗衣机脱水桶不转的检修

（1）检查熔断器是否断路。熔断器断路有两种情况：一种是自然熔断（熔丝管内无痕迹），是电源电压不稳或负载过重造成的；另一种是电源线或电动机绕组内绝缘损坏造成的熔断器熔断，此时熔断器玻璃管内一般有发黑发黄的痕迹或玻璃炸裂。先找出短路部位修复后，再更换同规格熔丝管。

（2）检查脱水定时器是否损坏（定时器常见的故障是发条断

裂、位移），可将定时器控制电动机的两根线短接观测定时器的通断情况，若损坏则更换脱水定时器。

（3）上下掀动脱水桶盖板，检查脱水桶上盖开关的两弹片接触是否良好或上盖开关是否损坏（上盖开关的位置在脱水定时器旁侧），若接触不良，可用细砂布磨光触点，再用尖嘴钳使触点复位，保持接触良好；若损坏则更换上盖开关。

（4）检查脱水电动机是否损坏，若损坏则更换电动机。

（5）检查脱水电动机的启动电容是否有问题（电容容量减少、漏电会使电动机转速缓慢，有时空载正常负载无力；电容失效使电动机不转，有时能听到较小的电磁声；电容击穿使电动机无法转动且发烫，有很大的电磁声），若电容失效或损坏，则更换电容。

（6）检查联轴器上的螺钉是否松脱，若松脱则重新拧紧。

（7）检查制动是否抱死，若是则更换制动。

2. 全自动洗衣机脱水桶不转的检修

（1）检查控制减速离合器工作的电磁铁拉杆上的离合器拉杆是否松动、离合器是否损坏，若是，则调整拉杆或更换离合器。

（2）检查棘爪是否完全脱离棘轮，若是，则拧入调节螺钉，让棘爪完全脱离棘轮即可。

（3）检查大传动轮的紧固螺母是否松动使离合套和外套轴之间产生缝隙，若是，则拧紧螺母。

（4）检查方丝离合弹簧是否良好，若弹簧损坏，则更换弹簧。

（二）洗衣机脱水桶不转维修实例

1. 白玫 XPB20-1S 型洗衣机脱水桶不转

（1）检查脱水电动机两个绕组的阻值是否正常。

（2）若阻值正常，则检查微动开关是否损坏。

（3）若未损坏，则检查制动是否抱死。

（4）若检查发现制动抱死，则更换制动。

此例属于制动抱死，更换制动即可。

2. 金松 XQB38-K321 型洗衣机脱水桶不转

（1）检查电磁铁线圈是否烧毁。

（2）若未烧毁，则检查电磁铁触点是否接触正常。

（3）若正常，则检查联轴器上螺钉是否松脱。

（4）若联轴器上螺钉松脱，则重新拧紧。

此例属于联轴器上螺钉松脱，拧紧即可。

九、洗衣机脱水时噪声大检修技巧实训

（一）洗衣机有噪声检修方法

（1）检查洗衣机衣物是否偏置不平衡，若是可将洗衣机里面的衣物放至平衡状态即可。

（2）检查三角传动带是否过紧或过松，若是则调整三角传动带松紧度。

（3）检查桶内是否有异物，若有则将异物取出。

（4）检查洗衣桶的吊杆是否脱落、吊杆弹簧是否错位，若是则调整吊杆弹簧或更换吊杆。

（5）检查减速离合器输入轴与轴承之间的配合间隙是否过大，若是则调整离合器输入轴与轴承之间的配合间隙。

（6）对于滚筒洗衣机，则应检查脱水桶的轴承（如图 3-20）是否损坏或磨损，若损坏则应更换同规格的轴承和水封。

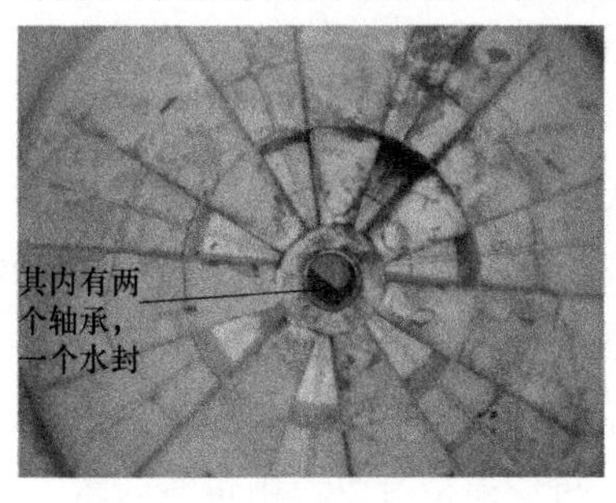

图 3-20　检查脱水桶的轴承

（二）洗衣机有噪声维修案例

1. 海尔 XQB60-D 型洗衣机洗涤时有异声

（1）首先检查棘爪是否挡住棘轮。

（2）若未挡住则检查三角传动带是否过紧或过松。

（3）若未发现三角传动带过紧或过松，则检查洗衣机的吊杆是否脱落。

（4）若发现吊杆脱落，则更换吊杆。

此例属于吊杆脱落，更换即可。吊杆相关实物如图 3-21 所示。

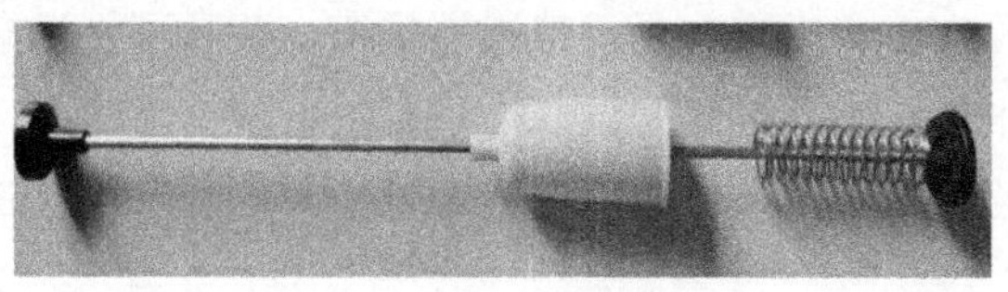

图 3-21　吊杆相关实物图

2. 海棠 XQB42-1 型洗衣机洗涤时有噪声

（1）首先检查电动机转子在定子内是否偏心。

（2）若未偏心则检查定子或转子表面是否锈蚀。

（3）若未锈蚀则检查电动机轴轮与轴承之间间隙是否过大。

（4）若间隙刚好，则检查电动机减震垫是否松脱。

（5）若检查发现减震垫松脱，则更换。

此例属于减震垫松脱，更换即可。

3. 小天鹅 XQB30-8 型洗衣机有噪声

（1）首先检查电磁铁是否吸合不足或吸合力较大。

（2）若电磁铁吸合正常，则检查排水阀电磁铁线圈是否异常。

（3）若线圈正常，则检查三角传动带是否过紧。

（4）若发现三角传动带过紧，则重新调整。

此例属于三角传动带过紧，重新调整即可。

十、洗衣机不工作检修技巧实训

（一）洗衣机不工作检修方法

整机不工作分为两种现象，第一种是开机后指示灯不亮，无论进行脱水或洗涤均不能工作；第二种是开机指示灯亮，但脱水或洗涤均不能工作。电源部分、负载部分、面板控制电路部分等有问题均会引起洗衣机整机不能工作。

(1) 电源部分：若开机后电源指示灯不亮，则重点检查电源部分，如查电源线是否断路、熔丝是否烧断、电源整流滤波电路及变压电路是否有问题。

(2) 负载部分：若开机即烧熔丝，则重点检查负载部分是否存在短路性故障，如查洗涤电动机、脱水电动机及烘干发热元器件等是否有问题。

(3) 面板控制电路部分：如开机后电源指示灯亮，但整机不工作，则应重点检查面板控制电路部分，如查单片机微处理器的复位信号、电源电压和时钟信号是否正常。对于普通型洗衣机，面板控制电路部分故障较小；而全自动洗衣机采用了单片机，当单片机有问题时会引起整机不工作。

（二）洗衣机不工作维修案例

1. 小天鹅 XQB40-868FC 型洗衣机不工作

(1) 首先检查电源开关和电源连接线是否正常。

(2) 若电源开关及电源连接线正常，则检查电脑板熔丝是否损坏。

(3) 若熔丝良好，则检查电脑板电源电路。

(4) 若检查发现变压器 T1 损坏，则更换。

此例属于变压器损坏，更换即可。变压器相关实物图 3-22 所示。

2. 水仙 XQB30-11 型洗衣机不工作

(1) 首先检查 220V 交流电压是否正常。

(2) 若电源电压正常，则用万用表测进水阀与排水阀是否损坏。

(3) 若未损坏，则检查洗涤电动机的四只双向晶闸管是否有损坏。

(4) 若晶闸管也未损坏，则检查压敏电阻是否正常。

(5) 若压敏电阻也正常，则检查抗扰滤波电容是否损坏。

(6) 若抗扰滤波电容损坏，则更换。

此例属于滤波电容损坏，更换即可。

3. 松下 NA-710 型洗衣机不工作

(1) 首先检查洗涤电动机是否损坏。

(2) 若洗涤电动机未损坏，则检查进水阀及排水阀的 220V 电压是否正常。

(3) 若正常，则检查晶体管 VT10 发射极及集电极电压是否正常。

(4) 若正常，则检查变压器是否开路。

(5) 若检查发现变压器 T 开路，则更换。

此例属于变压器 T 开路，更换即可。变压器 T 相关电路如图 3-23 所示。

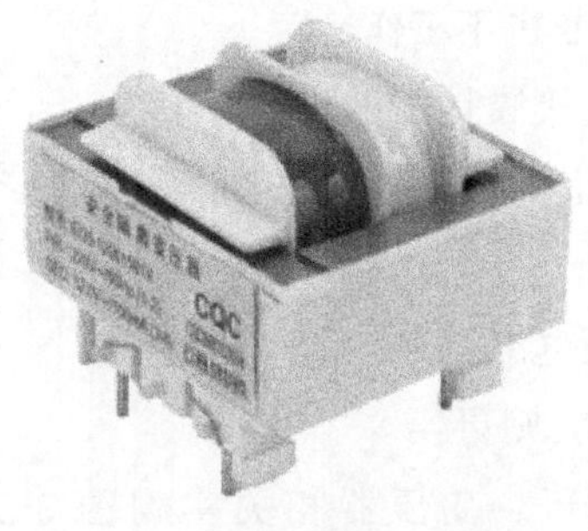

图 3-22 变压器相关实物图

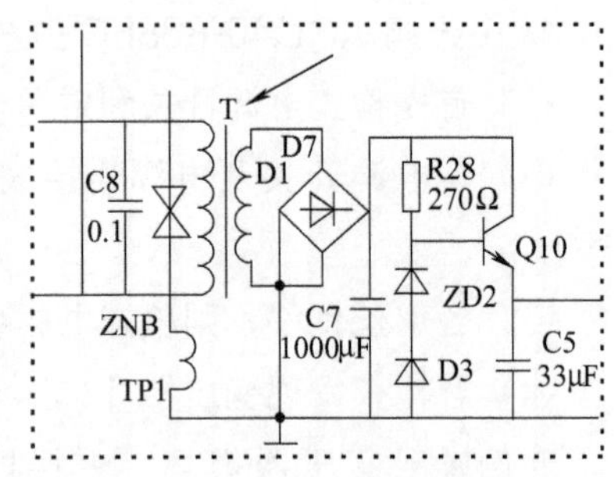

图 3-23 变压器 T 相关电路图

十一、洗衣机进水不止检修技巧实训

（一）洗衣机进水不止检修方法

进水不止是全自动洗衣机注水程序的故障之一，检修时应重点检查进水阀及其控制进水阀的元器件。其具体检修方法如下：

（1）测量进水电磁阀两端的电压是否为正常 220V，若不正常则更换进水电磁阀。

（2）测量电磁驱动电路的晶体管集电极电压是否为 5V 直流电压，若电压正常，则更换双向晶闸管。

（3）检测水位开关两接线片之间的电阻是否正常，若不正常则更换水位开关。

（4）检测程序控制器是否损坏，若损坏则更换程序控制器。

（5）检查气嘴口是否有异物堵住，若有则拧下大螺母拿出内桶把堵住气嘴的异物取出。

（6）检查进水阀阀芯是否卡住，若卡住则更换进水阀。

（7）检查电脑板是否损坏，若损坏则更换电脑控制板。

（二）洗衣机进水不止维修案例

1. 小天鹅 XQB30-8 型洗衣机进水不止

（1）首先检查进水阀是否损坏。

（2）若进水阀未损坏，则检查通孔是否堵塞。

（3）若通孔没有堵塞，则检查水位压力开关导线是否短路。

（4）若导线未短路，则检查程序控制器是否有故障。

（5）若检查发现程序控制器损坏，则更换程序控制器。

此类故障属于程序控制器损坏，更换即可。程序控制器相关实物如图 3-24 所示。

2. 荣事达 XQB38-92 型洗衣机进水不止

（1）首先检查进水阀是否扣坏。

（2）若进水阀未损坏，则检查气嘴口是否有异物堵塞。

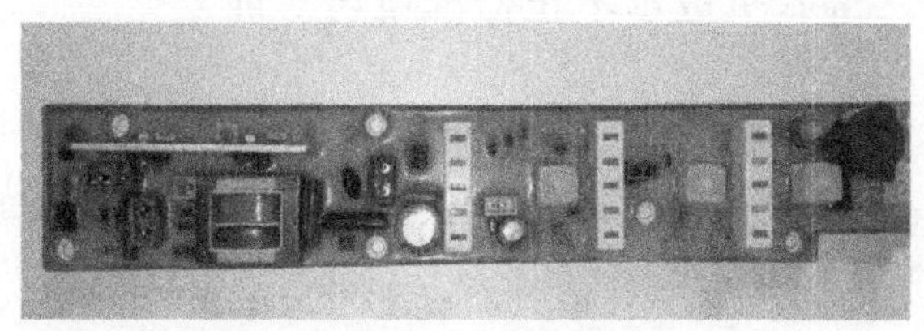

图 3-24 程序控制器相关实物图

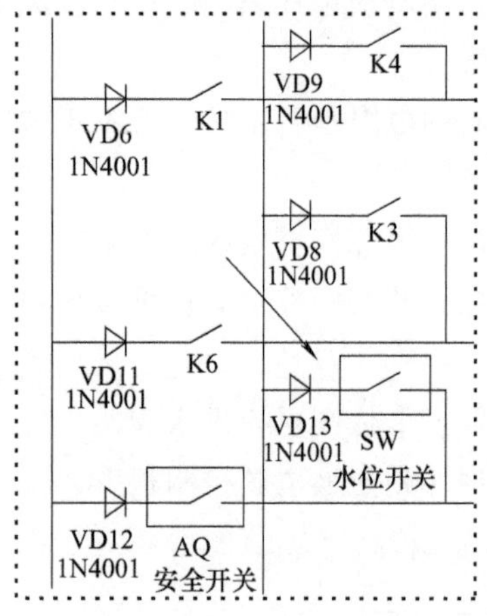

图 3-25 水位开关相关电路图

(3) 若未堵塞，则检查程序控制器是否损坏。

(4) 若程序控制器也没损坏，则检查水位开关是否漏气。

(5) 若发现水位开关漏气，则更换。

此例属于水位开关漏气，更换水位开关即可。水位开关相关电路如图 3-25 所示。

3. 松下 NA-F311J 型洗衣机进水不止

(1) 首先检查进水电磁阀两端电压是否正常。

(2) 若正常，则检查水位开关两接线片之间电阻是否正常。

(3) 若正常，则检查导气管是否损坏。

(4) 若发现导气管损坏，则更换。

此例属于导气管损坏，更换即可。导气管相关实物如图 3-26 所示。

图 3-26 导气管相关实物图

Chapter 04

维修职业化训练课后练习

课堂一 LG 洗衣机故障维修实训

（一）机型现象：WD-N800RPM 型洗衣机不能脱水

修前准备：此类故障应用篦梳检查法进行检修，检修时重点检测门锁开关组件。

检修要点：检修时具体检测门锁开关是否损坏、脱水电动机是否损坏、牵引器是否损坏。

资料参考：此例属于门锁开关损坏，更换即可；门锁开关相关接线如图 4-1 所示。

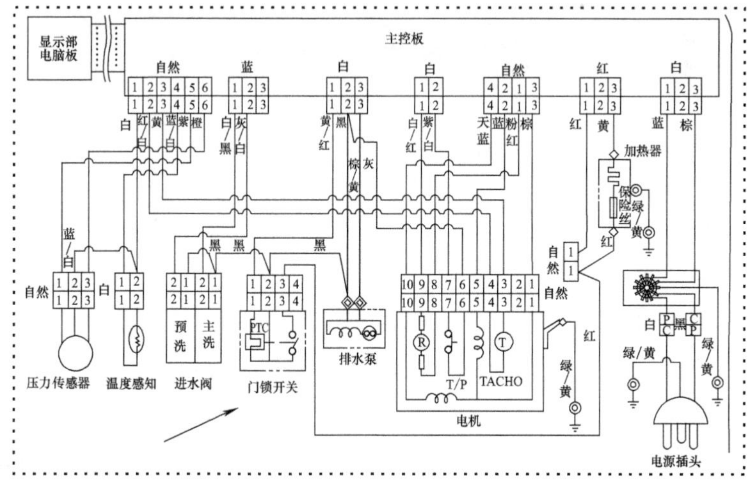

图 4-1 门锁开关相关接线图

（二）机型现象：XQB42-18M1 型洗衣机不能洗涤

修前准备：此类故障应用篦梳检查法进行检修，检修时重点检测控制电路。

检修要点：检修时具体检测电源开关是否损坏、电源线是否接触不良、洗涤电动机是否损坏、电动机电容是否损坏。

资料参考：此例属于洗涤电动机损坏，更换即可；洗涤电动机相关接线如图 4-2 所示。

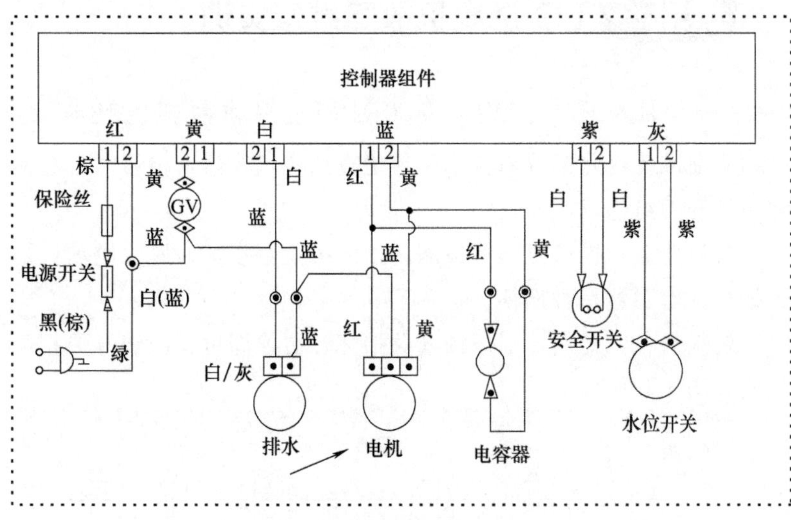

图 4-2　洗涤电动机相关电路图

（三）机型现象：XQB45-3385N 型洗衣机不排水

修前准备：此类故障应用篦梳检查法进行检修，检修时重点检测排水牵引器。

检修要点：检修时具体检测排水牵引器是否损坏、电脑控制板是否控制失灵。

资料参考：此例属于排水牵引器损坏，更换即可；排水牵引器相关接线如图 4-3 所示。

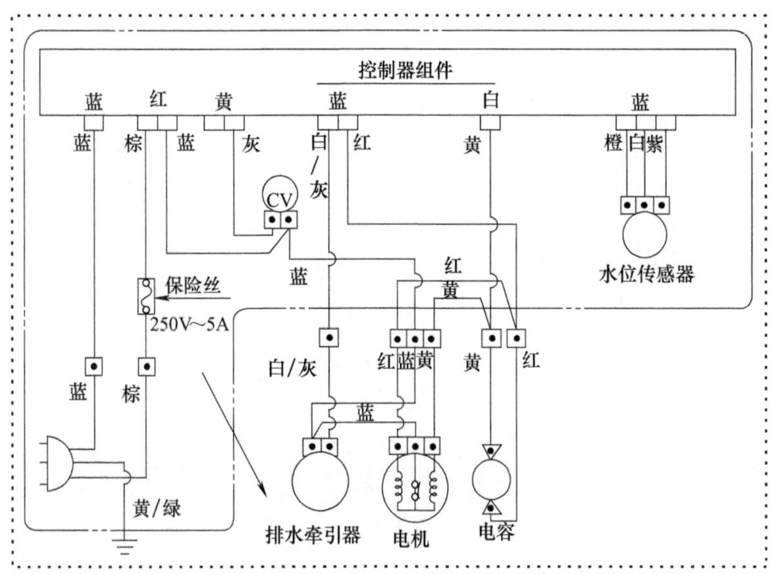

图 4-3 排水牵引器相关接线图

（四）机型现象：XQB50-W3MTL 型洗衣机不能洗涤

修前准备：此类故障应用篦梳检查法进行检修，检修时重点检测洗涤电动机电路。

检修要点：检修时具体检测洗涤电动机是否损坏、电动机电容是否损坏、洗涤选择开关是否损坏。

资料参考：此例属于洗涤电动机损坏，更换即可；洗涤电动机相关接线如图 4-4 所示。

（五）机型现象：T16SS5FDH 型洗衣机不工作

修前准备：此类故障应用电压检测法进行检修，检修时重点检测门锁电路。

检修要点：检修时具体检测洗衣机工作电压是否正常、门锁是否损坏。

资料参考：此例属于门锁损坏，更换即可；门锁相关接线如图 4-5 所示。

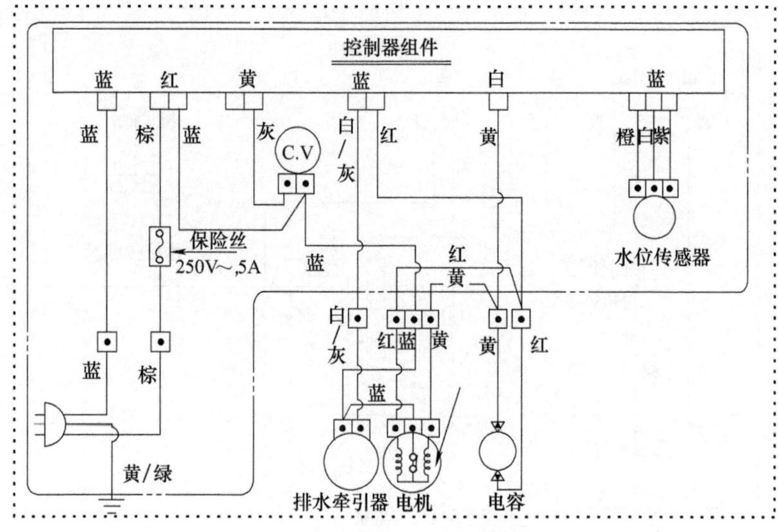

图 4-4 洗涤电动机相关接线图

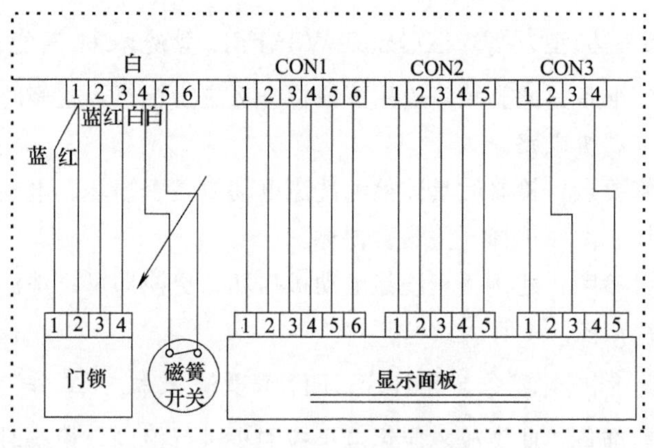

图 4-5 门锁相关接线图

（六）机型现象：T16SS5FDH 型洗衣机不能加热

修前准备：此类故障应用篦梳检查法进行检修，检修时重点检测加热电路。

检修要点：检修时具体检测加热电脑板是否损坏、加热传感器是否损坏。

资料参考：此例属于加热电脑板损坏，更换即可；加热电脑板相关接线如图 4-6 所示。

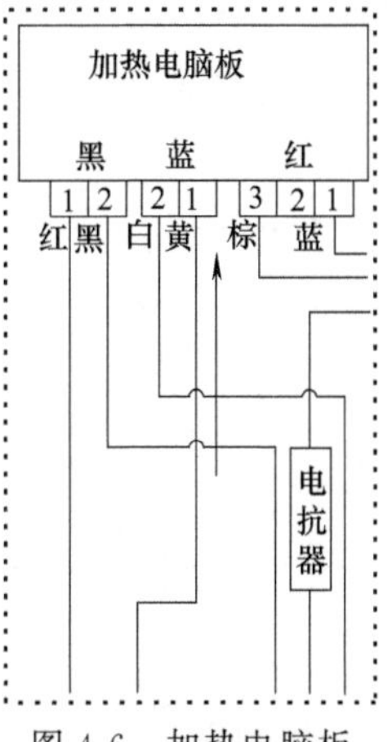

图 4-6　加热电脑板相关接线图

（七）机型现象：T16SS5FDH 型洗衣机排水异常

修前准备：此类故障应用篦梳检查法进行检修，检修时重点检测排水控制电路。

检修要点：检修时具体检测排水阀是否损坏、离合器电动机是否损坏。

资料参考：此例属于排水阀损坏，更换即可；排水阀相关接线如图 4-7 所示。

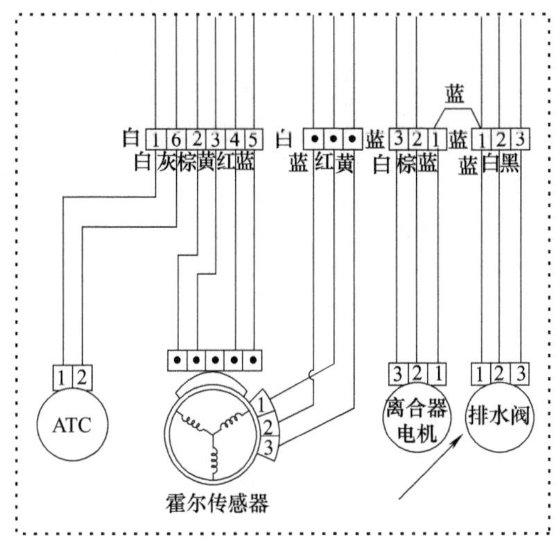

图 4-7　排水阀相关接线图

（八）机型现象：WD T12270D 型洗衣机不启动

修前准备：此类故障应用电压检测法进行检修，检修时重点检

测电源电路。

检修要点：检修时具体检测电源电压是否正常、电源插头是否损坏。

资料参考：此例属于电源插头损坏，更换即可；电源插头相关接线如图4-8所示。

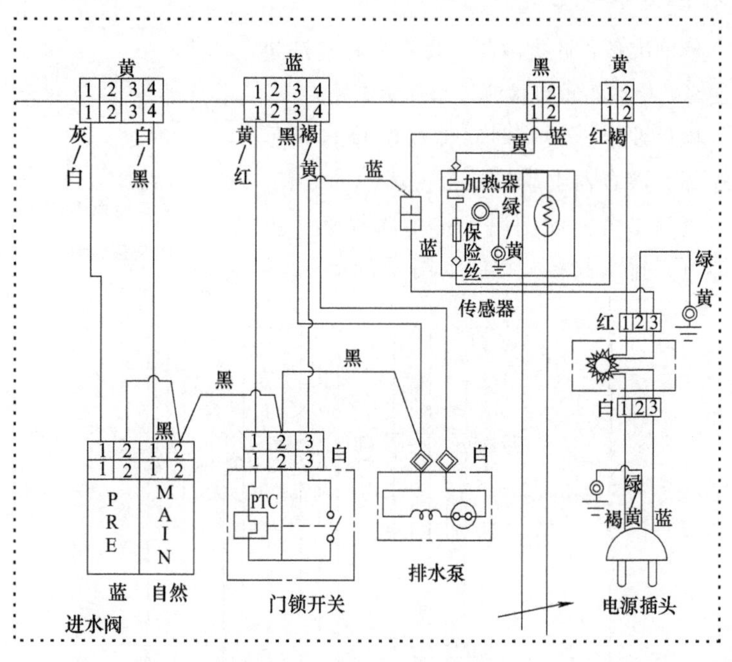

图4-8 电源插头相关接线图

（九）机型现象：WD-A1222ED型洗衣机不能加热

修前准备：此类故障应用篦梳检查法进行检修，检修时重点检测加热电路。

检修要点：检修时具体检测洗涤加热器是否损坏、烘干加热器是否损坏。

资料参考：此例属于洗涤加热器损坏，更换即可；洗涤加热器相关接线如图 4-9 所示。

（十）机型现象：XQB42-308SN 型洗衣机不排水

修前准备：此类故障应用篦梳检查法进行检修，检修时重点检测电脑板。

检修要点：检修时具体检测排水阀是否损坏、排水管是否堵塞、电脑控制板是否损坏。

资料参考：此例属于电脑板损坏，更换即可；电脑板相关实物如图 4-10 所示。

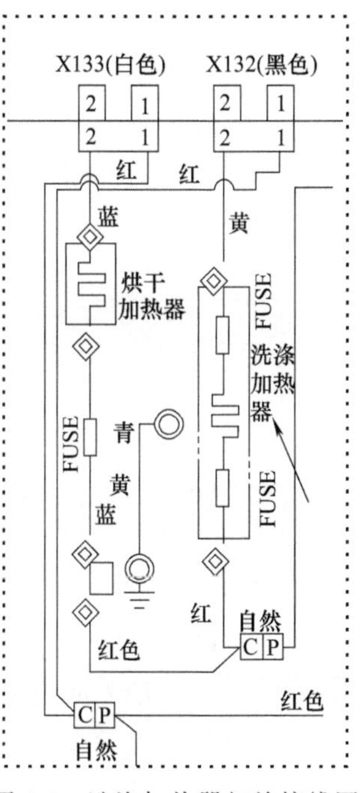

图 4-9 洗涤加热器相关接线图

（十一）机型现象：XQB60-58SF 型洗衣机不能工作

修前准备：此类故障应用篦梳检查法进行检修，检修时重点检测控制器组件。

检修要点：检修时具体检测熔丝是否损坏、电动机是否损坏、变压器是否损坏。

资料参考：此例属于熔丝烧坏，更换即可；熔丝相关接线如图 4-11 所示。

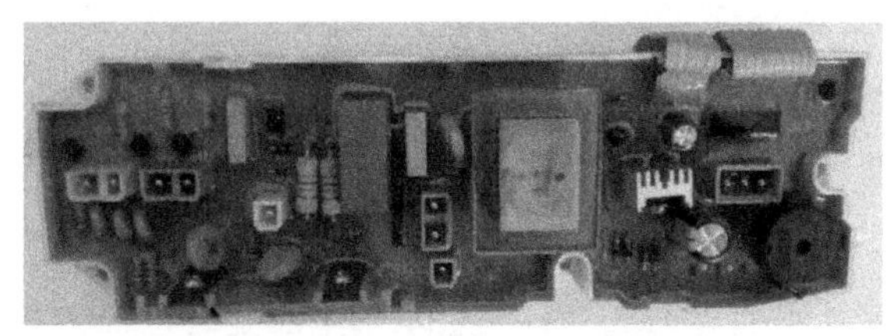
图 4-10 电脑板相关实物图

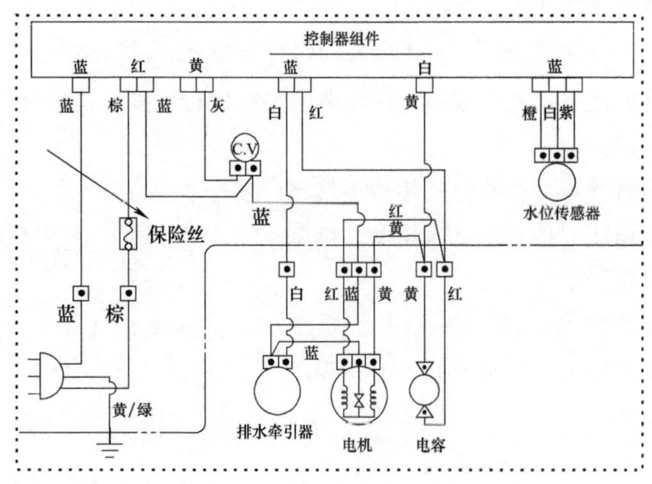

图 4-11 熔丝相关接线图

课堂二 澳柯玛洗衣机故障维修实训

（一）机型现象：XQB55-2635 型洗衣机不工作

修前准备：此类故障应用电压检测法和篦梳检查法进行检修，检修时重点检测电脑程控器电路。

检修要点：检修时具体检测电源电压是否正常、盖开关是否损坏、电动机是否损坏、安全开关是否损坏。

资料参考：此例属于电动机损坏，更换即可；电动机相关接线如图 4-12 所示。

（二）机型现象：XQB55-2676 型洗衣机不能进水

修前准备：此类故障应用电压检测法进行检修，检修时重点检测进水控制电路。

检修要点：检修时具体检测进水阀电压是否正常、水位传感器是否损坏。

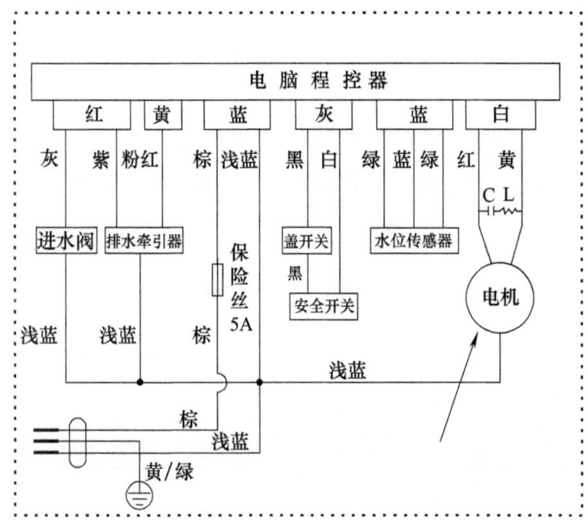

图 4-12 电动机相关接线图

资料参考：此例属于进水阀损坏，更换即可；进水阀相关接线如图 4-13 所示。

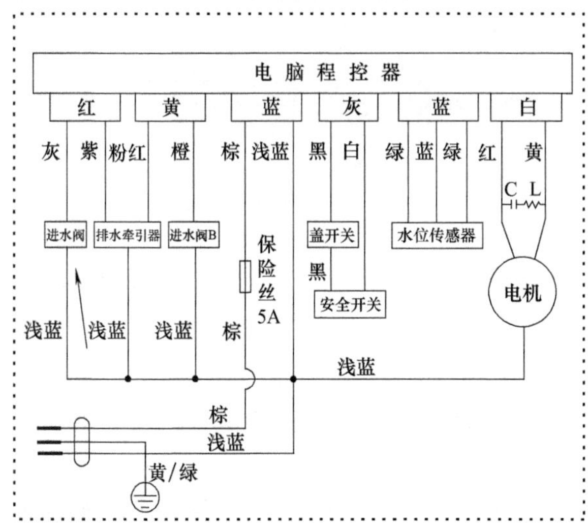

图 4-13 进水阀相关接线图

（三）机型现象：XQG70-1288R 型洗衣机不排水

修前准备：此类故障应用篦梳检查法进行检修，检修时重点检测排水控制电路。

检修要点：检修时具体检测排水泵是否损坏。

资料参考：此例属于排水泵损坏，更换即可；排水泵相关接线如图 4-14 所示。

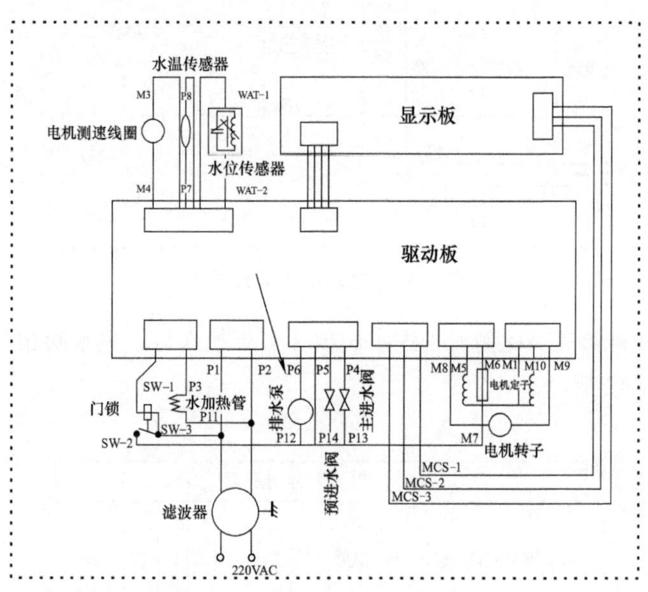

图 4-14　排水泵相关接线图

（四）机型现象：XQG75-B1288R 型洗衣机不启动

修前准备：此类故障应用篦梳检查法进行检修，检修时重点检测驱动板电路。

检修要点：检修时具体检测变频电动机是否损坏、选择开关是否损坏、驱动板是否损坏。

资料参考：此例属于驱动板损坏，更换即可；驱动板相关接线如图 4-15 所示。

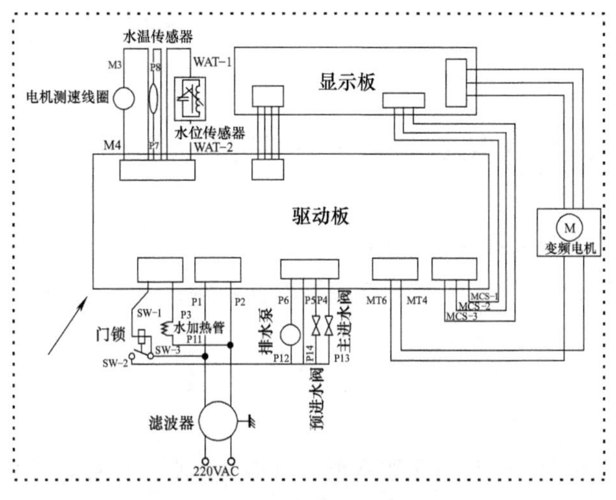

图 4-15　驱动板相关接线图

（五）机型现象：XPB85-2938S 型洗衣机进水后不能洗涤

修前准备：此类故障应用篦梳检查法进行检修，检修时重点检测洗涤电路。

检修要点：检修时具体检测洗涤电动机是否损坏、洗涤定时器是否损坏。

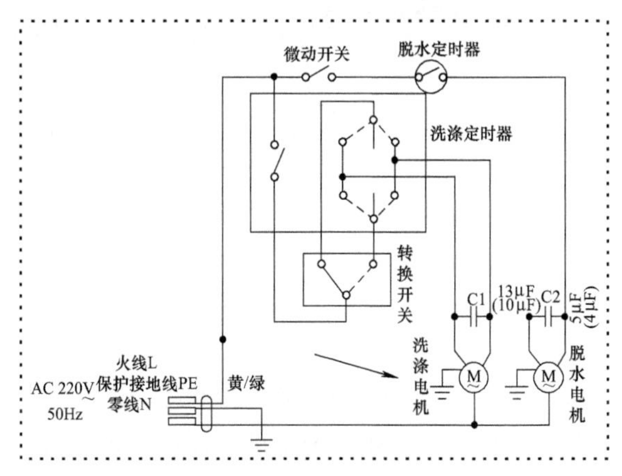

图 4-16　洗涤电动机相关接线图

资料参考：此例属于洗涤电动机损坏，更换即可；洗涤电动机相关接线如图 4-16 所示。

课堂三 长虹洗衣机故障维修实训

（一）机型现象：XPB75-588S 型洗衣机不脱水

修前准备：此类故障应用电压检测法进行检修。检修时重点检测脱水电动机是否损坏。

检修要点：检修时具体检测脱水电动机上电源电压是否正常、脱水定时器是否损坏。

资料参考：此例属于脱水电动机损坏，更换即可；脱水电动机相关电路如图 4-17 所示。

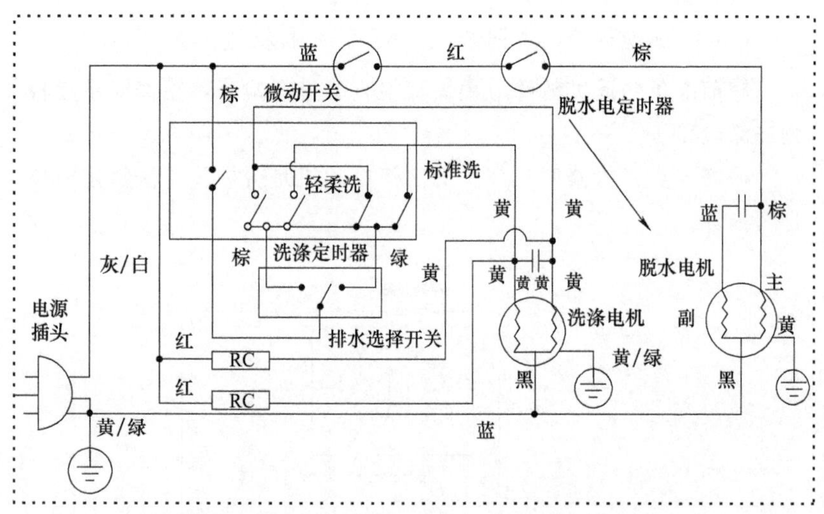

图 4-17 脱水电动机相关电路图

（二）机型现象：XQB50-8588 型洗衣机不进水

修前准备：此例应用篦梳检查法进行检修，检修时重点检测电脑控制电路。

检修要点：检修时具体检测程控器是否损坏、电源开关是否损坏、进水阀是否损坏。

资料参考：此例属于电脑程控器损坏，更换即可；程控器相关电路如图 4-18 所示。

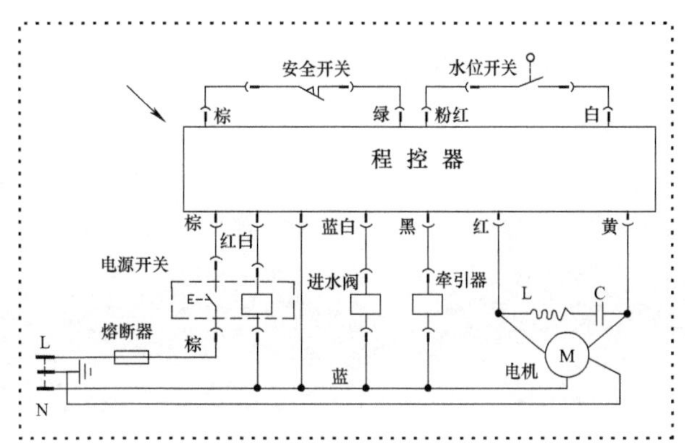

图 4-18 程控器相关电路图

（三）机型现象：XQB60-G618A 型洗衣机不工作

修前准备：此类故障应用电压检测法进行检修，检修时重点检测电源电路。

检修要点：检修时具体检测电源电压是否正常、变压器是否有损坏、门开关是否损坏。

资料参考：此例属于变压器损坏，更换即可；该机电脑板相关实物如图 4-19 所示。

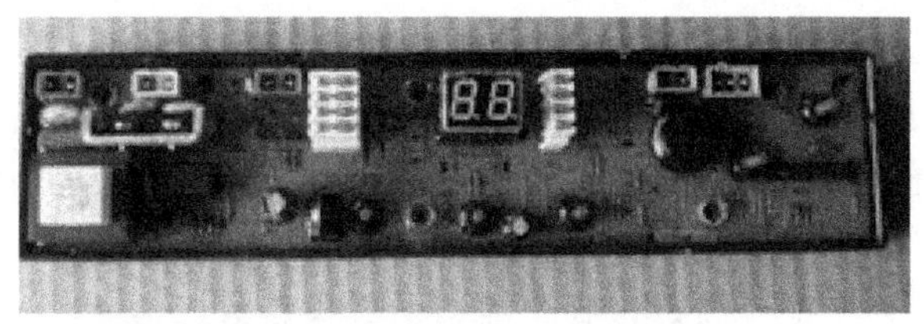

图 4-19 电脑板相关实物图

（四）机型现象：XQB70-756C 型洗衣机不工作

修前准备：此类故障应用电压检测法进行检修，检修时重点检测电脑板。

检修要点：检修时具体检测电源交流电压是否正常、电脑板是否损坏。

资料参考：此例属于电脑板损坏，更换即可；电脑板相关实物如图 4-20 所示。

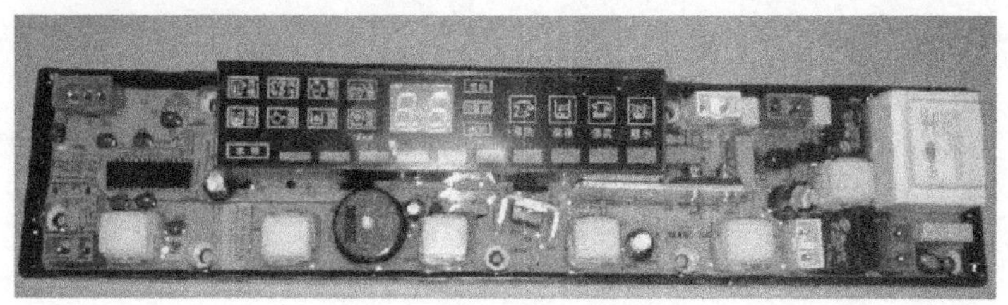

图 4-20　电脑板相关实物图

课堂四 海尔洗衣机故障维修实训

（一）机型现象：海尔 XPB60-0713 型半自动洗衣机在执行洗涤程序时转速减慢

修前准备：此类故障应用直观检查法进行检修，检修时重点检查三角传动带。

检修要点：

出现此类故障应按以下步骤进行判断：

（1）首先检查洗涤电动机绕组是否接反而造成磁极反向，若电动机绕组接线正常，则检查洗涤电动机转子导条中是否有砂眼或断裂。

（2）若洗涤电动机正常，则检查三角传动带是否过松而引起打滑。

资料参考：该例属于三角传动带过松打滑，从而造成此类故障；重新调整或更换三角传动带即可排除故障。

※知识链接※　海尔 XQB60-0713、XPB50-0713S、XPB55-0713S、XPB58-0713S、XPB65-0713S 半自动洗衣机的故障原因及检查方法基本相似，维修方法可以通用。

（二）机型现象：海尔 XPB60-187S 型半自动洗衣机波轮只朝一个方向旋转

修前准备：此类故障应用电阻法进行检修，检修时重点检查定时器接线。

检修要点：

出现此类故障应按以下步骤进行判断：

（1）首先检查洗涤定时器接线是否正确。

（2）若洗涤定时器接线无误，则检查洗涤定时器本身是否损坏。

资料参考：该例属于洗涤定时器接线错误，从而造成此类故障；调整接线到正确位置即可排除故障。

※知识链接※　海尔 XPB60-187S 半自动洗衣机的接线原理如图 4-21 所示，供维修、检测、替换时参考。

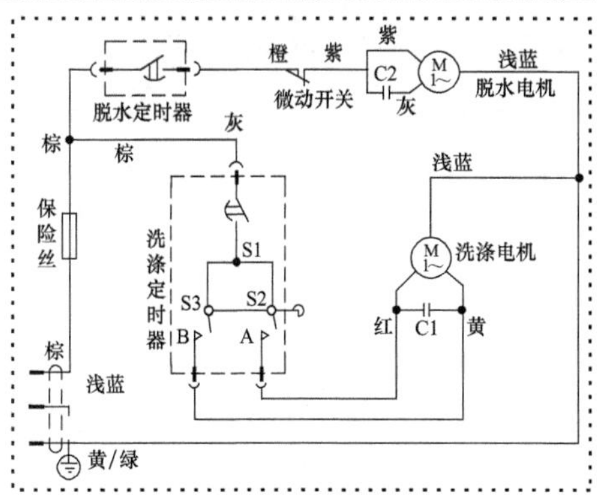

图 4-21　海尔 XPB60-187S 半自动洗衣机接线原理图

（三）机型现象：海尔小神童 XQB45-A 型全自动洗衣机波轮启动缓慢

修前准备：此类故障应用电阻法进行检修，检修时重点检查定时器接线。

检修要点：

出现此类故障应按以下步骤进行判断：

首先检查机械部件，包括离合器、波轮、V 带是否正常，若上述部件均正常，则说明机械部分正常，故障可能发生在电气电路部分。再用万用表测量交流电源电压是否正常，若测得电压为 250V 左右，则应分别检查水位开关、电动机、电路开关、电容器等是否存在故障。

资料参考：该例属于电容器的容量变小，造成洗涤电动机启动转矩变小，从而启动缓慢，转速下降；更换同规格电容器后，故障即可排除。

※知识链接※ 该洗衣机电动机的控制原理是：微处理器 IC1（MN15828）通过输出端将触发信号输入到晶闸管 VS1 和 VS2，使电路开关 VS1 和 VS2 处于交替导通状态，且在电容器与电感线圈的配合下，完成对电动机的正转和反转控制。

（四）机型现象：海尔 XQG50-BS708A 全自动滚筒洗衣机不脱水、不排水

修前准备：此类故障应用电阻法进行检修，检修时重点检查定时器接线。

检修要点：

出现此类故障应按以下步骤进行判断：

（1）不脱水有可能是不排水引起的。首先将程控开关旋转在单排水的位置上。

（2）按下启动开关，用万用表测 Q6 的基极有无触发信号，若

测得有触发信号，则检测排水泵线圈（测插座 X4-4 与 X2-1 之间）上工作电压是否正常。

（3）若测得无正常工作电压，则断开电源，在线检测 Q6 是否正常。

（4）若测得 Q6 正常，则检测双向晶闸管 T5 是否正常。

（5）若测得双向晶闸管 T5 击穿，则使用同规格双向晶闸管替换。

（6）若替换后洗衣机仍不排水，则用万用表测 X4-4 与 T5 的两阳极之间 220V 电压是否正常。

（7）若测得 220V 电压正常，则断电后将 PCB 板拆下，检查其是否异常。

资料参考：该例中因 PCB 板上 T5 与插座 X2-2 之间的铜箔熔丝熔断，从而造成此类故障；用 0.5A 玻璃熔丝管内熔丝，直接焊在铜箔熔断处两端，故障即可排除。

※知识链接※　该故障的维修方法同样适用于海尔 XQG50-BS808A 全自动滚筒洗衣机。

课堂五 海信洗衣机故障维修实训

（一）机型现象：XPB48-27S 型洗衣机不洗涤

修前准备：此类故障应用篦梳检查法进行检修，检修时重点检测洗涤电路。

检修要点：检修时具体检测洗涤定时器是否损坏、洗涤电动机是否损坏。

资料参考：此例属于洗涤电动机损坏，更换即可；洗涤电动机相关接线如图 4-22 所示。

（二）机型现象：XPB60-811S 型洗衣机不能脱水

修前准备：此类故障应用篦梳检查法进行检修，检修时重点检

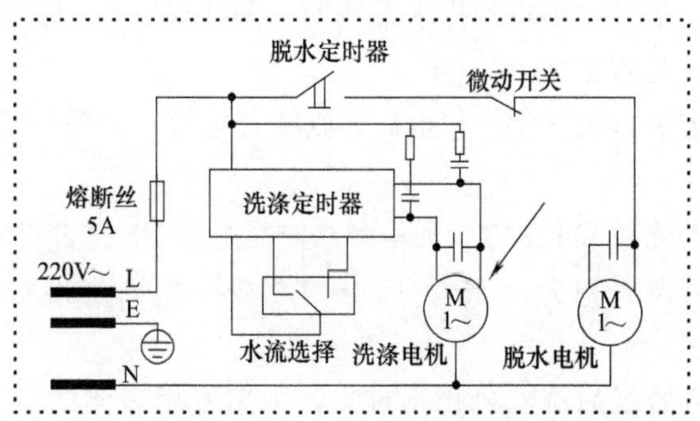

图 4-22　洗涤电动机相关接线图

测脱水控制电路。

检修要点：检修时具体检测脱水定时器是否损坏、脱水电动机是否损坏、微动开关是否损坏。

资料参考：此例属于脱水电动机损坏，更换即可；脱水电动机相关接线如图 4-23 所示。

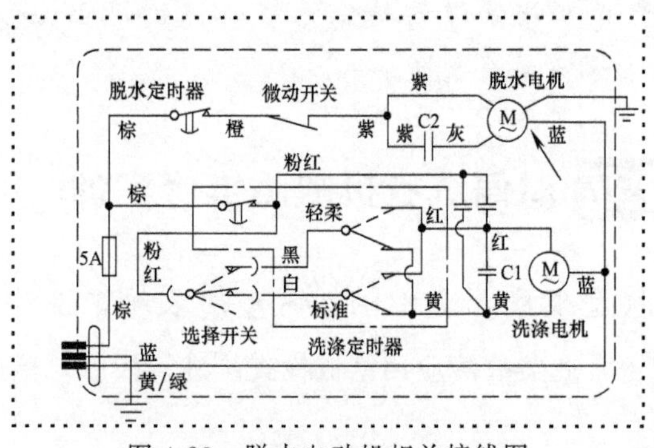

图 4-23　脱水电动机相关接线图

（三）机型现象：XPB68-06SK 型洗衣机不能洗涤

修前准备：此类故障应用篦梳检查法进行检修，检修时重点检测洗涤电路。

检修要点：检修时具体检测洗涤定时器是否损坏、洗涤电动机是否损坏、微动开关是否损坏。

资料参考：此例属于洗涤电动机损坏，更换即可；洗涤电动机相关电路如图 4-24 所示。

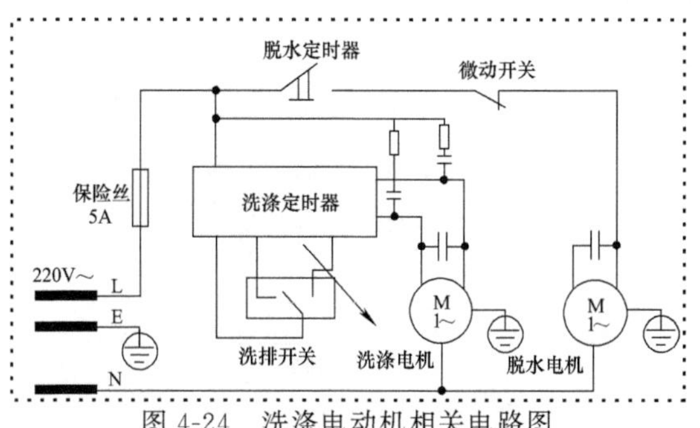

图 4-24 洗涤电动机相关电路图

（四）机型现象：XQB50-166 型洗衣机不能洗涤

修前准备：此类故障应用篦梳检查法进行检修，检修时重点检测电脑板控制电路。

检修要点：检修时具体检测电脑程控器是否损坏、安全开关是否损坏、洗涤电动机是否损坏。

资料参考：此例属于电脑程控器损坏，更换即可；电脑程控器相关接线如图 4-25 所示。

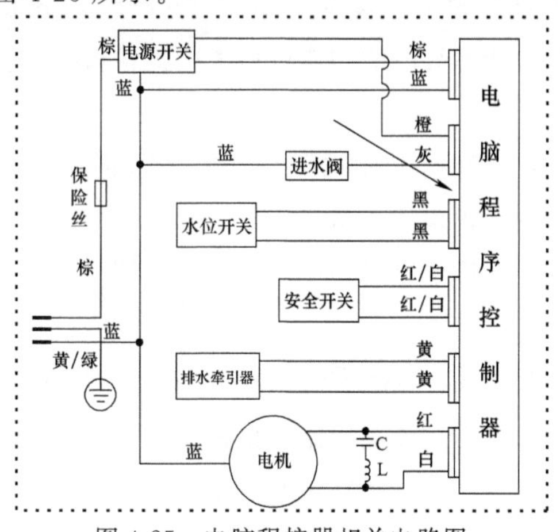

图 4-25 电脑程控器相关电路图

（五）机型现象：XQB55-8066 型洗衣机不能洗涤

修前准备：此类故障应用篦梳检查法进行检修。检修时重点检测程控器电路。

检修要点：检修时具体检测水位传感器是否损坏、电动机是否损坏、熔丝 5A 是否损坏、安全开关是否损坏。

资料参考：此例属于电动机损坏，更换即可；电动机相关接线如图 4-26 所示。

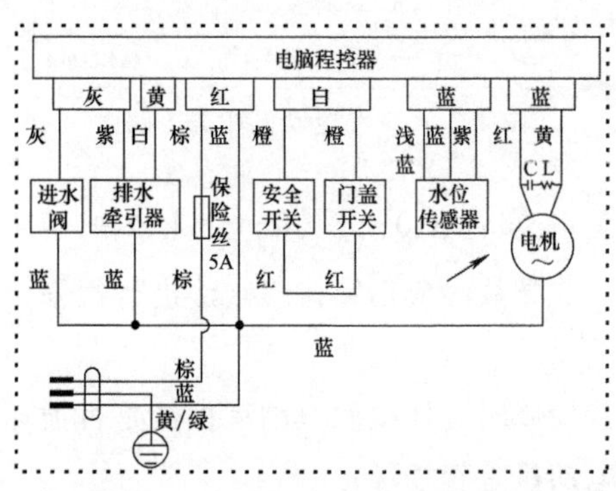

图 4-26　电动机相关电路图

（六）机型现象：XQB60-2131 型洗衣机不能洗涤

修前准备：此类故障应用篦梳检查法进行检修，检修时重点检测电动机。

检修要点：检修时具体检测门开关是否损坏、电动机是否损坏、电动机电容是否损坏、微电脑程控器是否损坏。

资料参考：此例属于电动机损坏，更换即可；电动机相关接线如图 4-27 所示。

（七）机型现象：XQB60-8208 型洗衣机不能洗涤

修前准备：此类故障应用篦梳检查法进行检修，检修时具体检测电脑控制板。

检修要点：检修时具体检测电脑板是否损坏、洗涤电动机是否

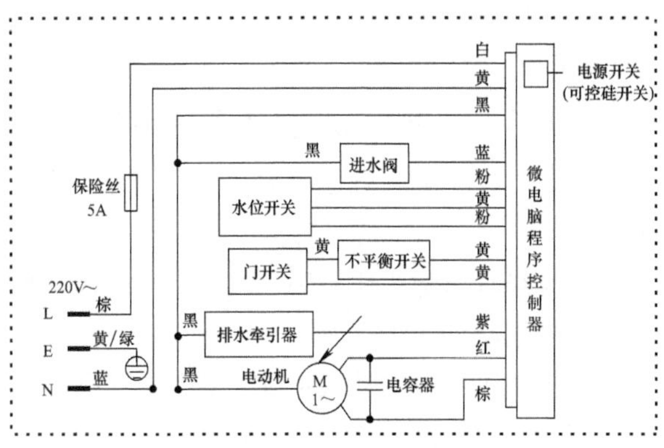

图 4-27　电动机相关接线图

损坏、门锁开关是否损坏、洗涤电动机电容是否损坏。

资料参考：此例属于电脑板损坏，更换即可；电脑板相关实物如图 4-28 所示。

图 4-28　电脑板相关实物图

课堂六 惠而浦洗衣机故障维修实训

（一）机型现象：AWG337 型洗衣机不启动

修前准备：此类故障应用电阻检测法进行检修，检修时重点检测电动机。

检修要点：检修时具体检测运行绕组和启动绕组的直流电阻是否正常、启动电容是否损坏。

资料参考：此例属于启动电容失效，更换即可；启动电容相关实物如图 4-29 所示。

（二）机型现象：AWG337 型洗衣机整机不工作

修前准备：此类故障应用电压检测法进行检修，检修时重点检测微电动机。

检修要点：检修时测量程序控制器的第⑩、⑯脚之间的电压是否正常，并检测微电动机是否损坏。

资料参考：此例属于微电动机损坏，更换即可；微电动机相关实物如图 4-30 所示。

图 4-29　启动电容相关实物图

图 4-30　微电动机相关实物图

（三）机型现象：AWG335 型洗衣机不工作

修前准备：此类故障应用电压检测法和电阻检测法进行检修，检修时重点检测继电器。

图 4-31　继电器相关实物图

检修要点：检修时测量 L2 两端电压是否正常、PTC 发热体电阻值是否为 2.5kΩ、继电器 TK 是否开路。

资料参考：此例属于继电器损坏，更换即可；继电器相关实物如图 4-31 所示。

课堂七 金羚洗衣机故障维修实训

（一）机型现象：XQB60-538B 型洗衣机不能洗涤

修前准备：此类故障应用篦梳检查法进行检修，检修时重点检测电脑板。

检修要点：检修时具体检测洗涤电动机是否损坏、电脑板是否异常。

资料参考：此例属于电脑板损坏，更换即可；电脑板相关实物如图 4-32 所示。

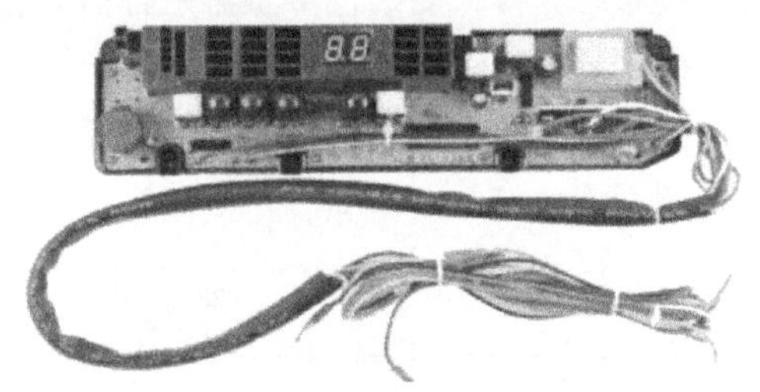

图 4-32　电脑板相关实物图

（二）机型现象：XQB60-A19B 型洗衣机进水不止

修前准备：此类故障应用篦梳检查法进行检修，检修时重点检测进水控制电路。

检修要点：检修时具体检测进水阀是否损坏、电脑程控器是否损坏。

资料参考：此例属于进水阀损坏，更换即可；进水阀相关接线如图 4-33 所示。

（三）机型现象：XQB60-H5568 型洗衣机不进水

修前准备：此类故障应用篦梳检查法进行检修，检修时重点检测电脑程控器电路。

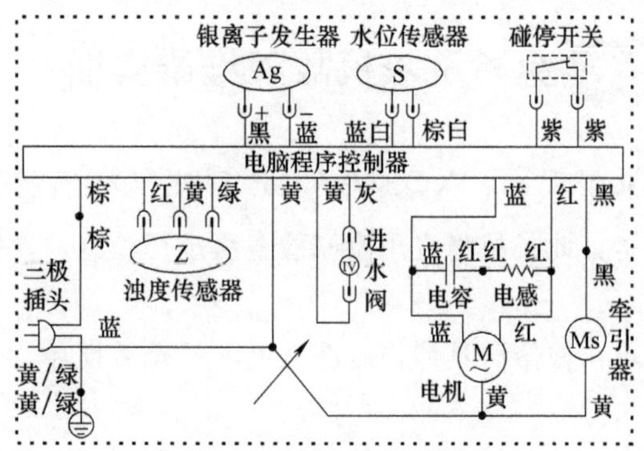

图 4-33 进水阀相关接线图

检修要点：检修时具体检测水位传感器是否损坏、进水阀是否有异常、电脑程控器是否损坏。

资料参考：此例属于水位传感器损坏，更换即可；水位传感器相关接线如图 4-34 所示。

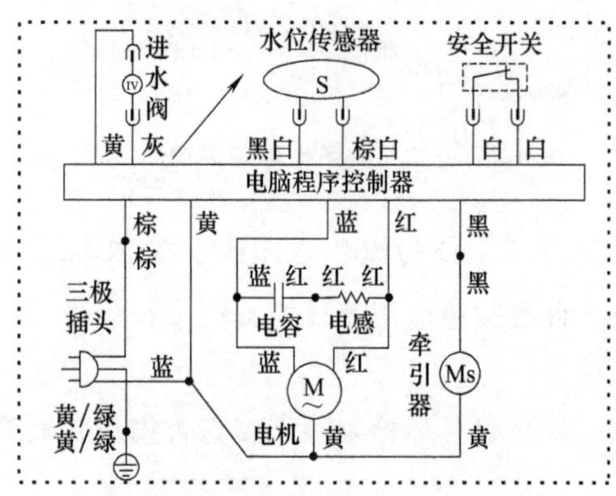

图 4-34 水位传感器相关接线图

（四）机型现象：XQB65-A207E 排水太慢

修前准备：此类故障应用篦梳检查法进行检修，检修时具体检测排水电路。

检修要点：检修时具体检测牵引器是否损坏、排水管是否有异物堵塞、排水管是否有过多弯曲。

资料参考：此例属于牵引器损坏，更换即可；牵引器相关接线如图 4-35 所示。

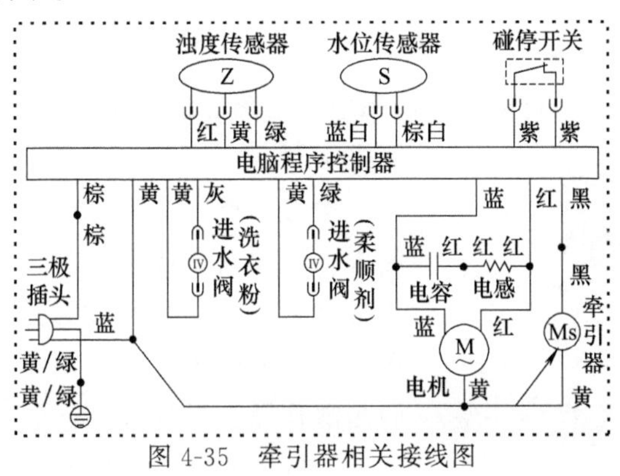

图 4-35　牵引器相关接线图

（五）机型现象：XQB75-A7558 型洗衣机不能正常工作

修前准备：此类故障应用篦梳检查法进行检修，检修时重点检测电脑程控器。

检修要点：检修时具体检测电源插头与插座是否接触不良、机盖开关是否损坏、选择开关是否损坏、电脑程序控制器是否损坏。

资料参考：此例属于电脑程控器损坏，更换即可；电脑程控器相关接线如图 4-36 所示。

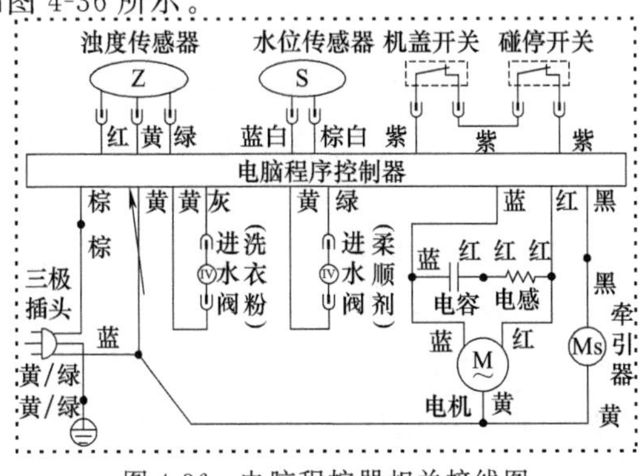

图 4-36　电脑程控器相关接线图

课堂八 金松洗衣机故障维修实训

（一）机型现象：XQB38-K321 型洗衣机不进水

修前准备：此类故障应用电阻检测法进行检修，检修时重点检测进水阀。

图 4-37 进水电磁阀相关实物图

检修要点：检修时用万用表欧姆挡测进水阀的两个接片电阻的阻值是否为正常 5kΩ 左右，并检测自来水水压是否正常、微电脑程序控制器是否损坏、双向晶闸管是否断路。

资料参考：此例属于进水电磁阀损坏，更换即可；进水电磁阀相关实物如图 4-37 所示。

（二）机型现象：XQB38-K321 型洗衣机电动机不运转

修前准备：此类故障应用直观检查法进行检修，检修时重点检测程序控制器。

检修要点：检修时具体检测气管、气嘴、水位控制器是否有漏气，程序控制器是否损坏。

资料参考：此例属于程序控制器损坏，更换即可。

（三）机型现象：XQB38-K321 型洗衣机波轮不换向

修前准备：此类故障应用直观检查法进行检修，检修时重点检测离合器。

检修要点：检修时具体检测离合器抱簧和脱水轴离合器之间相互配合是否太松、抱簧头是否断裂。

资料参考：此例属于抱簧头断裂，更换即可。

（四）机型现象：XQB38-K321 型洗衣机个别指示灯不亮

修前准备：此类故障应用直观检查法进行检修，检修时重点检

测发光二极管。

检修要点：检修时具体检测发光二极管是否损坏。

资料参考：此例属于发光二极管损坏，更换即可；发光二极管相关实物如图 4-38 所示。

图 4-38　发光二极管相关实物图

（五）机型现象：XQB38-K321 型洗衣机进水不止

修前准备：此类故障应用直观检查法进行检修，检修时重点检测水位开关。

检修要点：检修时具体检测水位开关触点是否正常、导气管路系统是否漏气或堵塞、水位开关与程序控制器间的连接导线是否接触不良。

资料参考：此例属于水位开关与程序控制器间的连接导线脱焊，重新焊好即可。

（六）机型现象：XQB38-K321 型洗衣机漏电

修前准备：此类故障应用直观检查法进行检修，检修时重点检测接地是否良好。

检修要点：检修时具体检测电线及接线头是否破损或老化、接地是否良好、电动机及电容器绝缘层是否破坏。

资料参考：此例属于接地不良，重新改装接地线即可。

（七）机型现象：XQB38-K321 型洗衣机洗涤时脱水桶跟转

修前准备：此类故障应用直观检查法进行检修，检修时重点检测离合器。

检修要点：检修时具体检测离合器上的圆抱簧是否损坏或断裂、制动带是否松动。

资料参考：此例属于离合器断裂，更换即可；离合器相关实物如图 4-39 所示。

（八）机型现象：XQB38-K321 型洗衣机整机指示灯不亮

修前准备：此类故障应用篦梳检查法进行检修，检修时重点检测电源电路。

检修要点：检修时具体检测熔断器是否熔断、微电脑程序控制器是否损坏、变压器是否损坏、电源开关是否失灵。

资料参考：此例属于电源变压器损坏，更换即可；电源变压器相关实物如图 4-40 所示。

图 4-39 离合器相关实物图

图 4-40 电源变压器相关实物图

（九）机型现象：XQB45-K340 型洗衣机波轮单向旋转

修前准备：此类故障应用直观检查法进行检修，检修时重点检测机械传动部分。

检修要点：检修时具体检测电脑程序控制器是否正常、双向晶闸管是否正常、电动机是否正常、离合器棘爪在洗涤状态时是否有将棘爪拨松。

资料参考：此例属于离合器在洗涤状态时没有将棘爪拨松，调整离合器上调整螺钉的角度和棘爪的位置即可。

（十）机型现象：XQB45-K340 型洗衣机不进水

修前准备：此类故障应用听诊检查法进行检修，检修时重点检测进水阀。

检修要点：检修时开启程序控制器仔细听进水阀是否有轻微的“嗡嗡”声，并检查进水阀泄压孔是否被堵。

资料参考：此例属于进水阀泄压孔被堵，穿通即可；进水阀相关实物如图 4-41 所示。

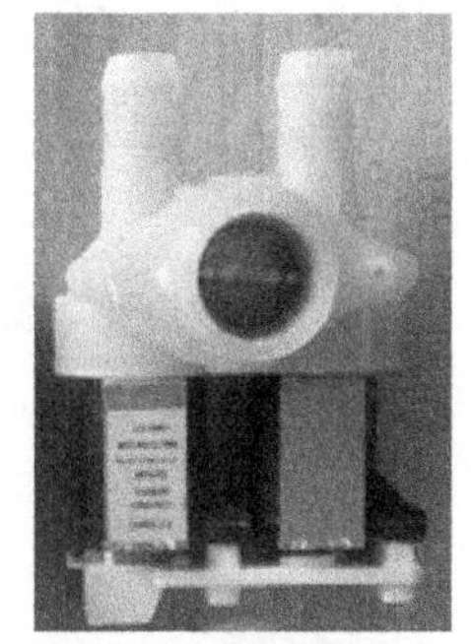

图 4-41　进水阀相关实物图

（十一）机型现象：XQB45-K340 型洗衣机进水不止

修前准备：此类故障应用直观检查法进行检修，检修时重点检测压力软管。

检修要点：检修时具体检测压力软管是否有漏气现象。

资料参考：此例属于压力软管漏气，更换即可。

（十二）机型现象：XQB45-K340 型洗衣机有异常噪声

修前准备：此类故障应用直观检查法进行检修，检修时重点检测洗衣机是否放置平稳。

检修要点：检修时具体检测洗衣机是否放置平稳、是否有安装螺钉掉落。

资料参考：此例属于洗衣机未放置平稳，调整平稳即可。

课堂九 美的洗衣机维修实训

（一）机型现象：MB55-2018FA 波轮全自动洗衣机洗涤时波轮不转

修前准备：此类故障采用观察法与检测法，重点检查电动机与电脑板。

检修要点：检修时具体检查电动机转动是否正常、电动机是否损坏、传动带是否因磨损而导致过松、启动电容器是否良好、电脑板是否有问题。

资料参考：此例为电容器失效，可更换电容器；若换一个启动电容后电动机仍不转，则洗衣机电动机烧坏。

（二）机型现象：MB60-V2011WL型脱水桶漏水

修前准备：此类故障应用直观检查法进行检修，检修时重点检测脱水密封圈是否损坏。

检修要点：检修时具体检测脱水密封圈的卡扣安装是否到位。

图 4-42　脱水密封圈相关实物图

资料参考：此例属于脱水密封圈损坏，更换即可；脱水密封圈相关实物如图 4-42 所示。

（三）机型现象：MG60-1031E变频滚筒洗衣机显示代码“E10”（进水超时）

修前准备：此类故障应用观察法进行检修，重点检查进水相关部分。

检修要点：检修时具体检查水龙头是否有问题、进水管是否被扭断、进水阀的过滤网是否被堵塞、水压是否过低、进水阀本身是否有问题。

资料参考：此例属于过滤器堵塞，清除堵塞物即可，如图4-43所示。

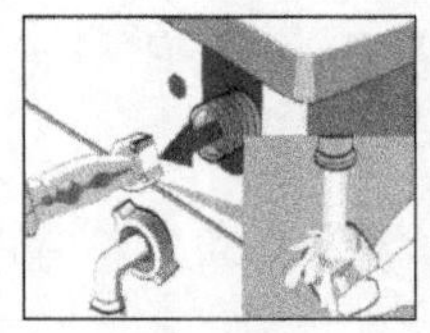

清洗洗衣机上的过滤器：
①从机器背面拧下进水管。
②用尖嘴钳拔出过滤器，清洗后装回。
③重新连接进水管。
④打开水龙头，检查确保不漏水。
⑤关闭水龙头。

图 4-43　清洗洗衣机上的过滤器

（四）机型现象：MG70-1006S滚筒全自动洗衣机刚通上电即自动断电

修前准备：此类故障应用观察法与仪表检测法进行检修，重点检查电源与电脑板。

检修要点：检修时具体检查电源插头与插座接触是否良好、电源开关是否有问题、电脑板是否有问题。

资料参考：此例属于电脑板进水或受潮，应用电吹风对电脑板进行干燥处理，若还不行则只能更换电脑板（图 4-44）。

图 4-44　电脑板

（五）机型现象：XPB50-6S型洗衣机不工作

修前准备：此类故障应用电压测量法进行检修，检修时重点检测变压器是否损坏。

检修要点：检修时具体检测电源电压是否正常、变压器是否损坏、电源插座是否异常。

资料参考：此例属于变压器损坏，更换即可；XPB50-6S型洗衣机相关电气接线如图 4-45 所示。

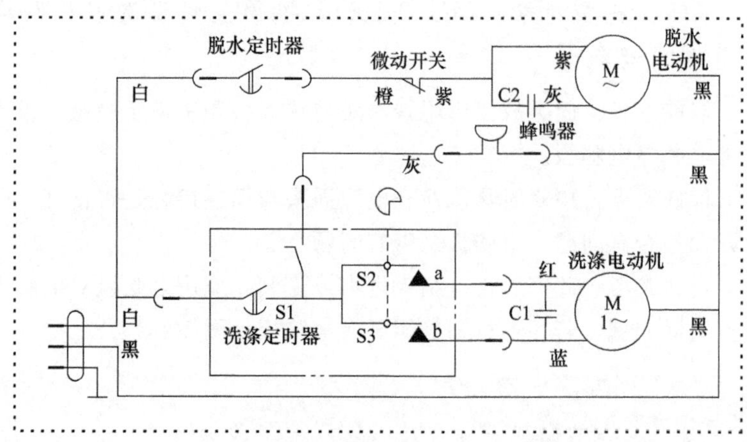

图 4-45　XPB50-6S 型洗衣机相关电气接线图

（六）机型现象：XQB20-A 型洗衣机程序混乱

修前准备：此类故障应用篦梳检查法进行检修，检修时重点检测程序控制器是否损坏。

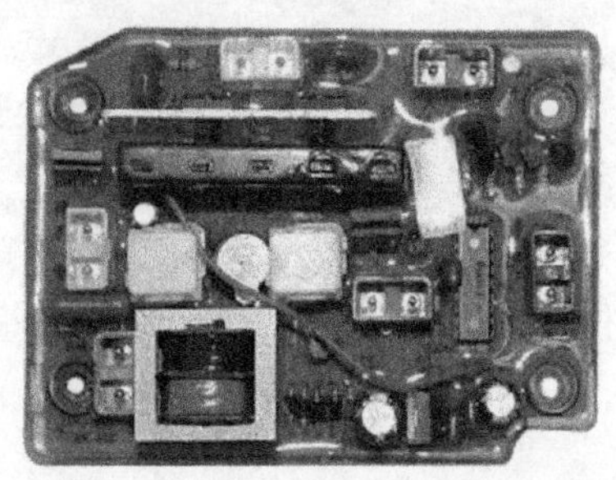

图 4-46　程控器主板相关实物图

检修要点：检修时具体检测程序控制器内部是否损坏、减速离合器的离合功能是否失灵。

资料参考：此例属于程序控制器主板损坏，更换即可；程控器主板相关实物如图 4-46 所示。

（七）机型现象：XQB40-C 型洗衣机不排水

修前准备：此类故障应用直观检查法进行检修，检修时重点检测微电动机是否损坏。

检修要点：检修时具体检测排水电磁铁是否损坏、门开关是否异常、微电动机是否工作。

资料参考：此例属于微电动机损坏，更换即可；微电动机相关实物如图 4-47 所示。

（八）机型现象：XQB40-D 型洗衣机不进水

修前准备：此类故障应用篦梳检查法进行检修，检修时重点检测进水阀是否损坏。

检修要点：检修时具体检测水压是否正常、进水管过滤网是否堵塞、水位开关及进水阀等部件是否损坏。

资料参考：此例属于进水阀损坏，更换即可；进水阀相关实物如图 4-48 所示。

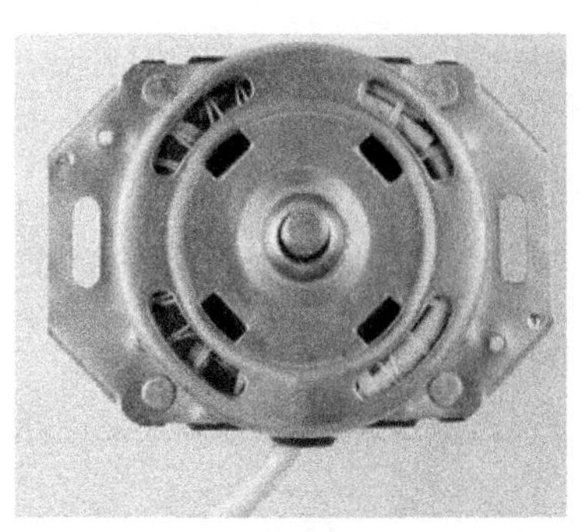

图 4-47　微电动机相关实物图

图 4-48　进水阀相关实物图

（九）机型现象：XQB40-D 型洗衣机漏电

修前准备：此类故障应用直观检查法进行检修，检修时重点检测电动机是否受潮。

检修要点：检修时具体检测接地线安装是否良好、导线接头部分密封是否不好、电动机或电容器是否漏电、电动机是否受潮。

资料参考：此例属于电动机损坏，更换即可；电动机相关接线如图 4-49 所示。

（十）机型现象：XQB40-F 型洗衣机突然停止工作

修前准备：此类故障应用电阻测量法进行检修，检修时重点检测电容器是否损坏。

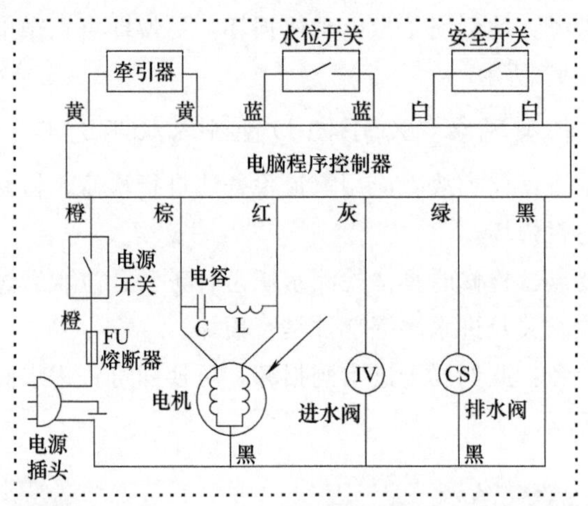

图 4-49　电动机相关接线图

检修要点：检修时用万用表电阻挡分别测量电动机的任一相与零线之间的电阻是否正常、电容器两端子之间的电阻阻值是否正常，并检查熔断器是否熔断。

资料参考：此例属于电容器损坏，更换即可；电容器相关电路如图 4-50 所示。

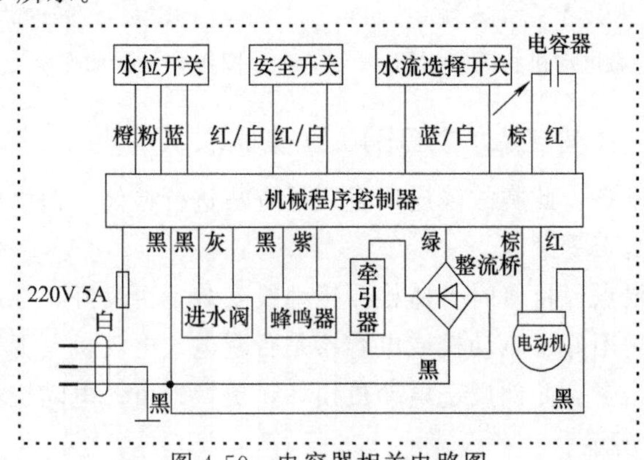

图 4-50　电容器相关电路图

（十一）机型现象：XQB45-9A 型洗衣机脱水时噪声大

修前准备：此类故障应用直观检查法进行检修，检修时重点检

测离合器是否损坏。

检修要点：检修时具体检测离心桶是否松动、离合器减速机构是否有零件损坏。

资料参考：此例属于离合器损坏，更换即可；离合器相关实物如图 4-51 所示。

图 4-51　离合器相关实物图

（十二）机型现象：XQB45-A 型洗衣机边进水边排水

修前准备：此类故障应用电压测量法进行检修，检修时重点检测水位开关是否损坏。

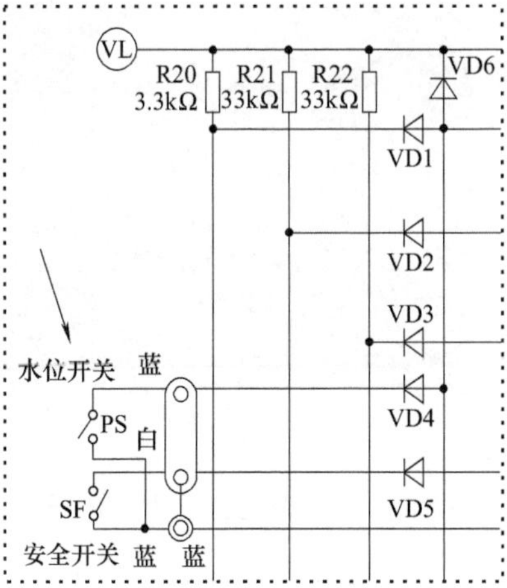

检修要点：检修时用万用表分别测量电脑程序控制器的各组输出电压是否正常、牵引器是否损坏、水位开关是否损坏、微型开关是否损坏、进水阀等执行部件是否异常。

资料参考：此例属于水位开关损坏，更换即可；水位开关相关电路如图 4-52 所示。

图 4-52　水位开关相关电路图

（十三）机型现象：XQB45-A 型洗衣机波轮启动缓慢

修前准备：此类故障应用电压测量法进行检修，检修时重点检测电动机电容是否异常。

检修要点：检修时具体检测交流电源电压是否正常、离合器是否损坏、波轮是否有故障、水位开关是否损坏、电容器容量是否变小。

资料参考：此例属于电动机电容损坏，更换即可；电动机电容相关实物如图 4-53 所示。

（十四）机型现象：XQB45-A 型洗衣机进水不止

修前准备：此类故障应用篦梳检查法进行检修，检修时重点检测进水电磁阀是否损坏。

检修要点：检修时具体检测程序控制器的进水阀电开关绝缘是否被破坏、进水阀本身是否损坏、双向晶闸管 VS6 是否异常。

资料参考：此例属于进水电磁阀损坏，更换即可；进水电磁阀相关实物如图 4-54 所示。

图 4-53 电动机电容相关实物图

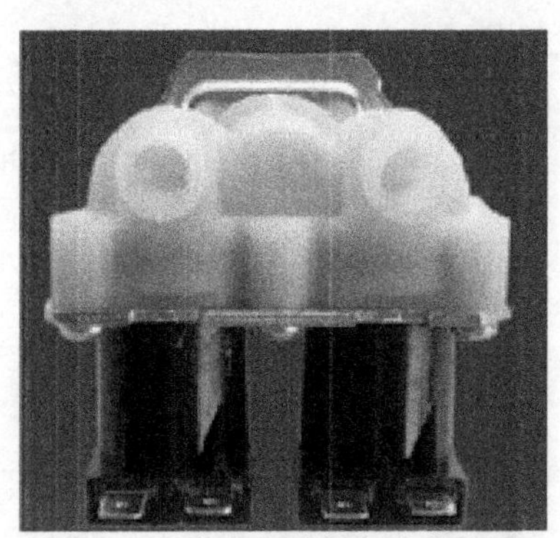

图 4-54 进水电磁阀相关实物图

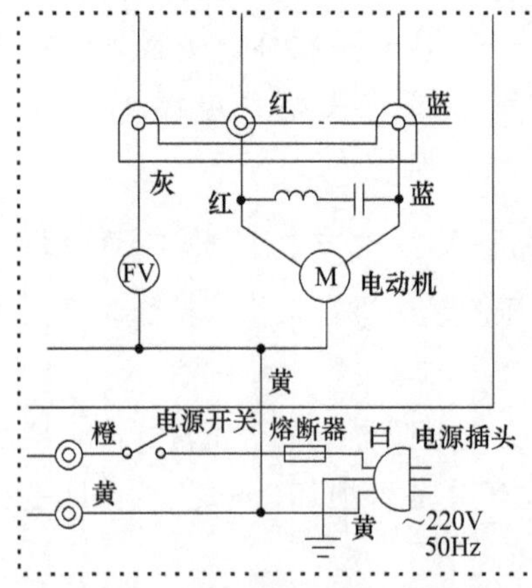

图 4-55 电源插头相关电路图

（十五）机型现象：XQB45-A 型洗衣机烧熔丝

修前准备：此类故障应用电阻测量法进行检修，检修时重点检测电源插头是否损坏。

检修要点：检修时用万用表测插头相线与零线之间的阻值是否正常。

资料参考：此例属于电源插头损坏，更换即可；电源插头相关电路如图 4-55 所示。

（十六）机型现象：XQB45-A 型小神童洗衣机波轮单向旋转

修前准备：此类故障应用篦梳检查法进行检修，检修时重点检测电容 C71 是否损坏。

检修要点：检修时具体检测洗涤电动机是否转动，离合器是否正常，VS1、VS2、C80、C81、C71 是否损坏。

资料参考：此例属于电容 C71 损坏，更换即可；C71 相关电路如图 4-56 所示。

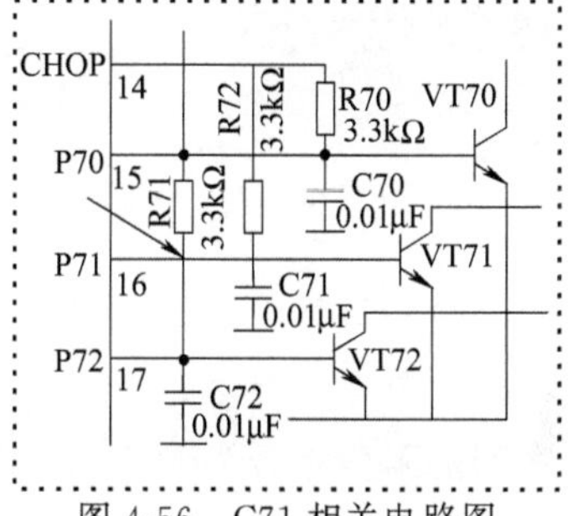

图 4-56　C71 相关电路图

（十七）机型现象：XQB45-A 型小神童洗衣机脱水桶不转

修前准备：此类故障应用篦梳检查法进行检修，检修时重点检测双向晶闸管 VS2 是否损坏。

检修要点：检修时具体检测脱水机械系统的脱水轴、脱水桶和制动机构是否异常，排水电动机是否损坏，电容器及电感线圈是否

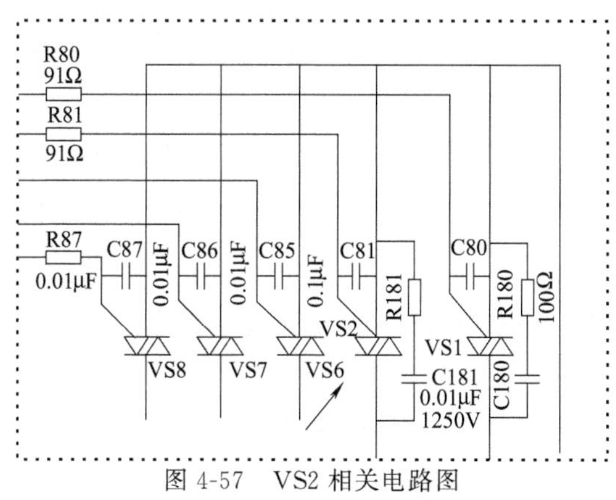

图 4-57　VS2 相关电路图

损坏，双向晶闸管 VS2 是否断路。

资料参考：此例属于双向晶闸管 VS2 损坏，更换即可；VS2 相关电路如图 4-57 所示。

图 4-58 进水阀相关实物图

（十八）机型现象：XQB45-E 型洗衣机不进水

修前准备：此类故障应用电阻测量法进行检修，检修时重点检测进水阀是否损坏。

检修要点：检修时用万用表电阻挡测量进水阀电磁线圈两接线柱之间的阻值是否为 4.5～5.5kΩ。

资料参考：此例属进水阀损坏，更换即可；进水阀相关实物如图 4-58 所示。

（十九）机型现象：XQB50-10BPT 型洗衣机不进水

修前准备：此类故障应用篦梳检查法进行检修，检修时重点检测进水阀电路。

检修要点：检修时具体检测进水阀是否损坏、用户水压是否正常。

资料参考：此例属于进水阀损坏，更换即可；进水阀相关接线如图 4-59 所示。

（二十）机型现象：XQB50-10BP 型洗衣机不进水

修前准备：此类故障应用篦梳检查法进行检修，检修时重点检测电脑板。

检修要点：检修时具体检查进水电磁阀是否损坏、自来水水压是否正常、电脑板是否损坏。

资料参考：此例属于电脑板损坏，更换即可；电脑板相关实物如图 4-60 所示。

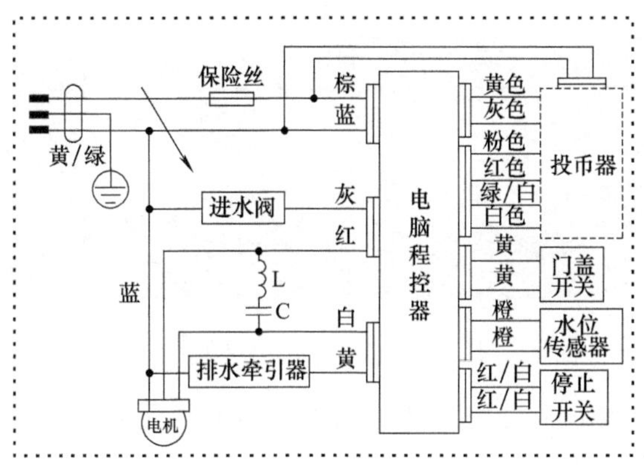

图 4-59 进水阀相关接线图

图 4-60 电脑板相关实物图

(二十一) 机型现象：XQB50-7288A 型洗衣机不能洗涤

修前准备：此类故障应用电压检测法进行检修。检修时重点检测电脑程序控制器。

检修要点：检修时具体检测电源电压是否正常、洗涤电动机是否损坏、电脑板是否控制不良。

资料参考：此例属于电脑板损坏，更换即可；电脑板相关实物如图 4-61 所示。

(二十二) 机型现象：XQB50-G0877 型洗衣机不能加热

修前准备：此类故障应用电阻检测法进行检修，检修时重点检测加热电路。

检修要点：检修时具体检测 PTC 加热器两端阻值是否正常、加热板是否损坏。

图 4-61 电脑板相关实物图

资料参考：此例属于 PTC 加热器损坏，更换即可；PTC 加热器相关接线如图 4-62 所示。

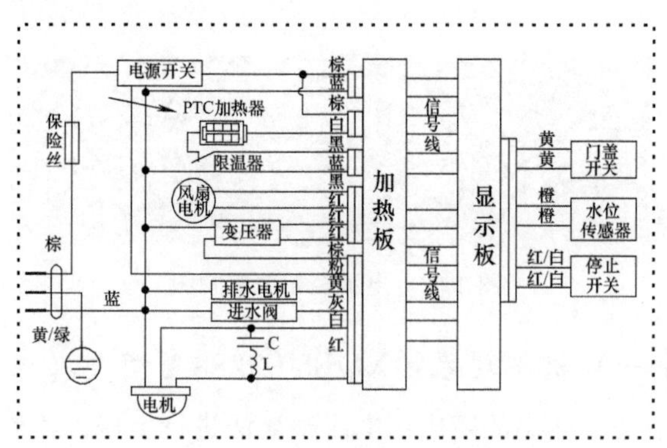

图 4-62 PTC 加热器相关接线图

（二十三）机型现象：XQB60-BZ12699 AM 波轮型全自动洗衣机不能洗涤

修前准备：此类故障应用篦梳检查法进行检修，检修时重点检测电脑程控器。

检修要点：检修时具体检测程控器是否损坏、变频驱动器是否损坏、熔丝是否烧坏。

资料参考：此例属于电脑程控器损坏，更换即可；电脑程控器相关接线如图 4-63 所示。

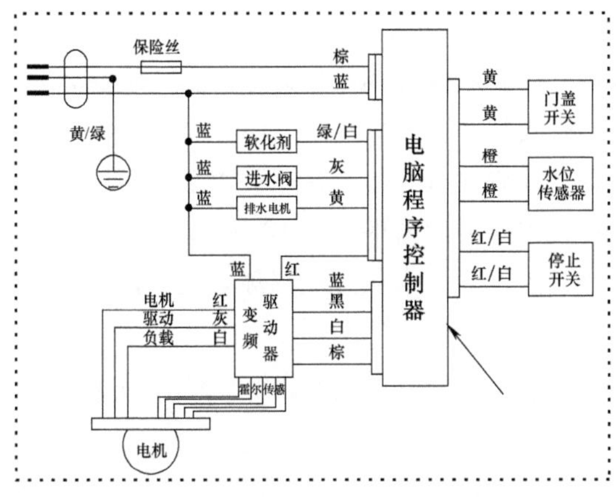

图 4-63 程控器相关电路图

（二十四）机型现象：XQBM23-10型洗衣机不工作

修前准备：此类故障应用篦梳检查法进行检修，检修时重点检测控制电路。

检修要点：检修时具体检测电动机是否损坏、熔丝是否烧坏、电源插头是否损坏。

资料参考：此例属于电动机损坏，更换即可；电动机相关接线如图4-64所示。

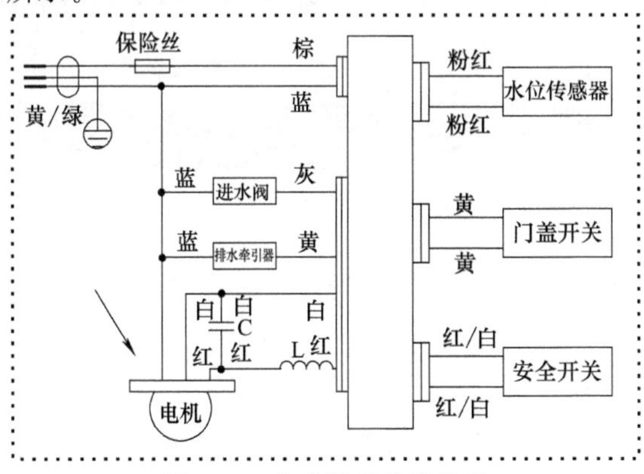

图 4-64 电动机相关接线图

（二十五）机型现象：XQBZO-A 型洗衣机不进水

修前准备：此类故障应用电压测量法进行检修，检修时重点检测水位开关是否损坏。

检修要点：检修时具体检测进水阀电磁线圈是否无电压、水位开关是否损坏、程序控制器的 S1、S5 两组触点是否异常。

资料参考：此例属于水位开关损坏，更换即可；水位开关相关实物如图 4-65 所示。

（二十六）机型现象：XQG50-1 型洗衣机进水不止

修前准备：此类故障应用直观检查法进行检修，检修时重点检测水位压力开关是否损坏。

检修要点：检修时具体检测集气阀与连接压力开关的软管是否脱落或破损、程序控制器工作是否失常、水位压力开关是否损坏。

资料参考：此例属于水位压力开关损坏，更换即可；水位开关相关实物如图 4-66 所示。

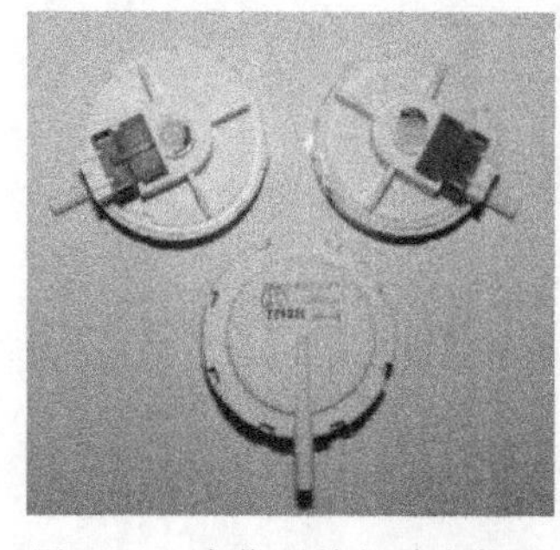

图 4-65 水位开关相关实物图

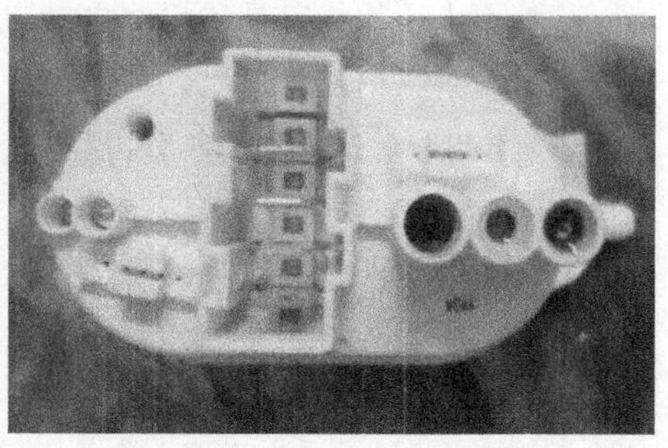

图 4-66 水位开关相关实物图

（二十七）机型现象：XQG50-2 型洗衣机不能加热洗涤

修前准备：此类故障应用直观检查法进行检修，检修时重点检测加热管是否损坏。

检修要点：检修时具体检测水位开关的常开触点是否闭合、恒温器是否损坏、加热管是否损坏、冷水洗涤键是否损坏。

资料参考：此例属于加热管损坏，更换即可。

（二十八）机型现象：XQG50-6210型滚筒洗衣机通电后指示灯不亮，洗衣机也不工作

修前准备：此类故障应用观察法与仪表检测法进行检修，重点检查电源。

检修要点：检修时具体检测电源插座是否接触良好、电源线插头部位的内部端子是否断路、滤波器及开关按键导线是否脱落或接触不良、开关按键是否损坏。

资料参考：此例故障为开关按键损坏，更换开关按键即可。

（二十九）机型现象：XQG50-6210型滚筒洗衣机通电后指示灯亮，但不进水

修前准备：此类故障应用观察法与仪表检测法进行检修，重点检查进水相关部分；用万用表测水位开关的触点（正常进水情况下，水位开关上的21-22、11-12触点应该是常闭）、测进水电磁阀的阻值（正常值应为$R=4060\Omega$，若$R=0$或$R=\infty$，则可判定为电磁阀损坏）。

检修要点：检修时具体检测机门是否有问题（如机门是否未关好、门开关的内部触点是否损坏等）、自来水的压力是否过小、电磁进水阀上的塑料过滤网是否堵塞、水位开关是否损坏、进水电磁阀是否有问题，并用万用表检测进水供电回路导线（如电磁阀、水位开关、程控器的导线）是否存在接触不良或端子脱落。

资料参考：此例故障为水位开关损坏，更换水位开关即可；水位开关如图4-67所示。

图4-67　水位开关

(三十) 机型现象：XQG50-BS型洗衣机进水不畅

修前准备：此类故障应用直观检查法进行检修，检修时重点检测电磁进水阀是否损坏。

检修要点：检修时具体检测水道是否被杂物堵塞、过滤器是否被杂物堵塞或锈蚀、动铁芯是否被卡死、水管里的水压和水流是否正常。

资料参考：此例属于水道被杂物堵塞，疏通即可。

图 4-68 双向晶闸管相关实物图

(三十一) 机型现象：XQG50-E型洗衣机进水不止

修前准备：此类故障应用电压测量法进行检修，检修时重点检测双向晶闸管是否损坏。

检修要点：检修时用万用表电压挡测量程序控制器上进水电磁阀输出端两个插座之间的电压是否为220V，并检测进水阀本身是否有故障、电脑程序控制器是否损坏、双向晶闸管是否损坏。

资料参考：此例属于双向晶闸管损坏，更换即可；双向晶闸管相关实物如图4-68所示。

(三十二) 机型现象：XQG50-F型洗衣机脱水时突然停机

修前准备：此类故障应用直观检查法进行检修，检修时重点检测洗衣机盖板是否盖好。

检修要点：检修时具体检测程序控制器是否有故障、盖板是否盖好。

资料参考：此例属于洗衣机盖板未盖好，将其盖好即可；洗衣机盖板相关实物如图4-69所示。

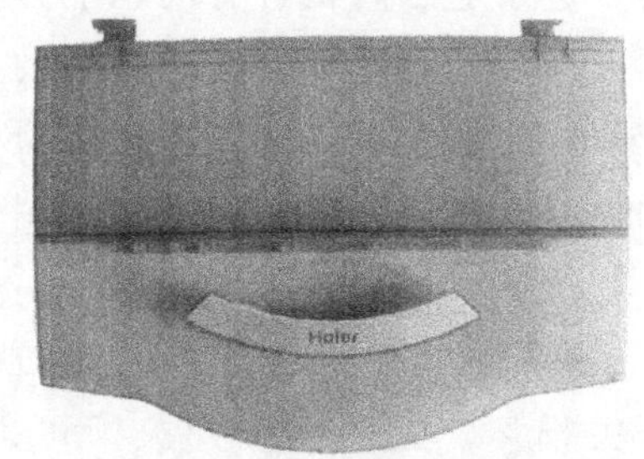

图 4-69 洗衣机盖板相关实物图

（三十三）机型现象：XQG50-G 型洗衣机不进水

修前准备：此类故障应用测量法进行检修，检修时重点检测水位压力开关是否损坏。

检修要点：检修时用万用表测量压力开关上的两个接线柱之间的电阻值是否为正常 10kΩ 以上，并检测压力开关触点是否损坏。

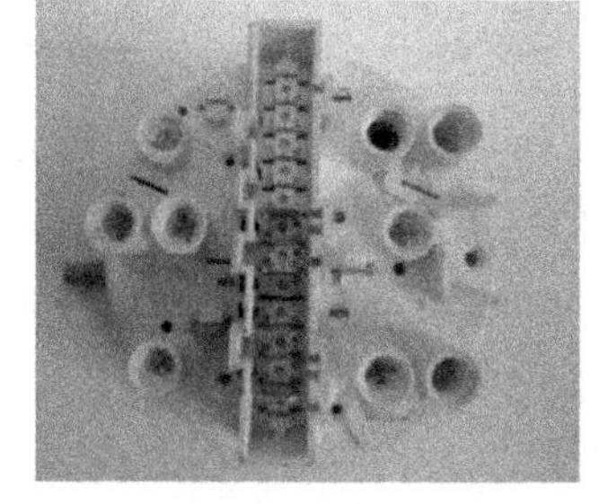

图 4-70 水位压力开关相关实物图

资料参考：此例属于水位压力开关损坏，更换即可；水位压力开关相关实物如图 4-70 所示。

（三十四）机型现象：XQG50-G 型洗衣机排水不畅

修前准备：此类故障应用直观检查法进行检修，检修时重点检测牵引器是否损坏。

检修要点：检修时检查排水管是否弯曲变形及堵塞、电磁铁线圈是否损坏、排水阀橡胶门是否变形、排水拉杆是否损坏、排水牵引器是否损坏。

资料参考：此例属于牵引器损坏，更换即可；牵引器相关实物如图 4-71 所示。

图 4-71 牵引器相关实物图

（三十五）机型现象：XQG50-H 型洗衣机进水不止

修前准备：此类故障应用测量法进行检修，检修时重点检测进水阀是否损坏。

检修要点：检修时用万用表测程序控制器的各组触点接触是否良好，并检测进水电磁阀是否损坏、水位开关是否有故障。

资料参考：此例属进水阀损坏，更换即可；进水阀相关实物如图 4-72 所示。

（三十六）机型现象：XQG50-H 型洗衣机突然停止工作

修前准备：此类故障应用测量法进行检修，检修时重点检测排水电磁铁是否损坏。

检修要点：检修时用万用表电阻挡检测电动机是否损坏、电容器是否异常、电磁铁绕组阻值是否正常。

资料参考：此例属于排水电磁铁损坏，更换即可；排水电磁铁相关实物如图 4-73 所示。

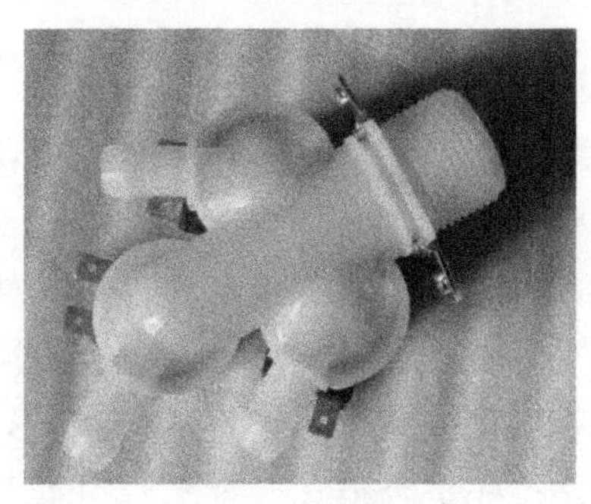

图 4-72　进水阀相关实物图

图 4-73　排水电磁铁相关实物图

（三十七）机型现象：XQG50-WN55X 型洗衣机漏电

修前准备：此类故障应用电压测量法进行检修，检修时重点检测电动机绕组。

检修要点：检修时用 500V 兆欧表测绕组对地绝缘电阻是否正常，并检测电动机绕组导线是否松动或被金属部分碰伤划破、电动机是否受潮严重、电动机本身质量是否太差。

资料参考：此例属于电动机绕组短路，更换即可。

（三十八）机型现象：XQG60-QHZ1068H 型洗衣机不工作

修前准备：此类故障应用电压检测法进行检修，检修时重点检测门开关电路。

检修要点：检修时具体检测电源电压是否正常、门锁是否损坏。

资料参考：此例属于门锁损坏，更换即可；门锁相关接线如图 4-74 所示。

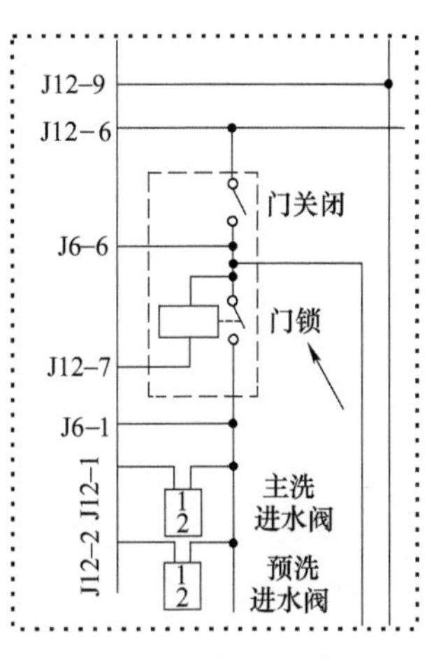

图 4-74 门锁开关相关接线图

（三十九）机型现象：XQG60-QHZ1068H 型洗衣机不能加热

修前准备：此类故障应用篦梳检查法进行检修，检修时重点检测加热电路。

检修要点：检修时具体检测加热温度传感器是否损坏、熔丝是否烧坏。

资料参考：此例属于加热温度传感器损坏，更换即可；加热温度传感器相关接线如图 4-75 所示。

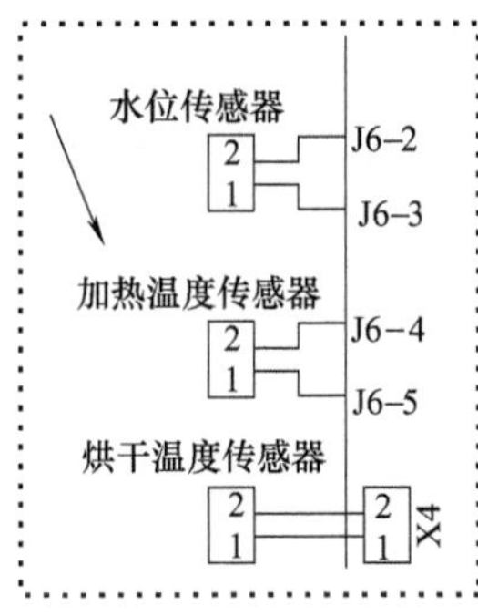

图 4-75 加热温度传感器相关接线图

（四十）机型现象：XQG80-8 型洗衣机不加热

修前准备：此类故障应用电阻测量法进行检修，检修时重点检测加热管是否损坏。

检修要点：检修时用万用表欧姆挡测量加热管的零线、相线端的电阻值是否正常。

资料参考：此例属于加热管损坏，更换即可；加热管相关结构如图 4-76 所示。

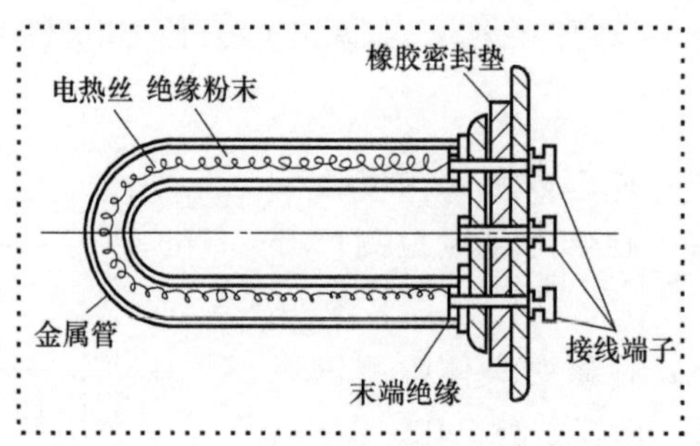

图 4-76　加热管相关结构图

（四十一）机型现象：XQS55-728 型洗衣机脱水甩干声音大

修前准备：此故障应用直观检查法进行检修，检修时重点检查洗衣机离合器是否损坏。

图 4-77　离合器相关实物图

检修要点：检修时主要检查洗衣机的放置位置是否平整、洗衣机桶内是否有掉桶的声音、离合器是否损坏。

资料参考：此例属于离合器损坏，更换即可；离合器相关实物如图 4-77 所示。

（四十二）机型现象：XQS80-878ZM 型双动力全自动洗衣机不能工作

修前准备：此类故障应用电压检测法和篦梳检查法进行检修，检修时重点检测电脑程控器电路。

检修要点：检修时具体检测电源电压是否正常、电脑程控器是否损坏、微动开关是否损坏、熔丝是否烧坏。

资料参考：此例属于电脑程控器损坏，更换即可；电脑程控器相关接线如图 4-78 所示。

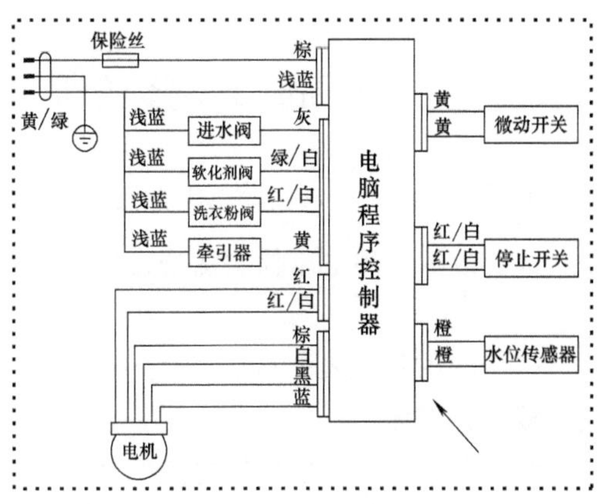

图 4-78　电脑程控器相关接线图

（四十三）机型现象：XQSB70-128 型洗衣机不能洗涤

修前准备：此类故障应用篦梳检查法进行检修，检修时重点检测电脑板控制电路。

检修要点：检修时具体检测洗涤电动机是否损坏、电脑程控器是否损坏。

资料参考：此例属于电脑程控器损坏，更换即可；电脑程控器相关接线如图 4-79 所示。

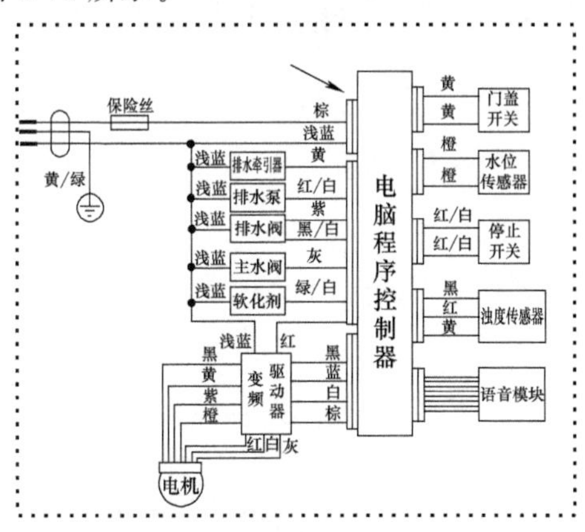

图 4-79　电脑程控器相关接线图

课堂十 美菱洗衣机故障维修实训

（一）机型现象：XQG50-1108 型洗衣机不能加热洗涤

修前准备：此类故障应用电压检测法进行检修，检修时重点检测电控板。

检修要点：检修时用万用表测量 J1-2 与 J4-2 端子间是否有电压，并检测电控板是否损坏。

资料参考：此例属于电控板损坏，更换即可。

（二）机型现象：XQG50-1108 型洗衣机不进水或显示故障代码“E2”

修前准备：此类故障应用电压检测法和自诊检查法进行检修，检修时重点检测水位开关。

图 4-80 水位开关相关实物图

检修要点：检修时用万用表测 JW1-1 或 JW1-2 与 14-1 端子间有无电压，并检测水位开关是否损坏、电控板是否损坏。

资料参考：此例属于水位开关损坏，更换即可；水位开关相关实物如图 4-80 所示。

（三）机型现象：XQG50-1108 型洗衣机不排水或显示故障代码“E3”

修前准备：此类故障应用自诊检查法和电压检测法进行检修，检修时重点检测电控板。

检修要点：检修时具体检测 JW2-1 与 JW4-2 端子间有无电压、电控板是否损坏、排水泵的直流电阻是否损坏、排水泵本身是否有故障。

资料参考：此例属于电控板损坏，更换即可。

（四）机型现象：XQG50-1108 型洗衣机电动机不工作

修前准备：此类故障应用电阻检测法进行检修，检修时重点检测电动机。

检修要点：检修时用万用表电阻挡测量 JW3-1 与 JW3-2 端子间阻值是否为正常 4.8Ω、JW3-3 与 JW3-4 端子阻值是否为正常 2.7Ω，并检测电动机是否损坏、电控板是否损坏。

资料参考：此例属于电动机损坏，更换即可；电动机相关实物如图 4-81 所示。

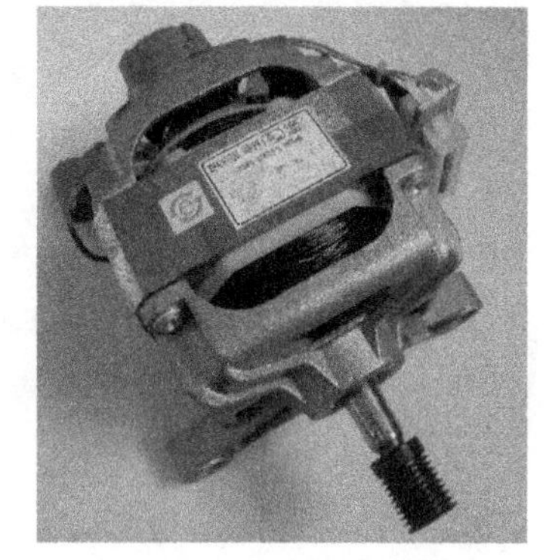

图 4-81 电动机相关实物图

（五）机型现象：XQG50-1108 型洗衣机洗涤电动机不转

修前准备：此类故障应用篦梳检查法进行检修，检修时重点检测洗涤电动机。

检修要点：检修时具体检测电动机启动电容是否损坏、电动机绕组是否烧坏。

资料参考：此例属于电动机绕组损坏，更换即可；电动机相关接线如图 4-82 所示。

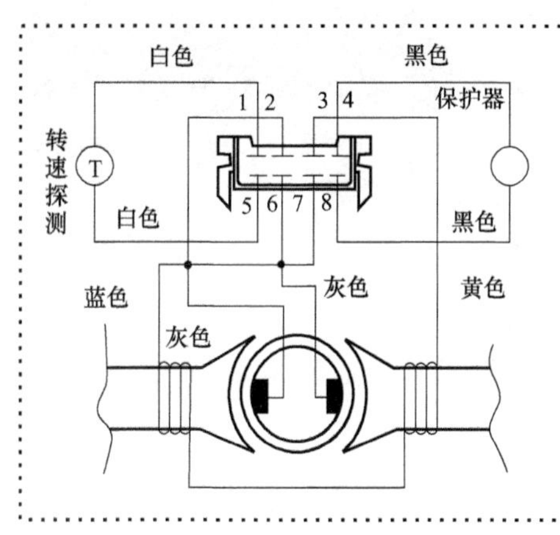

图 4-82 电动机相关接线图

（六）机型现象：XQG50-1108 型洗衣机显示故障代码“E1”

图 4-83　温度传感器相关实物图

修前准备：此类故障应用自诊检查法进行检修，检修时重点检测温度检测电路。

检修要点：检修时具体检测温度传感器是否损坏。

资料参考：此例属于温度传感器损坏，更换即可；温度传感器相关实物如图 4-83 所示。

（七）机型现象：XQG50-1108 型洗衣机显示故障代码“E4”

修前准备：此类故障应用电压检测法和自诊检查法进行检修，检修时重点检测门锁。

检修要点：检修时用万用表测继电器 J4-2 与 J1-1 之间电压是否正常、电控板是否损坏、门锁是否损坏。

资料参考：此例属于门锁损坏，更换即可；门锁开关相关实物如图 4-84 所示。

图 4-84　门锁开关相关实物图

（八）机型现象：XQG50-1108 型洗衣机显示故障代码“E5”

修前准备：此类故障应用自诊检查法进行检修，检修时重点检测水位检测电路。

检修要点：检修时具体检测水位开关是否损坏。

资料参考：此例属于水位开关损坏，更换即可；水位开关相关实物如图 4-85 所示。

图 4-85　水位开关相关实物图

（九）机型现象：XQG50-1108 型洗衣机显示故障代码“E6”

修前准备：此类故障应用自诊检查法进行检修，检修时重点检测晶闸管。

检修要点：检修时具体检测控制电动机转速的晶闸管是否击穿。

资料参考：此例属于晶闸管击穿，更换即可。

（十）机型现象：XQG50-1108 型洗衣机显示故障代码“E7”

修前准备：此类故障应用自诊检查法进行检修，检修时重点检测电动机。

检修要点：检修时具体检测电动机的接插件是否损坏或虚焊。

资料参考：此例属于电动机接插件虚焊，重新补焊后即可。

（十一）机型现象：XQG50-1108 型洗衣机显示正常，却无任何动作

修前准备：此类故障应用篦梳检查法进行检修，检修时重点检测电控板。

检修要点：检修时具体检测洗衣机的启动/暂停键是否按下、门锁是否能锁上、电控板是否损坏。

资料参考：此例属于电控板损坏，更换即可。

课堂十一 日立洗衣机故障维修实训

（一）机型现象：PAF-615 型洗衣机排水很慢

修前准备：此类故障应用篦梳检查法进行检修，检修时重点检测水位开关。

图 4-86 水位选择开关相关实物图

检修要点：检修时具体检测程序控制器触点是否接触不良、电磁阀是否损坏、安全开关是否损坏、水位选择开关是否损坏。

资料参考：此例属于水位选择开关损坏，更换即可；水位选择开关相关实物如图 4-86 所示。

（二）机型现象：PAF-720 型洗衣机波轮单向旋转

修前准备：此类故障应用篦梳检查法进行检修，检修时重点检测电动机控制电路。

检修要点：检修时具体检测双向晶闸管 VS2 是否损坏、触发电路中的晶体管是否损坏。

资料参考：此例属于 VS2 损坏，更换即可。

（三）机型现象：PAF-720 型洗衣机不洗涤

修前准备：此类故障应用电压检测法进行检修，检修时重点检测程序控制器。

检修要点：检修时测量交流电源电压是否为正常 220V、程序控制器输出端电压是否正常、程序选择开关是否损坏、电磁铁整流二极管输出端熔丝是否熔断。

资料参考：此例属于程序选择开关损坏，更换即可；程序选择开关相关电路如图 4-87 所示。

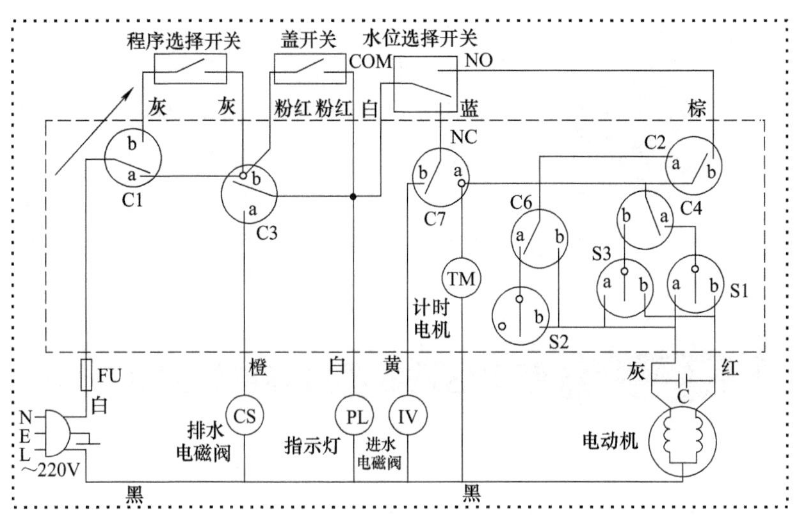

图 4-87　程序选择开关相关电路图

（四）机型现象：PAF-820 型洗衣机不工作

修前准备：此类故障应用篦梳检查法进行检修，检修时重点检测电气电路。

检修要点：检修时具体检测电源线及电源开关是否异常、水位选择开关是否损坏、程序选择开关是否损坏、洗涤状态开关是否损坏、进水阀及离合器是否有故障。

资料参考：此例属于离合器损坏，更换即可；离合器相关实物如图 4-88 所示。

图 4-88　离合器相关实物图

图 4-89 脱水电动机相关实物图

（五）机型现象：PS-62 型洗衣机脱水不干

修前准备：此类故障应用篦梳检查法进行检修，检修时重点检测脱水系统。

检修要点：检修时具体检测脱水电动机是否损坏、脱水电动机启动电容是否损坏。

资料参考：此例属于脱水电动机损坏，更换即可；脱水电动机相关实物如图 4-89 所示。

课堂十二 荣事达洗衣机故障维修实训

（一）机型现象：XPB30-121S 型洗衣机不能脱水

修前准备：此类故障应用电阻检测法进行检修，检修时重点检测启动电容。

检修要点：检修时具体检测电动机副绕组是否开路、电动机副绕组阻值是否正常、电动机启动电容是否损坏。

资料参考：此例属于电动机启动电容损坏，更换即可；电动机启动电容相关实物如图 4-90 所示。

图 4-90 电动机启动电容相关实物图

（二）机型现象：XPB30-121S 型洗衣机脱水桶旋转不停

修前准备：此类故障应用直观检查法进行检修，检修时重点检测制动机构。

检修要点：检修时具体检测脱水电动机制动臂上的弹簧是否脱落。

资料参考：此例属于制动臂上的弹簧脱落，重新套牢弹簧即可。

（三）机型现象：XPB30-121S型洗衣机洗衣不干净

修前准备：此类故障应用直观检查法进行检修，检修时重点检测机械部分。

检修要点：检修时具体检测电动机轴套是否松动、传动带是否松弛、电动机绕组是否漏电。

资料参考：此例属于电动机传动带松动，更换即可。

（四）机型现象：XPB50-18S型洗衣机，脱水时脱水桶转动很慢

修前准备：此类故障应用电压检测法进行检修，检修时重点检测联轴器。

检修要点：检修时具体测量AC220V电压是否正常、联轴器螺钉是否松动、脱水电动机启动电容器是否损坏。

资料参考：此例属于联轴器螺钉松动，拧紧即可。

（五）机型现象：XPB50-18S型洗衣机波轮单向旋转

修前准备：此类故障应用直观检查法进行检修，检修时重点检测洗涤器。

检修要点：检修时卸下旋钮并打开机盖检查洗涤定时器是否异常。

资料参考：此例属于洗涤定时器损坏，更换即可。

（六）机型现象：XPB50-18S型洗衣机脱水电动机不转

修前准备：此类故障应用电阻检测法进行检修，检修时重点检测脱水电动机。

检修要点：检修时具体检测线路是否断线、启动电容是否损

坏、脱水电动机是否匝间短路、电动机主绕组引出端与公共端之间阻值是否正常。

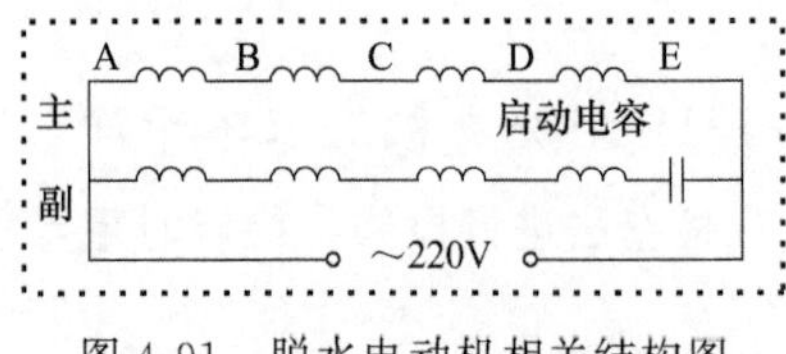

图 4-91 脱水电动机相关结构图

资料参考：此例属于脱水电动机绕组短路，更换即可；脱水电动机相关结构如图 4-91 所示。

（七）机型现象：XPB50-18S 型洗衣机脱水桶不转

修前准备：此类故障应用直观检查法进行检修，检修时重点检测电动机。

检修要点：检修时具体检测电动机是否损坏、控制线路是否断线、脱水桶是否被卡住或机械传动受阻。

资料参考：此例属于电动机损坏，更换即可。

（八）机型现象：XQB45-950G 型洗衣机电源开关跳闸

修前准备：此类故障应用直观检查法进行检修，检修时重点检测波轮。

检修要点：检修时拆开后盖检查波轮是否松弛、电容是否爆裂、绕组线是否接反或接错。

资料参考：此例属于波轮松弛，拧紧即可；波轮相关实物如图 4-92 所示。

图 4-92 波轮相关实物图

（九）机型现象：XQB45-950G 型洗衣机自动洗涤时，发出报警声，无法排水

修前准备：此类故障应用篦梳检查法进行检修，检修时重点检测排水系统。

检修要点：检修时具体检测排水电动机是否良好、排水电源信号是否正常输出。

资料参考：此例属于排水电动机损坏，更换即可；排水电动机相关实物如图 4-93 所示。

图 4-93　排水电动机相关实物图

（十）机型现象：XQB50-158 型全自动洗衣机启动无力

修前准备：此类故障应用直观检查法进行检修，检修时重点检测电动机。

检修要点：检修时具体检测电动机轴传送带是否松弛、驱动轮是否异常、电动机启动电容是否异常。

资料参考：此例属于电动机轴传送带松弛，更换即可。

（十一）机型现象：XQB52-988C 型洗衣机显示故障代码“E2”

修前准备：此类故障应用自诊检查法进行检修，检修时重点检测安全开关。

检修要点：检修时具体检测安全开关内部触点是否氧化严重。

资料参考：此例属于安全开关触点氧化，更换即可；安全开关相关实物如图 4-94 所示。

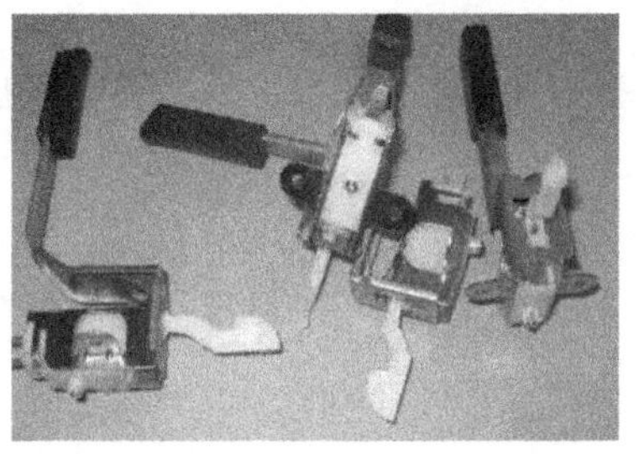

图 4-94　安全开关相关实物图

（十二）机型现象：XQB60-727G 型洗衣机不启动

修前准备：此类故障应用电压检测法进行检修，检修时重点检测电子程控器。

检修要点：检修时具体检测电源电压是否正常、电子程控器是否损坏。

资料参考：此例属于电子程控器损坏，更换即可；电子程控器相关接线如图 4-95 所示。

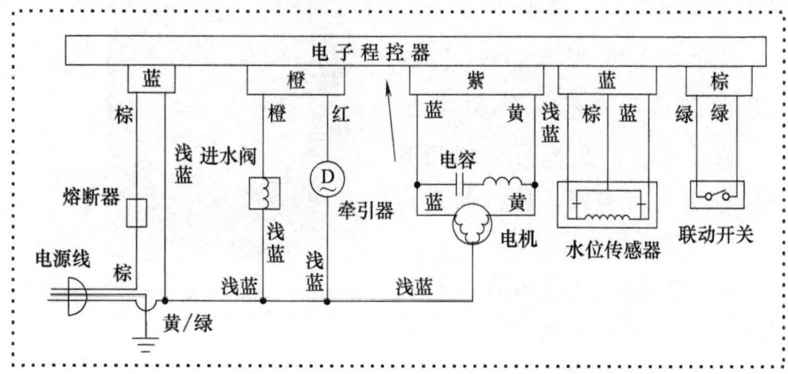

图 4-95 电子程控器相关接线图

（十三）机型现象：XQB60-B830DS 型洗衣机出现故障代码“E9”“E10”

修前准备：此类故障应用自诊检查法进行检修，检修时重点检测热保护检测电阻 R346。

检修要点：检修时具体检测室外气温是否很高、防水覆盖凝胶是否老化、电阻 R346 是否老化。

资料参考：此例属于电阻 R346 老化，更换即可。

课堂十三 三星洗衣机故障维修实训

（一）机型现象：WF-R1053A 型洗衣机不进水

修前准备：此类故障应用篦梳检查法进行检修，检修时重点检测进水控制电路。

检修要点：检修时具体检测进水阀是否损坏、水位传感器是否损坏。

资料参考：此例属于进水阀损坏，更换即可；进水阀相关接线如图 4-96 所示。

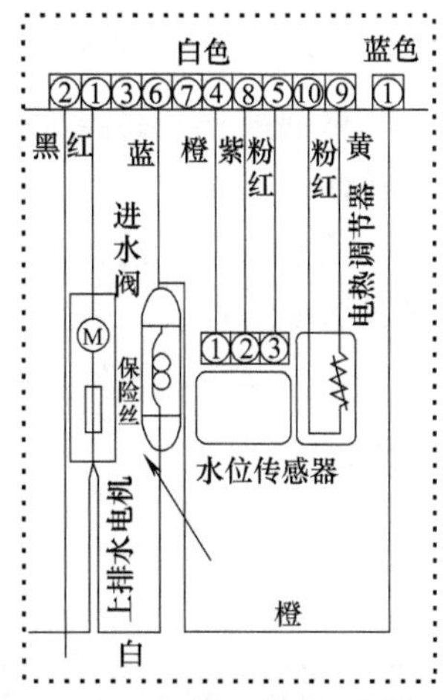

图 4-96 进水阀相关接线图

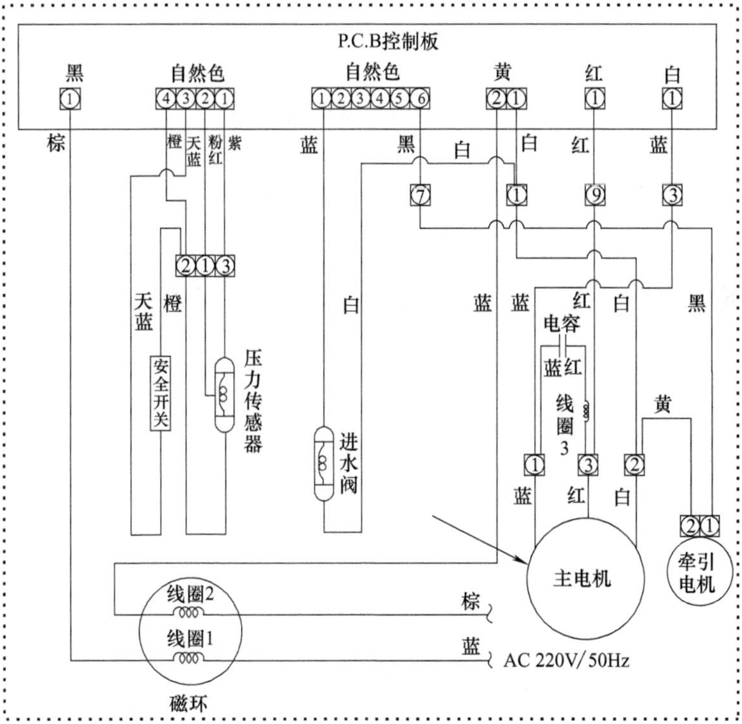

（二）机型现象：XQB60-C85Y型全自动洗衣机不能洗涤

修前准备：此类故障应用篦梳检查法进行检修，检修时重点检测电脑板控制电路。

检修要点：检修时具体检测主电动机是否损坏、电动机启动电容是否损坏。

资料参考：此例属于电动机损坏，更换即可；电动机相关接线如图 4-97 所示。

图 4-97 主电动机相关电路图

（三）机型现象：XQB70-N99I 型洗衣机不工作

修前准备：此类故障应用电压检测法进行检修，检修时重点检测控制电路。

检修要点：检修时具体检测电源电压是否为正常 220V、电动机是否能工作。

资料参考：此例属于电动机损坏，更换即可；电动机相关接线如图 4-98 所示。

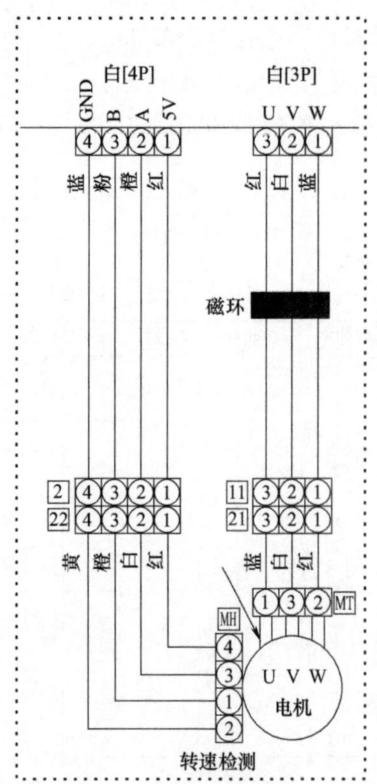

图 4-98　电动机相关接线图

（四）机型现象：XQB70-N99I 型洗衣机不排水

修前准备：此类故障应用电压检测法进行检修，检修时重点检

测牵引电动机。

检修要点：检修时具体检测牵引电动机上的电压是否正常、排水管是否堵塞。

资料参考：此例属于牵引电动机损坏，更换即可；牵引电动机相关接线如图 4-99 所示。

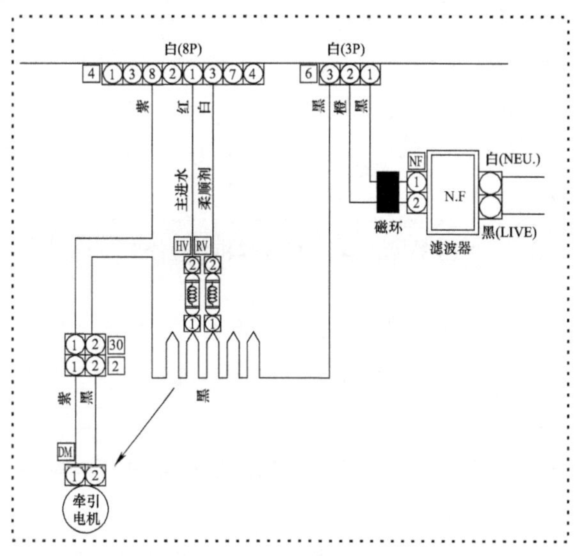

图 4-99　牵引电动机相关接线图

课堂十四 三洋洗衣机故障维修实训

（一）机型现象：XQB45-448 型洗衣机接通电源后不能洗涤

修前准备：此类故障应用篦梳检查法进行检修，检修时重点检测洗涤电动机电路。

检修要点：检修时具体检测洗涤电动机是否损坏、安全开关是否损坏、电动机电容是否损坏。

资料参考：此例属于电动机电容损坏，更换即可；电动机电容相关接线如图 4-100 所示。

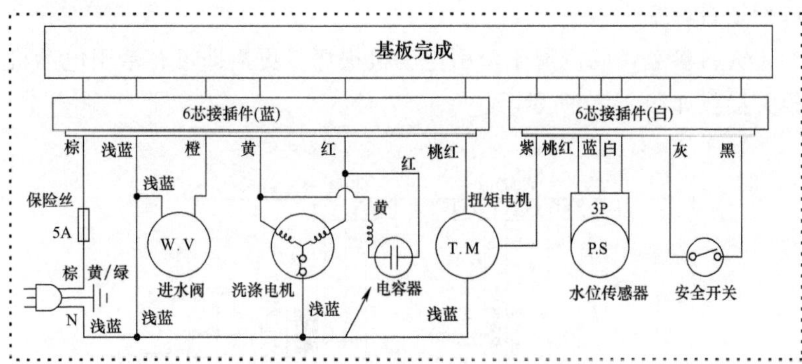

图 4-100 电动机电容相关接线图

（二）机型现象：XQB50-1076 型洗衣机不工作

修前准备：此类故障应用篦梳检查法进行检修，检修时重点检测盖开关电路。

检修要点：检修时具体检测进水阀是否损坏、盖开关是否损坏、桶开关是否损坏。

资料参考：此例属于盖开关损坏，更换即可；盖开关相关接线如图 4-101 所示。

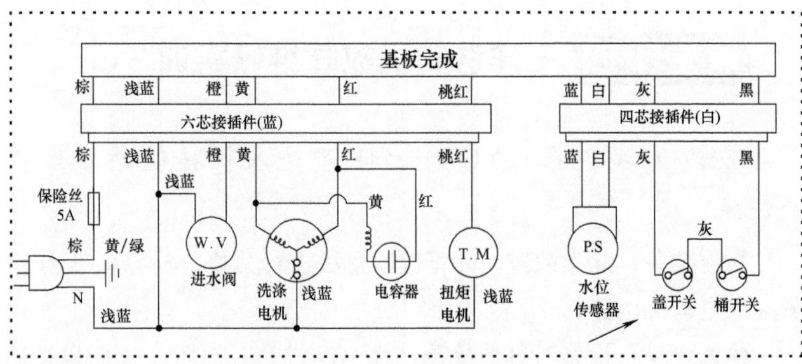

图 4-101 盖开关相关接线图

（三）机型现象：XQB55-118 型洗衣机不工作

修前准备：此类故障应用电压检测法进行检修，检修时重点检测电脑板驱动电路。

检修要点：检修时具体检测微处理器 IC1 的各脚的工作电压是否正常、双向晶闸管 TRC1～TRC4 是否正常、IC5 及 R140 是否损坏。

资料参考：此例属于 IC5 损坏，更换即可；IC5 相关电路如图 4-102 所示。

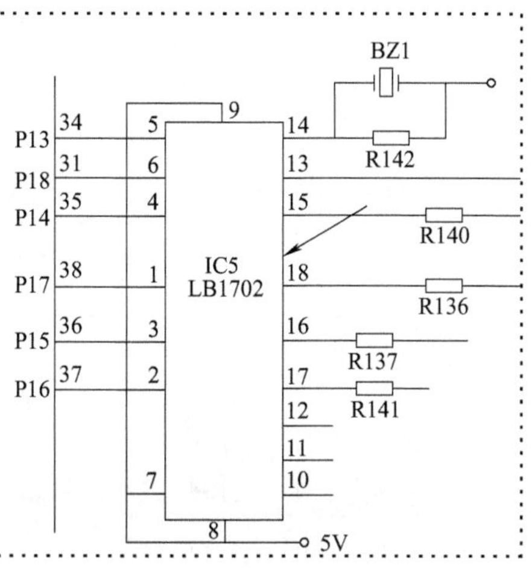

图 4-102 IC5 相关电路图

（四）机型现象：XQB55-118 型洗衣机注水失控

修前准备：此类故障应篦梳检查法进行检修，检修时重点检测水位控制电路。

检修要点：检修时具体检测水位传感器是否损坏、IC3 及外围元件是否损坏、C106 是否击穿。

资料参考：此例属于 C106 损坏，更换即可；C106 相关电路如图 4-103 所示。

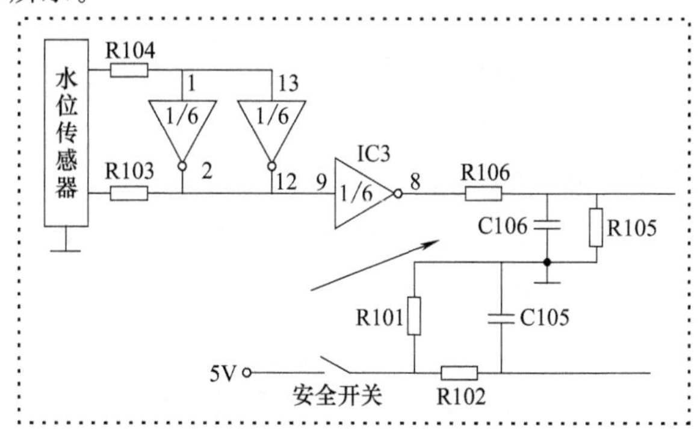

图 4-103 C106 相关电路图

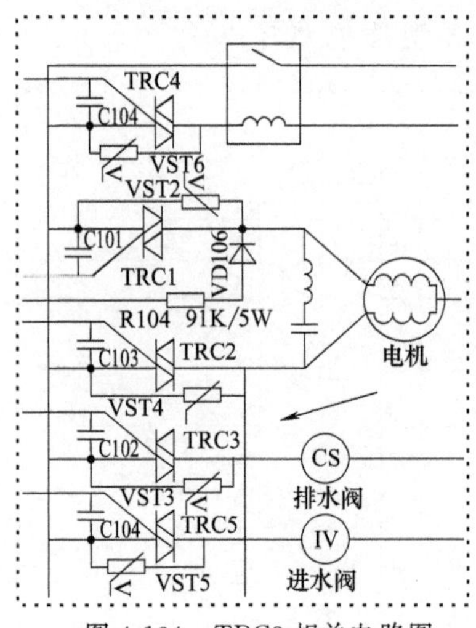

图 4-104 TRC3 相关电路图

（五）机型现象：XQB60-88 型全自动洗衣机不能排水

修前准备：此类故障应用篦梳检查法进行检修，检修时重点检测排水控制电路。

检修要点：检修时具体检测排水阀是否损坏、TRC3 是否损坏。

资料参考：此例属于 TRC3 损坏，更换即可；TRC3 相关电路如图 4-104 所示。

（六）机型现象：XQB60-88 型全自动洗衣机进水不止

修前准备：此类故障应用篦梳检查法进行检修，检修时具体检测水位控制电路。

检修要点：检修时具体检测水位传感器是否损坏、IC2 是否损坏。

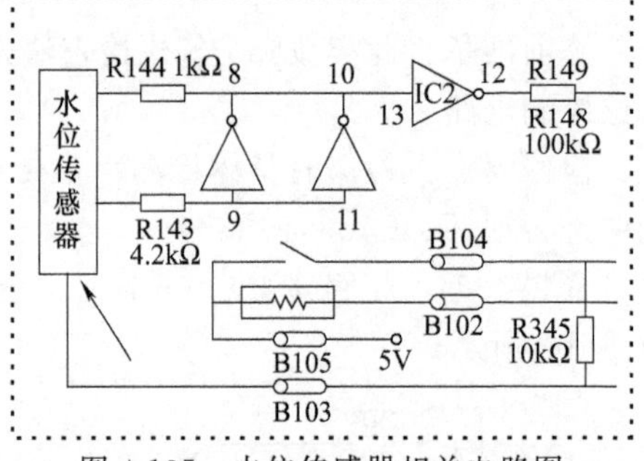

图 4-105 水位传感器相关电路图

资料参考：此例属于水位传感器损坏，更换即可；水位传感器相关电路如图 4-105 所示。

（七）机型现象：XQB60-88 型全自动洗衣机脱水桶不转动

修前准备：此类故障应用电压检测法进行检修，检修时重点检测电源电路。

检修要点：检修时具体检测电源电压是否正常、变压器 T1 是否损坏、FU 是否烧断、电源插头是否损坏。

资料参考：此例属于变压器 T1 损坏，更换即可；T1 相关电路如图 4-106 所示。

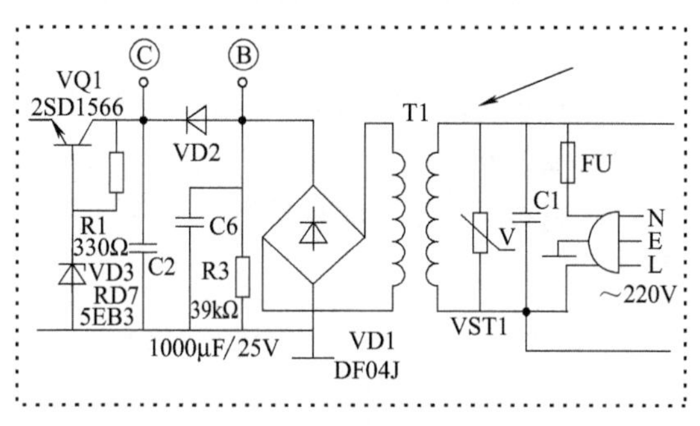

图 4-106　T1 相关电路图

（八）机型现象：XQB60-88 型洗衣机通电后不工作

修前准备：此类故障应用篦梳检查法进行检修，检修时重点检测电脑板。

检修要点：检修时具体检测进水阀是否损坏、晶体管 VQ102～VQ106 是否损坏、VQ108～VQ111 是否损坏、微处理器 IC1（LC6408A）是否损坏。

资料参考：此例属于 VQ108 损坏，更换即可；VQ108 相关电路如图 4-107 所示。

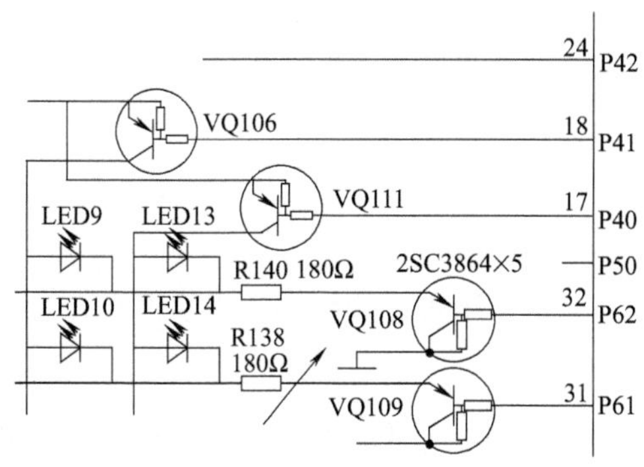

图 4-107　VQ108 相关电路图

（九）机型现象：XQB60-B830S 型洗衣机发出异常声音

修前准备：此类故障应用篦梳检查法进行检修，检修时重点检测控制电路。

检修要点：检修时具体检测扭矩电动机是否损坏、脱水桶内是否有异物、制动块是否放置不当。

资料参考：此例属于扭矩电动机损坏，更换即可；扭矩电动机相关接线如图 4-108 所示。

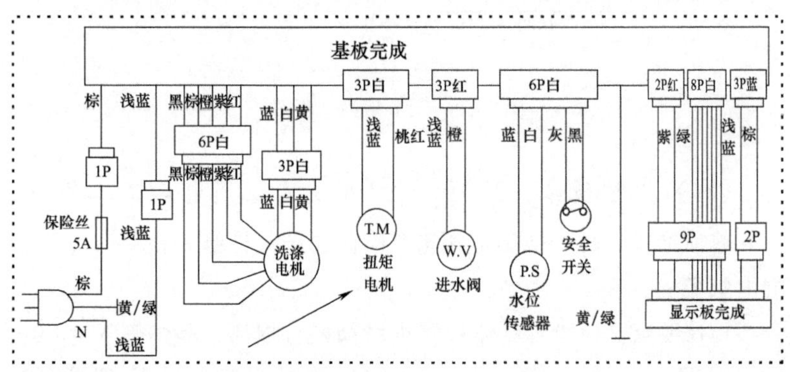

图 4-108　扭矩电动机相关接线图

（十）机型现象：XQB70-388 型洗衣机不能工作

修前准备：此类故障应用篦梳检查法进行检修，检修时重点检测进水阀电路。

检修要点：检修时具体检测安全开关是否损坏、门锁开关是否损坏、电动机是否损坏、电动机启动电容是否损坏、进水阀是否损坏。

资料参考：此例属于进水阀损坏，更换即可；进水阀相关接线如图 4-109 所示。

（十一）机型现象：XQB70-388 型洗衣机脱水桶不转

修前准备：此类故障应用篦梳检查法进行检修，检修时重点检

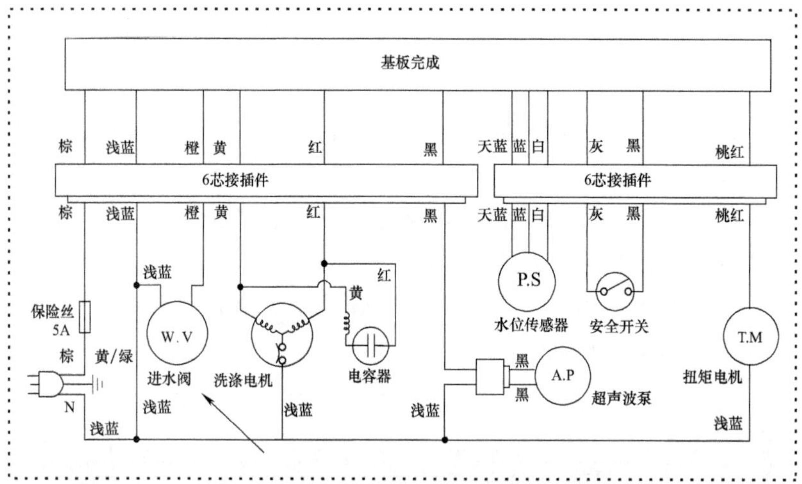

图 4-109 进水阀相关接线图

测扭矩电动机电路。

检修要点：检修时具体检测安全开关是否损坏、扭矩电动机是否损坏、电磁铁是否异常。

资料参考：此例属于扭矩电动机损坏，更换即可；扭矩电动机相关接线如图 4-110 所示。

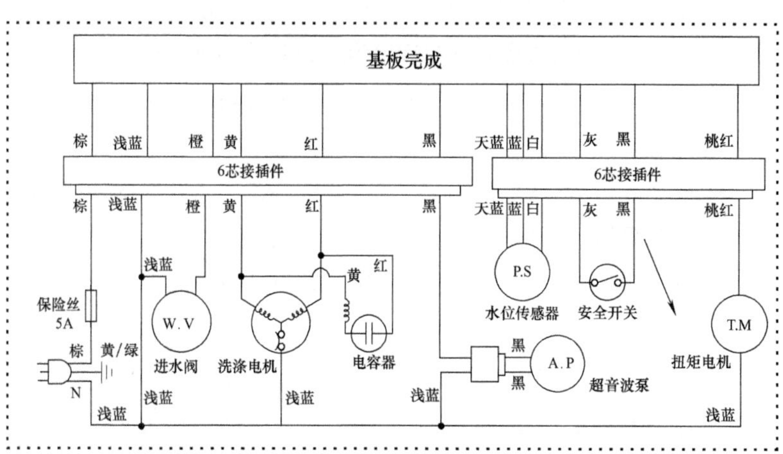

图 4-110 扭矩电动机相关接线图

（十二）机型现象：XQB75-B1177S 型洗衣机脱水桶不转

修前准备：此类故障应用篦梳检查法进行检修，检修时重点检测扭矩电动机电路。

检修要点：检修时具体检测桶安全开关是否损坏、盖安全开关是否损坏、扭矩电动机是否损坏。

资料参考：此例属于扭矩电动机损坏，更换即可；扭矩电动机相关接线如图 4-111 所示。

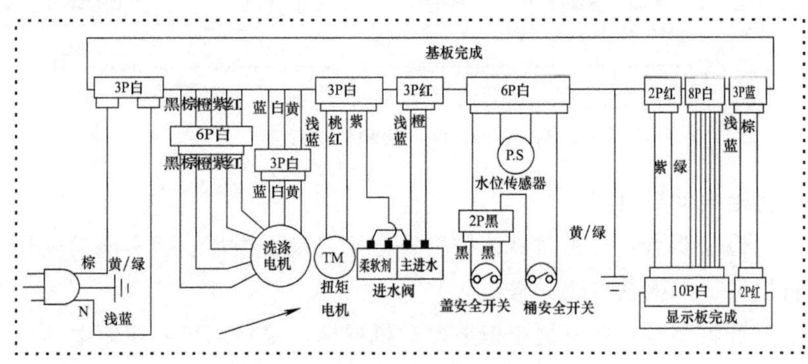

图 4-111　扭矩电动机相关接线图

（十三）机型现象：XQB80-8SA 型洗衣机不进水

修前准备：此类故障应用电压检测法进行检修，检修时重点检测进水阀电路。

检修要点：检修时具体检测电源电压是否正常、电源开关是否损坏、进水阀是否损坏。

资料参考：此例属于进水阀损坏，更换即可；进水阀相关接线如图 4-112 所示。

（十四）机型现象：XQG60-L832BCX 变频滚筒全自动洗衣机振动过大

修前准备：此类故障采用观察法检查，重点检查减振器。

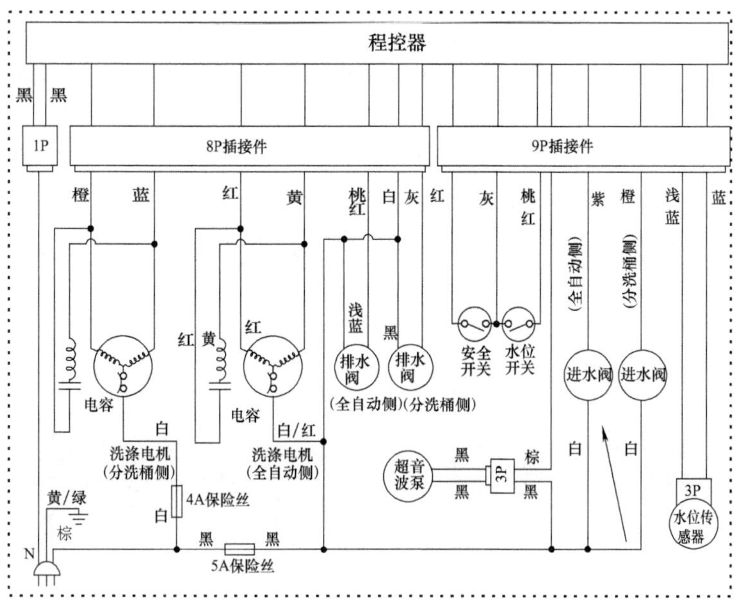

图 4-112 进水阀相关电路图

检修要点：检修时具体检测后板上的四颗固定螺栓是否全部拆下、洗衣机的电动机泡沫支撑块是否取出、减振器是否有问题、洗衣机的底角是否调平、洗涤的衣物分布是否均匀。

资料参考：此例属于减振器（如图 4-113）插销口变细导致插销移位，可用平口螺钉旋具撬开销口，将插销重新插入即可。

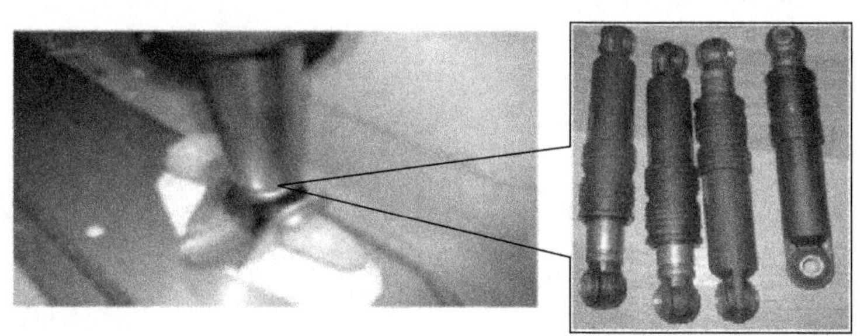

图 4-113 减振器

（十五）机型现象：XQG80-518HD型洗衣机不能工作

修前准备：此类故障应用篦梳检查法进行检修，检修时具体检测电源电路。

检修要点：检修时具体检测风扇电动机是否损坏、电源电路变压器是否损坏、工作选择键是否损坏。

资料参考：此例属于变压器损坏，更换即可；变压器相关接线如图4-114所示。

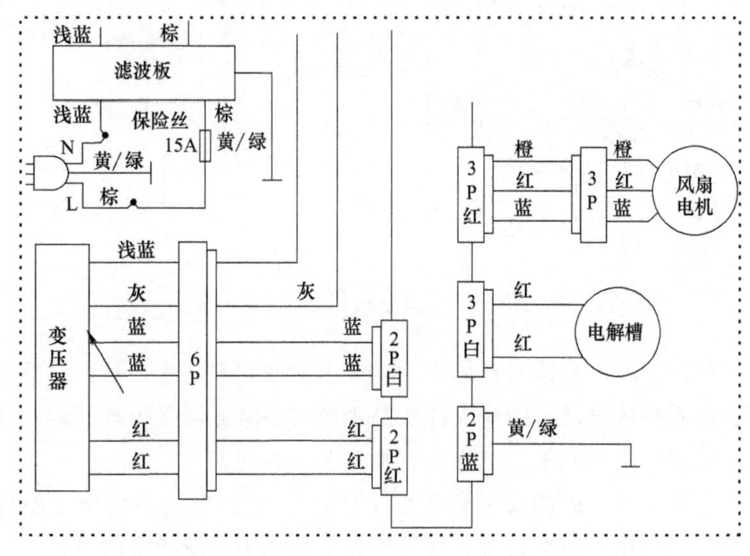

图4-114　变压器相关电路图

（十六）机型现象：XQG80-518HD型洗衣机不能排水

修前准备：此类故障应用篦梳检查法进行检修，检修时重点检测排水控制电路。

检修要点：检修时具体检测电源开关是否损坏、排水阀是否损坏、主控制板是否损坏。

资料参考：此例属于排水阀损坏，更换即可；排水阀相关接线如图 4-115 所示。

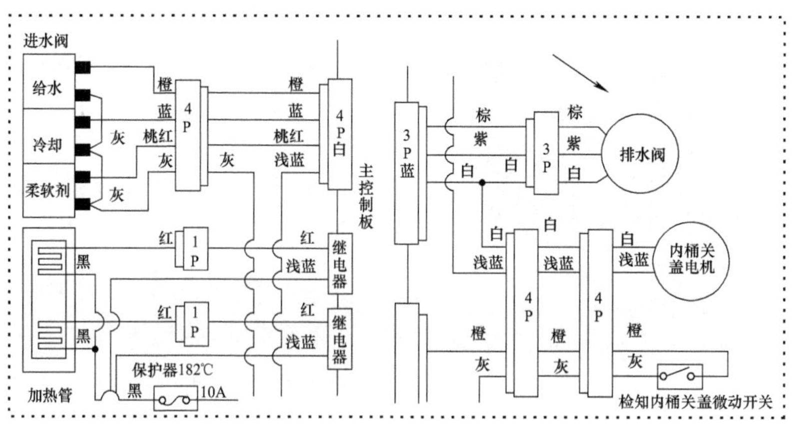

图 4-115 排水阀相关电路图

课堂十五 水仙洗衣机故障维修实训

（一）机型现象：ES-3C2A 型洗衣机蜂鸣器不响

修前准备：此类故障应用篦梳检查法进行检修，检修时重点检测蜂鸣器和蜂鸣器控制电路。

检修要点：检修时具体检测 VT2 是否损坏、蜂鸣器 H 是否损坏、电阻 R12 和 R11 是否完好。

资料参考：此例属于电阻 R11 损坏，更换即可；R11 相关电路如图 4-116 所示。

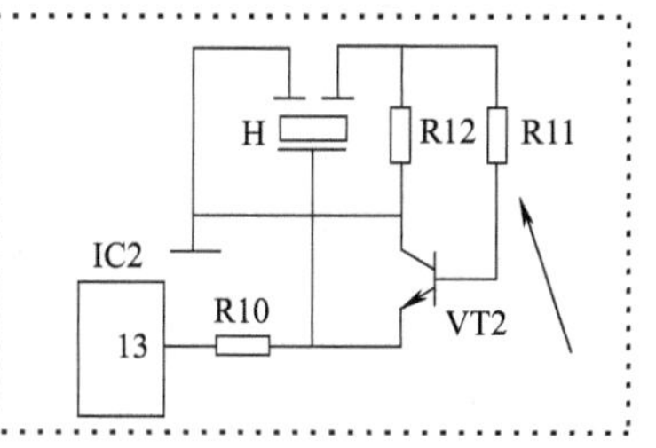

图 4-116 R11 相关电路图

（二）机型现象：XPB20-3S 型洗衣机波轮单向旋转

修前准备：此类故障应用篦梳检查法进行检修，检修时重点检测定时器。

图 4-117　定时器相关实物图

检修要点：检修时具体检测电动机是否损坏、电容是否损坏、定时器触点是否发黑。

资料参考：此例属于定时器损坏，更换即可；定时器相关实物如图 4-117 所示。

（三）机型现象：XPB20-3S 型洗衣机脱水桶不转

修前准备：此类故障应用电阻检测法进行检修，检修时重点检测脱水电动机。

检修要点：检修时用万用表测运行绕组和启动绕组电阻值是否正常，并检测脱水电动机是否损坏。

资料参考：此例属于脱水电动机损坏，更换即可；脱水电动机相关电路如图 4-118 所示。

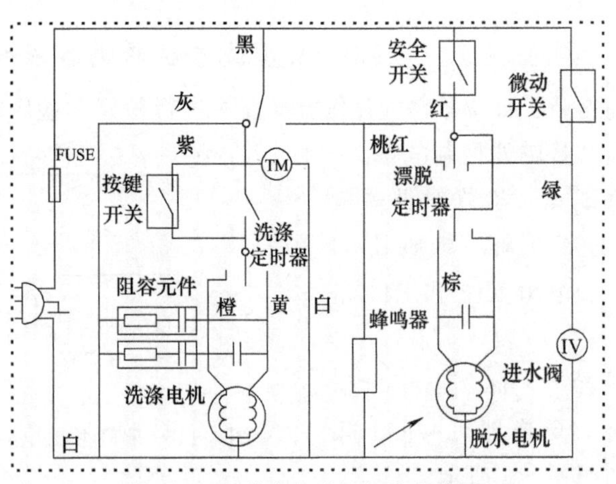

图 4-118　脱水电动机相关电路图

（四）机型现象：XPB25-402S 型洗衣机脱水时有噪声

修前准备：此类故障应用篦梳检查法进行检修，检修时重点检测机械部分。

检修要点：检修时具体检测脱水轴是否严重磨损、脱水桶法兰盘是否破裂或紧固螺钉是否松动、脱水桶平衡圈是否破裂或漏液。

资料参考：此例属于平衡圈损坏，更换即可。

（五）机型现象：XPB25-801S 型洗衣机不排水

修前准备：此类故障应用篦梳检查法进行检修，检修时重点检测电气部分和机械部分。

检修要点：检修时具体检测电源连接线路是否正常、排水泵是否损坏、排水转轴是否损坏、排水管是否有异物堵塞。

资料参考：此例属于排水泵损坏，更换即可；排水泵相关实物如图 4-119 所示。

图 4-119　排水泵相关实物图

（六）机型现象：XPB25-801S 型洗衣机脱水桶不能停止转动

修前准备：此类故障应用篦梳检查法进行检修，检修时重点检测脱水微动开关。

检修要点：检修时具体检测脱水微动开关是否失灵、制动片是否磨损或脱落。

资料参考：此例属于脱水微动开关失灵，更换即可。

（七）机型现象：XPB78-5718SD 型洗衣机不洗涤

修前准备：此类故障应用篦梳检查法进行检修，检修时重点检

测洗涤电路。

检修要点：检修时具体检测洗涤电动机是否损坏、洗涤定时器是否损坏、洗涤选择开关是否损坏。

资料参考：此例属于洗涤定时器损坏，更换即可；洗涤定时器相关接线如图 4-120 所示。

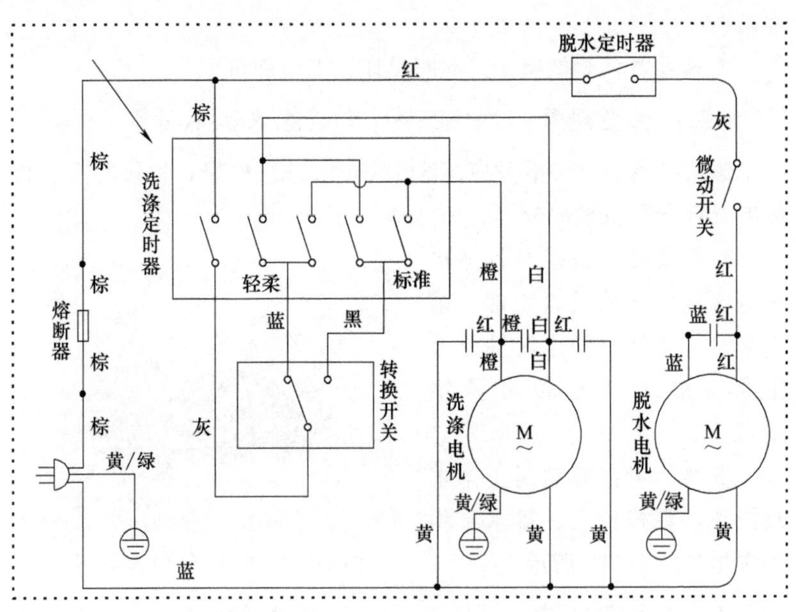

图 4-120 洗涤定时器相关接线图

（八）机型现象：XPB80-6108SD 型洗衣机不能脱水

修前准备：此类故障应用篦梳检查法进行检修，检修时重点检测脱水电路。

检修要点：检修时具体检测脱水电动机是否损坏、脱水定时器是否损坏。

资料参考：此例属于脱水电动机损坏，更换即可；脱水电动机相关接线如图 4-121 所示。

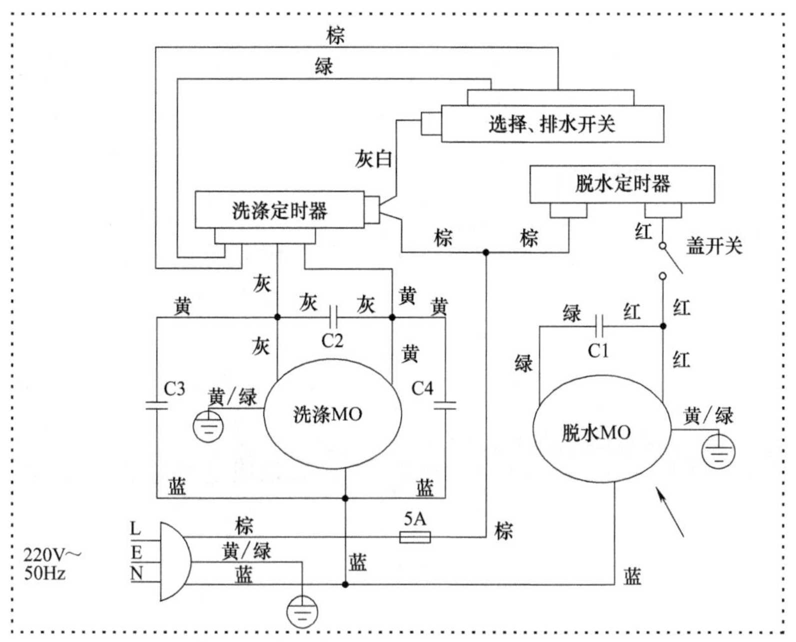

图 4-121　脱水电动机相关接线图

（九）机型现象：XQ30-111 型洗衣机洗衣桶单向旋转

修前准备：此类故障应用篦梳检查法进行检修，检修时重点检测电脑芯片控制电路。

检修要点：检修时具体检测控制电动机反转的元件是否损坏、晶体管 T3 是否损坏、双向晶闸管 TR4 是否损坏。

资料参考：此例属于双向晶闸管 TR4 击穿，更换即可。

（十）机型现象：XQB30-11 型洗衣机按钮失灵

修前准备：此类故障应用篦梳检查法进行检修，检修时重点检测复位电路。

检修要点：检修时具体检测单片机 IC3 内部是否有故障、电容 C3 是否损坏。

资料参考：此例属于电容 C3 损坏，更换即可；C3 相关电路如

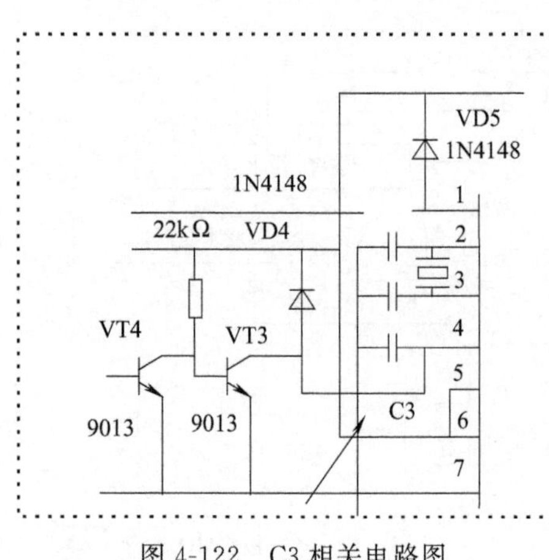

图 4-122　C3 相关电路图

图 4-122 所示。

（十一）机型现象：XQB30-11 型洗衣机按钮失灵

修前准备：此类故障应用电压检测法进行检修，检修时重点检测集成电路。

检修要点：检修时具体测量 IC3 的第㊳脚电压是否为正常 4.8V、SW1 和 SW3 是否损坏。

资料参考：此例属于集成电路 IC3（8048-P）损坏，更换即可。

（十二）机型现象：XQB30-11 型洗衣机波轮不能正转

修前准备：此类故障应用电压检测法进行检修，检修时重点检测控制系统和驱动电路系统。

检修要点：检修时用万用表电压挡测量微处理器 IC3 的第⑬脚电压是否正常、驱动器 IC2 的第⑭脚电压是否正常，并检测双向晶闸管 TR2 是否损坏、电容 C2、C4 是否异常。

资料参考：此例属于双向晶闸管 TR2 损坏，更换即可。

（十三）机型现象：XQB30-11 型洗衣机波轮单向旋转

修前准备：此类故障应用电压检测法进行检测，检修时重点检测控制电路系统和驱动电路系统。

检修要点：检修时用万用表测 IC3 单片机的第⑫脚电压是否正常，并检测晶体管 T3 是否损坏、双向晶闸管 TR4 是否损坏。

资料参考：此例属于双向晶闸管 TR4 损坏，更换即可；TR4 相关电路如图 4-123 所示。

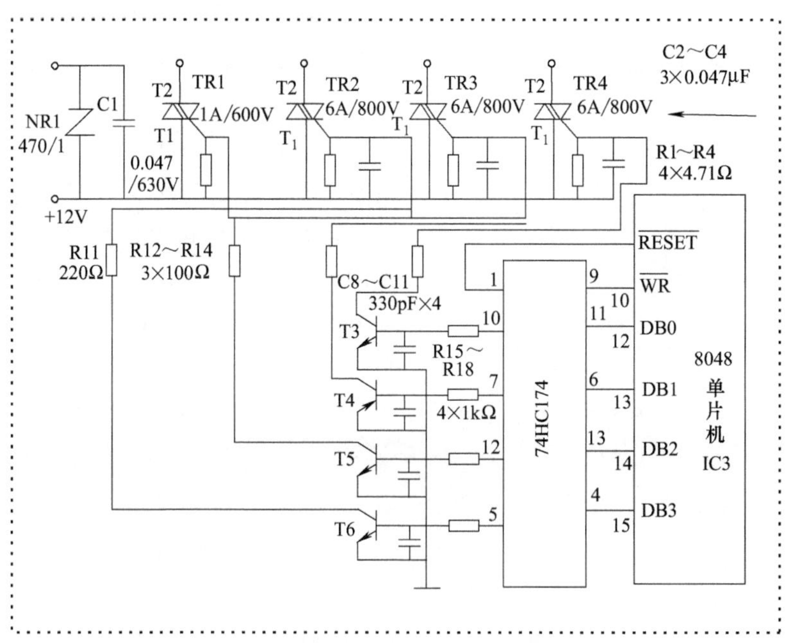

图 4-123　TR4 相关电路图

（十四）机型现象：XQB30-11 型洗衣机不工作

修前准备：此类故障应用电阻检测法进行检修，检修时重点检测压敏电阻。

检修要点：检修时具体检测洗衣机交流 220V 进线处正、反向电阻是否正常，进水阀及排水阀是否损坏，洗涤电动机的 4 只双向晶闸管 TR1～TR4 是否异常，压敏电阻 NR1 是否损坏。

资料参考：此例属于压敏电阻 NR1 击穿短路，更换即可；NR1 相关电路如图 4-124 所示。

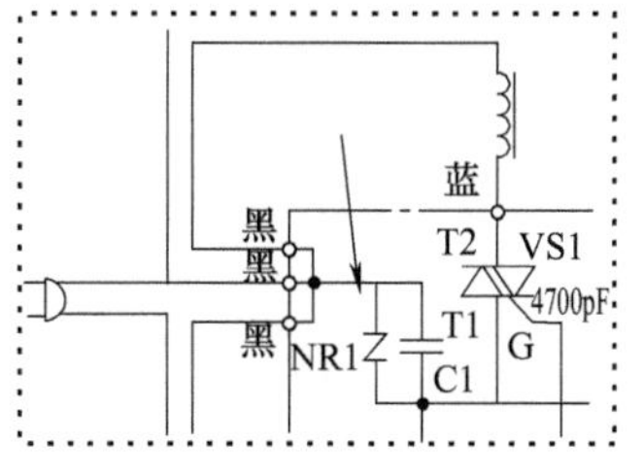

图 4-124　NR1 相关电路图

（十五）机型现象：XQB30-11 型洗衣机不进水

修前准备：此类故障应用电压检测法和电阻检测法进行检修，检修时重点检测电脑板。

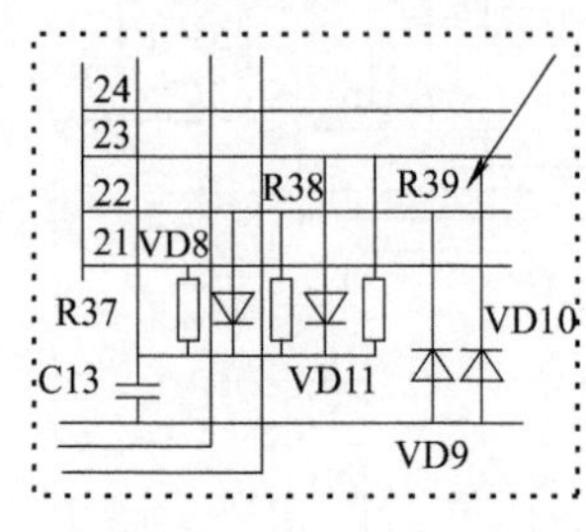

图 4-125　R39 相关电路图

检修要点：检修时用万用表 $R\times10\Omega$ 挡测量水位压力开关常开触点电阻值是否正常，并检测单片机 IC3 第㉓脚直流电压是否为正常 4.9V、R39 两端电阻值是否正常 2.5kΩ。

资料参考：此例属于电阻 R39 异常，更换即可；R39 相关电路如图 4-125所示。

（十六）机型现象：XQB30-11 型洗衣机不排水

修前准备：此类故障应用电压检测法进行检修，检修时重点检测反相驱动器 IC2 相关电路。

检修要点：检修时检测 IC2 第⑮脚电压是否为正常 0.8V、双向晶闸管 TR2 是否损坏、电容 C7 是否损坏。

资料参考：此例属于电容 C7 短路，更换即可。

（十七）机型现象：XQB30-11 型洗衣机不脱水

修前准备：此类故障应用电压检测法进行检修，检修时重点检测电脑板。

检修要点：检修时用万用表 10V 直流电压挡测量单片机 IC3（8048-P）的第㉓脚电压是否为正常 4.9V，并检测水位开关是否扣坏。

资料参考：此例属于集成电路 IC3（8048-P）异常，更换即可。

（十八）机型现象：XQB30-11 型洗衣机程序失控

修前准备：此类故障应用电压检测法进行检修，检修时重点检测单片机。

检修要点：检修时用万用表直流 10V 电压挡测量单片机 IC3 的第㉓脚电压是否正常。

资料参考：此例属于单片机 IC3 损坏，更换即可；IC3 相关电路如图 4-126 所示。

（十九）机型现象：XQB30-11 型洗衣机蜂鸣器不响

修前准备：此类故障应用篦梳检查法进行检修，检修时重点检测蜂鸣器电路。

检修要点：检修时具体检测限流电阻 R17 是否损坏、反相器 IC2（MC1413P）是否损坏、蜂鸣器本身是否损坏。

资料参考：此例属于限流电阻 R17 损坏，更换即可；R17 相关电路如图 4-127 所示。

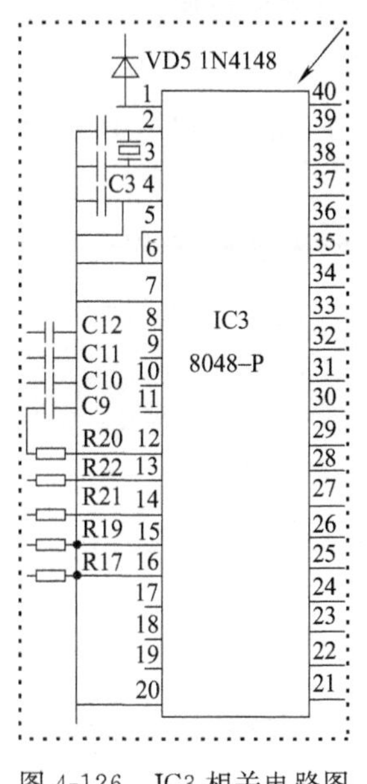

图 4-126　IC3 相关电路图

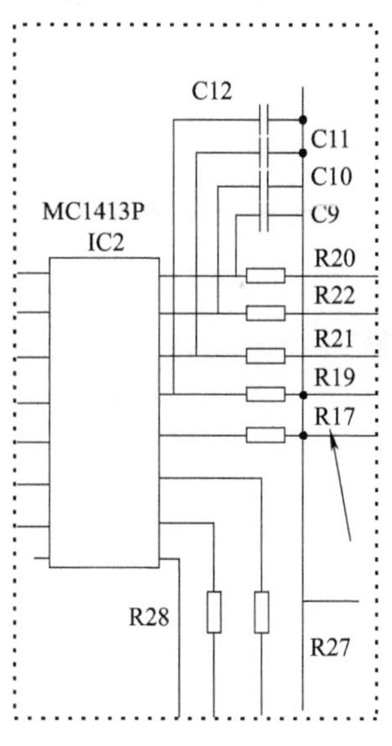

图 4-127　R17 相关电路图

（二十）机型现象：XQB30-11 型洗衣机蜂鸣器短暂报警

修前准备：此类故障应用电压检测法进行检修，检修时重点检

测微处理器电路。

检修要点：检修时用万用表直流 10V 挡测量微处理器 IC3 的第⑭脚电压是否为正常 3.5V 左右，并检测双向晶闸管 TR2 是否异常、排水电磁阀是否损坏。

资料参考：此例属于排水电磁阀损坏，更换即可。

（二十一）机型现象：XQB30-11 型洗衣机工作程序紊乱

修前准备：此类故障应用篦梳检查法进行检修，检修时重点检测时基电路。

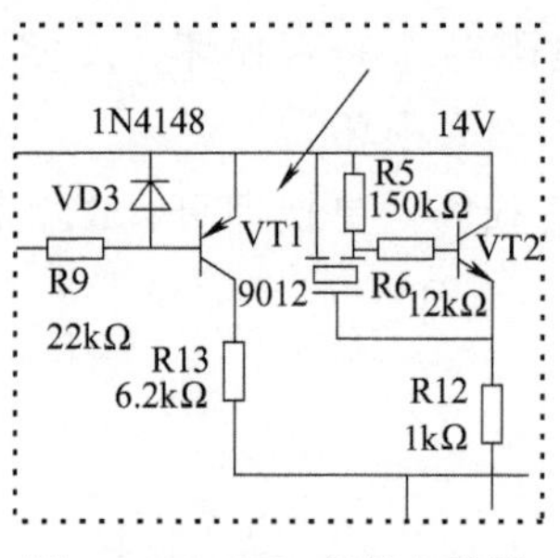

图 4-128　VT1 相关电路图

检修要点：检修时具体检测二极管 VD3 是否损坏，VT1 是否损坏，电阻 R13、R18 是否损坏。

资料参考：此例属于 VT1 损坏，更换即可；VT1 相关电路如图 4-128 所示。

（二十二）机型现象：XQB30-11 型洗衣机工作失常

修前准备：此类故障应用电压检测法进行检修，检修时重点检测复位电路。

检修要点：检修时检测晶体管 T4 的集电极电压是否为正常 0.62V。

资料参考：此例属于晶体管 T4 损坏，更换即可。

（二十三）机型现象：XQB30-11 型洗衣机开机即烧熔丝

修前准备：此类故障应用电阻检测法进行检修，检修时重点检测电路系统。

检修要点：检修时用万用表 $R\times1k\Omega$ 挡测二极管 VD1、VD2 的正、反向阻值是否正常，并检测滤波电容 C15 是否损坏。

资料参考：此例属于电容 C15 异常，更换即可。

（二十四）机型现象：XQB30-11 型洗衣机脱水桶不转

修前准备：此类故障应用电阻检测法进行检修，检修时重点检测定时器。

检修要点：检修时具体检测电动机绕组阻值是否正常、电动机启动电容是否良好、定时器是否损坏。

资料参考：此例属于定时器损坏，更换即可。

（二十五）机型现象：XQB30-11 型洗衣机洗涤定时器失灵

修前准备：此类故障应用直观检查法进行检修，检修时重点检测定时器。

检修要点：检修时具体检测定时器触片是否断裂、定时器电动机是否损坏。

资料参考：此例属于定时器触片断裂，更换即可。

（二十六）机型现象：XQB30-11 型洗衣机洗涤失常

修前准备：此类故障应用电压检测法进行检修，检修时重点检测集成电路。

检修要点：检修时用万用表测集成电路 IC2 的第⑫脚电压是否为正常 1V、微处理器 IC3 第㉘脚电压是否为正常 1.3V，并检测晶体管 T2 是否正常，电阻 R12、R13 是否损坏。

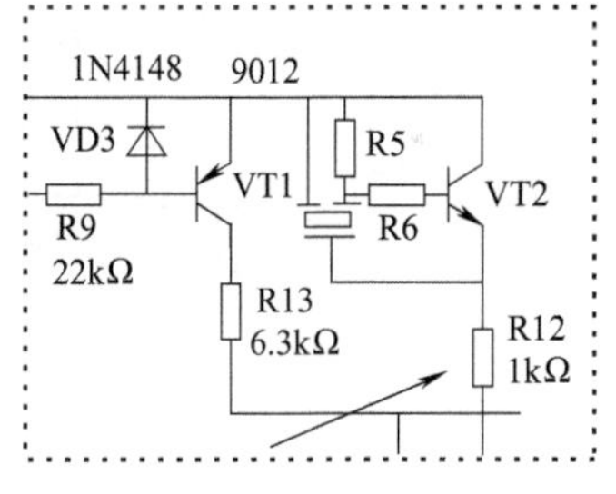

图 4-129 R12、R13 相关电路图

资料参考：此例属于 R12、R13 损坏，更换即可；R12、R13 相关电路如图 4-129 所示。

（二十七）机型现象：XQB30-11 型洗衣机洗涤指示灯不亮

修前准备：此类故障应用电阻检测法进行检修，检修时重点检测发光二极管。

检修要点：检修时用万用表 $R\times10k\Omega$ 挡测 LED6 的电阻值是否正常，并检测单片机 IC3 内部电路是否损坏。

资料参考：此例属于发光二极管 LED6 损坏，更换即可。

（二十八）机型现象：XQB30-11 型洗衣机指示灯不亮

修前准备：此类故障应用电压检测法进行检修，检修时重点检测电源电路。

检修要点：检修时用万用表测变压器二次输出电压是否正常、电解电容 C15 两端的直流电压是否为正常 14V、稳压集成电路 IC1（7805）第②脚的对地电压是否为正常 5V。

资料参考：此例属于 IC1 损坏，更换即可；IC1 相关电路如图 4-130 所示。

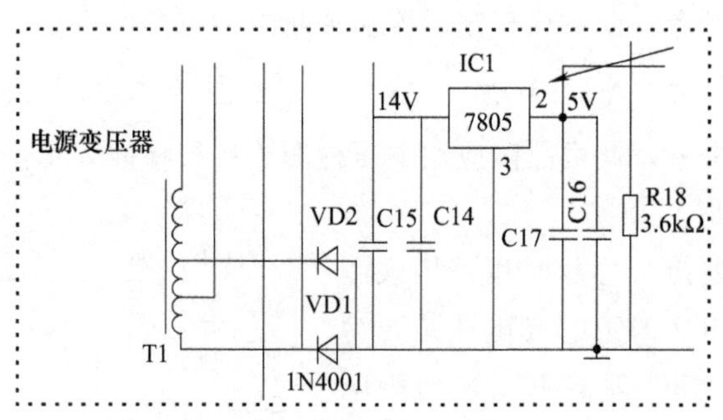

图 4-130　IC1 相关电路图

（二十九）机型现象：XQB30-21 型洗衣机程序控制器失灵

修前准备：此类故障应用直观检查法进行检修，检修时重点检测程序控制器。

检修要点：检修时具体检测电动机是否损坏、齿轮系统是否缺齿或错位、程序控制器低速齿轮的触片是否变形。

资料参考：此例属于程序控制器低速齿轮的触片变形，修复触片即可。

（三十）机型现象：XQB30-23 型洗衣机电动机不能正转

修前准备：此类故障应用电压检测法进行检修，检修时重点检测控制电路。

检修要点：检修时用万用表测 VT2 基极是否有脉冲时的 3V 电压，并检测继电器 K2 是否损坏。

资料参考：此例属于继电器 K2 损坏，更换即可；K2 相关电路如图 4-131 所示。

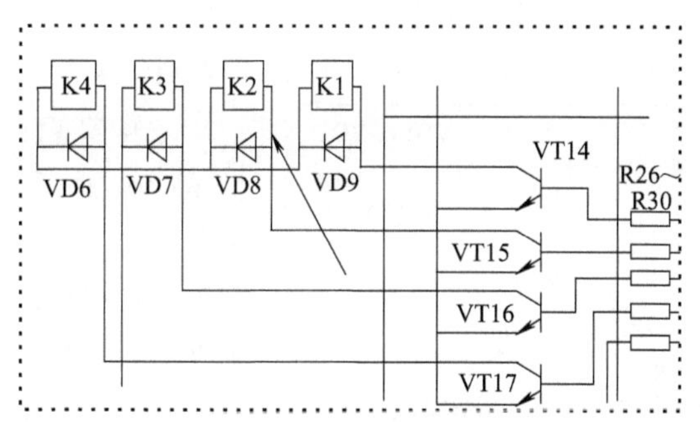

图 4-131　K2 相关电路图

（三十一）机型现象：XQB35-2301 型洗衣机安全开关断开

修前准备：此类故障应用直观检查法进行检修，检修时重点检测安全开关。

检修要点：检修时具体检测安全开关两簧片之间是否压得过紧、安全杆与盛水桶之间的距离是否过大。

资料参考：此例属于安全开关两簧片之间压得过紧，重新调节即可。

（三十二）机型现象：XQB35-2301 型洗衣机波轮不转

修前准备：此类故障应用直观检查法进行检修，检修时重点检

测机械传动部件。

检修要点：检修时具体检测电动机是否旋转良好、V 带是否脱落、离合器带轮是否扭曲变形。

资料参考：此例属于离合器带轮损坏，更换即可。

课堂十六 松下洗衣机故障维修实训

（一）机型现象：NA-711C 型洗衣机洗涤时单向旋转

修前准备：此类故障应用电压检测法进行检修，检修时重点检测微处理器程序控制器。

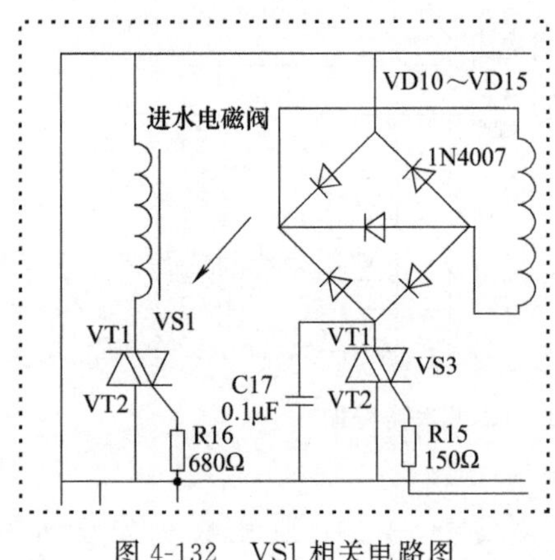

图 4-132 VS1 相关电路图

检修要点：检修时测量晶体管 VT1、VT2、VT13 的各极工作电压是否正常，双向晶闸管 VS1、VS2 是否损坏。

资料参考：此例属于双向晶闸管 VS1 击穿短路，更换即可；VS1 相关电路如图 4-132 所示。

（二）机型现象：NA-711 型洗衣机不工作

机型现象：此类故障应用直观检查法进行检修，检修时重点检测控制电路。

检修要点：检修时拆下主控板检查双向晶闸管 VS3 的 T2 与控制极 G 是否击穿 、晶体三极管 VT7 的 B、E 极是否击穿。

资料参考：此例属于晶体三极管 VT7 击穿，更换即可；VT7 相关电路如图 4-133 所示。

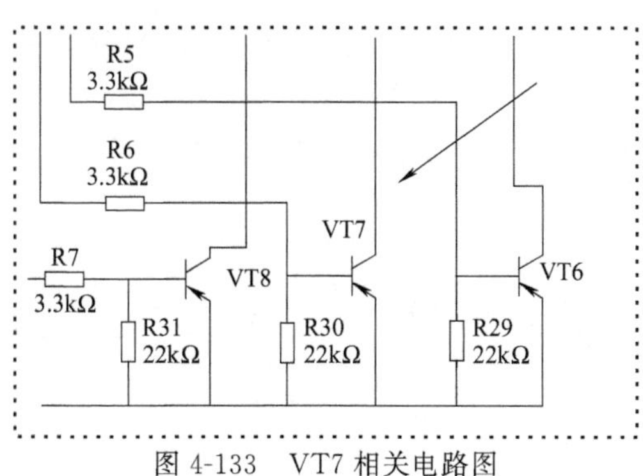

图 4-133　VT7 相关电路图

（三）机型现象：NA-711 型洗衣机不能脱水

修前准备：此类故障应用篦梳检查法进行检修，检修时重点检测安全开关。

检修要点：检修时重点检测单片机 IC 是否异常、安全开关触点是否异常。

资料参考：此例属于安全开关触点异常，调整触点即可；安全开关相关电路如图 4-134 所示。

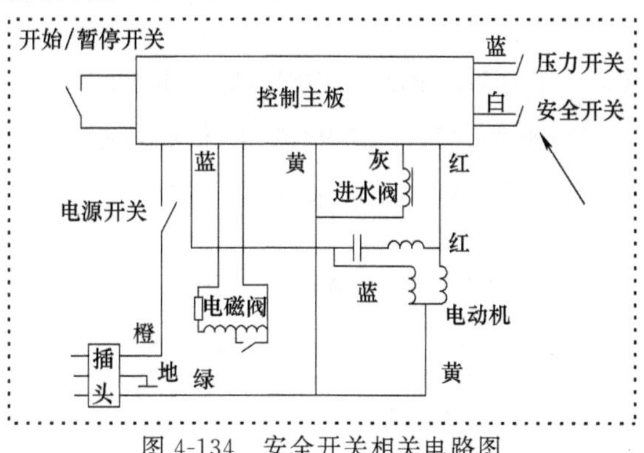

图 4-134　安全开关相关电路图

（四）机型现象：NA-711 型洗衣机蜂鸣器鸣叫不停

修前准备：此类故障应用电阻检测法进行检修，检修时重点检测单片机主板外的检测传感器。

检修要点：检修时用万用表测安全开关两接线端的阻值是否正常，并检测水位压力开关是否正常。

资料参考：此例属于安全开关异常，更换即可；安全开关相关电路如图 4-135 所示。

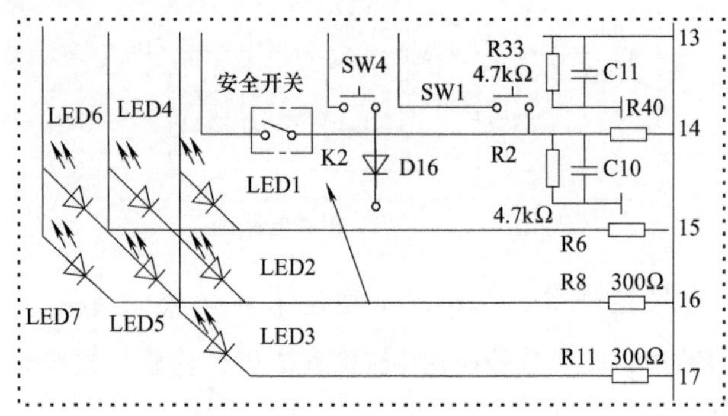

图 4-135　安全开关相关电路图

（五）机型现象：NA-711 型洗衣机排水不止

修前准备：此类故障应用篦梳检查法进行检修，检修时重点检测排水电磁阀。

检修要点：检修时检测排水电磁阀是否短路。

资料参考：此例属于排水电磁阀短路，更换即可。

（六）机型现象：NA-733C 型洗衣机边进水边排水

修前准备：此类故障应用电压检测法进行检修，检修时重点检测压力开关。

图 4-136　压力开关相关实物图

检修要点：检修时测量印制电路板的各输出电压是否正常、进水阀和电磁阀是否正常、安全开关及压力开关的触点是否接触不良。

资料参考：此例属于压力开关异常，更换即可；压力开关相关实物如图 4-136 所示。

（七）机型现象：NA-F311J 型洗衣机不排水

修前准备：此类故障应用篦梳检查法进行检修，检修时重点检测排水系统。

检修要点：检修时具体检测整流桥堆 BD2 是否损坏、二极管 VD10 是否损坏、双向晶闸管 VS2 是否损坏、晶体管 VT3 是否损坏、电阻 R15 及微处理器 IC（MN14021WPC）是否异常。

资料参考：此例属于双向晶闸管 VS2 损坏，更换即可；VS2 相关电路如图 4-137 所示。

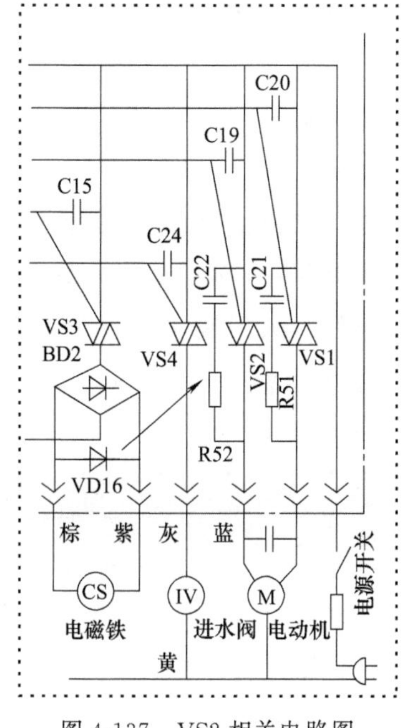

图 4-137　VS2 相关电路图

（八）机型现象：NA-F311J 型洗衣机进水不止

修前准备：此类故障应用电压检测法进行检修，检修时重点检测程序控制器。

检修要点：检修时具体检测程序控制器上进水阀输出端两个插座间的交流电压是否正常、双向晶闸管 VS4 是否损坏、晶体管 VT4 是否损坏、电阻 R16、R4 是否损坏、电容 C24 是否损坏。

资料参考：此例属于电容 C24 损坏，更换即可；C24 相关电路如图 4-138 所示。

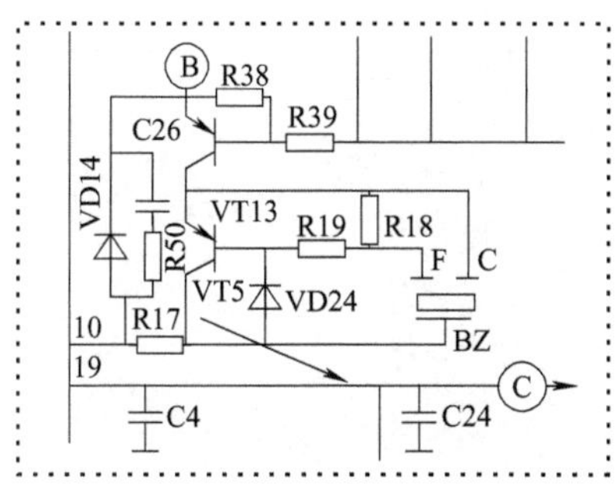

图 4-138　C24 相关电路图

（九）机型现象：NA-F311J 型洗衣机脱水桶跟着洗涤桶转

修前准备：此类故障应用直观检查法进行检修，检修时重点检测减速离合器。

检修要点：检修时具体检测减速离合器扭簧是否折断。

资料参考：此例属于减速离合器扭簧折断，更换即可。

（十）机型现象：NA-F311J 型洗衣机洗涤时不换向

修前准备：此类故障应用电压检测法进行检修，检修时重点检测微处理器程序控制器。

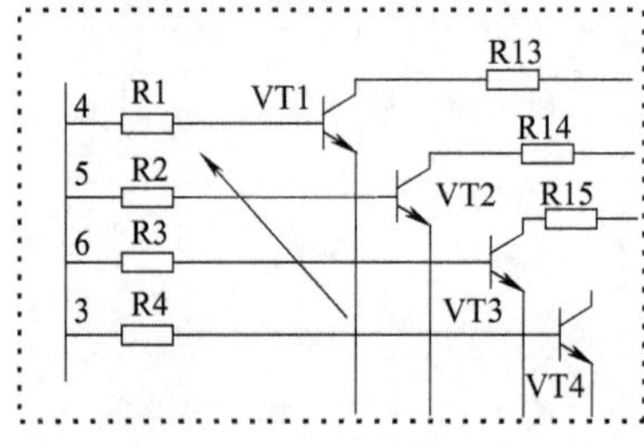

图 4-139 R1 相关电路图

检修要点：检修时测量程序控制器电源输入端、进水电磁阀、电动机线圈输出端的电压是否为正常 220V，双向晶闸管 VS1 触发电路中的晶体管 VT1 基极电阻 R1 是否开路。

资料参考：此例属于电阻 R1 开路，更换即可；R1 相关电路如图 4-139 所示。

（十一）机型现象：NA-F311J 型洗衣机噪声大

修前准备：此类故障应用直观检查法进行检修，检修时重点检测电磁铁是否异常。

检修要点：检修时具体检测电磁铁衔铁被吸合时基板是否歪斜、缓冲器是否失效、电磁铁吸合时转换触点是否不能断开。

资料参考：此例属于电磁铁基板松动，重新紧固即可；电磁铁相关实物如图 4-140 所示。

图 4-140 电磁铁相关实物图

（十二）机型现象：NA-F362 型洗衣机标准水流和强水流显示失常

修前准备：此类故障应用电压检测法进行检修，检修时重点检测显示驱动电路和发光二极管。

检修要点：检修时用万用表测显示驱动管 VT9 的集电极电压是否正常，并检测电阻 R29、R33 是否损坏，发光二极管 LED6 和 LED5 是否损坏。

资料参考：此例属于驱动管 VT9 击穿，更换即可；VT9 相关电路如图 4-141 所示。

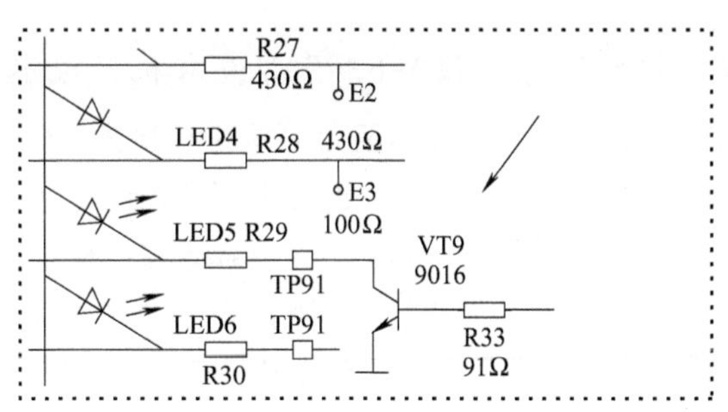

图 4-141　VT9 相关电路图

（十三）机型现象：NA-F362 型洗衣机不工作

修前准备：此类故障应用电压检测法进行检修，检修时重点检测电源电路。

检修要点：检修时具体检测电源变压器 T 的二次输出电压是否正常，稳压管 VT16 的集电极电压是否正常，稳压二极管 ZD3 是否损坏，电阻 R7、R8、R9 是否损坏，电容 C13、C15 是否损坏。

资料参考：此例属于电容 C15 损坏，更换即可；C15 相关电路如图 4-142 所示。

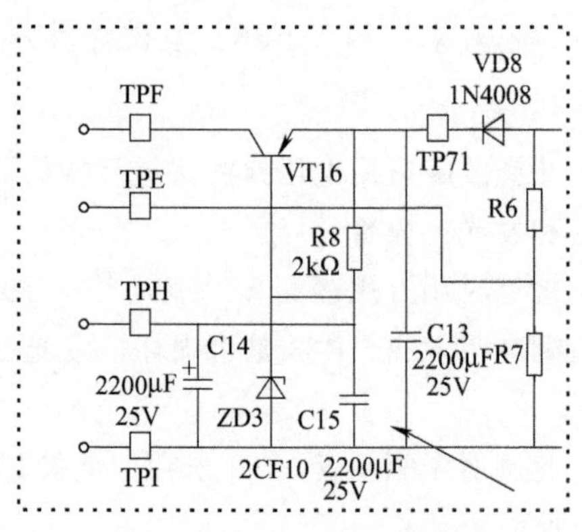

图 4-142　C15 相关电路图

(十四) 机型现象：NA-F362 型洗衣机不进水

修前准备：此类故障应用电阻检测法进行检修，检修时重点检测进水阀和控制电路。

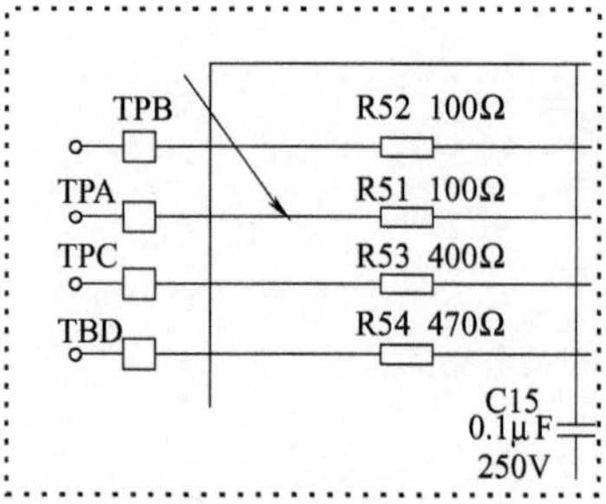

检修要点：检修时用万用表电阻挡测量进水电磁阀线圈电阻值是否为正常 4.3kΩ，并检测双向晶闸管 VS4 是否损坏，晶体管 VT6 是否损坏，电阻 R49、R53 是否损坏。

图 4-143　R53 相关电路图

资料参考：此例属于电阻 R53 损坏，更换即可；R53 相关电路如图 4-143 所示。

(十五) 机型现象：NA-F362 型洗衣机不排水

修前准备：此类故障应用电压检测法进行检修，检修时重点检测排水控制电路和排水阀。

检修要点：检修时用万用表测微处理器 IC1 的第㊵脚输出电压是否正常，并检测双向晶闸管 VS3 是否损坏，电阻 R50、R54 是否损坏。

资料参考：此例属于双向晶闸管 VS3 损坏，更换即可；VS3 相关电路如图 4-144 所示。

（十六）机型现象：NA-F362 型洗衣机指示灯不显示

修前准备：此类故障应用电压检测法进行检修，检修时重点检测显示驱动控制电路及微处理器。

检修要点：检修时具体检测电源电路供电电压是否正常，显示二极管及水流转换按钮是否损坏，电阻 R18、R15 是否损坏，VD20 是否损坏。

资料参考：此例属于 VD20 损坏，更换即可；VD20 相关电路如图 4-145 所示。

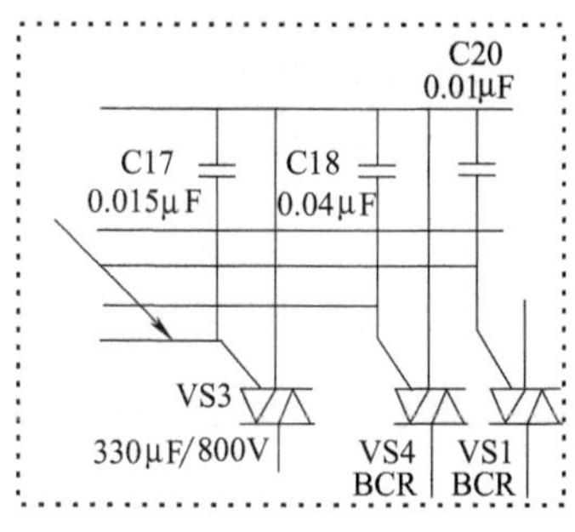

图 4-144　VS3 相关电路图

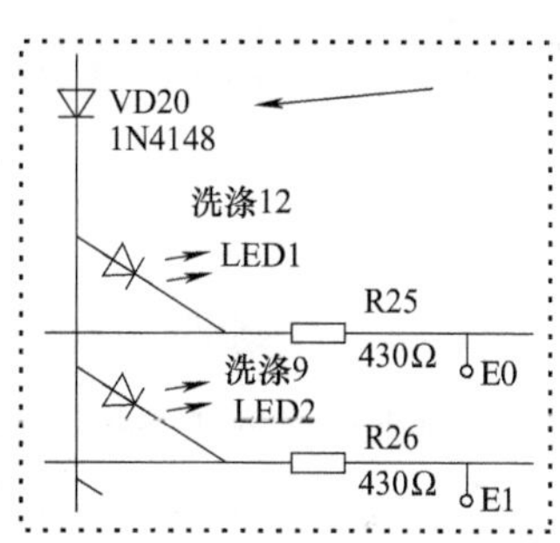

图 4-145　VD20 相关电路图

（十七）机型现象：NA-F362 型洗衣机脱水噪声大

修前准备：此类故障应用直观检查法进行检修，检修时重点检测离合器。

检修要点：检修时具体检测离合器磨损是否严重。

资料参考：此例属于离合器磨损严重，更换即可；离合器相关实物如图 4-146 所示。

图 4-146　离合器相关实物图

（十八）机型现象：NA-F362 型洗衣机洗涤电动机单向旋转

修前准备：此类故障应用篦梳检查法进行检修，检修时重点检测触发电路。

检修要点：检修时具体检测晶体管 VT4、VT5 是否损坏，电阻 R47、R48、R51、R52 是否损坏。

资料参考：此例属于电阻 R47 损坏，更换即可。

（十九）机型现象：NA-F363 型洗衣机开机即烧熔断器

修前准备：此类故障应用篦梳检查法进行检修，检修时重点检测程序控制器。

检修要点：检修时具体检测微动开关是否损坏。

资料参考：此例属于微动开关损坏，更换即可。

（二十）机型现象：NA-F42K2C 全自动波轮洗衣机进水时水位未达到设定水位时，洗涤电动机即单向间歇运转

修前准备：此类故障应用直观检查法与仪表检测法进行检修，重点检查水位传感器与电脑板。

检修要点：检修时具体检测水位传感器是否有问题、电脑板上反相器 4069 是否有问题、晶闸管 TR1 或其控制电路是否有问题、微处理器（CPU）性能是否良好。

资料参考：此例故障为 TR1 异常所致，更换 TR1 即可。

（二十一）机型现象：XQB36-831 型洗衣机电磁进水阀进水并达到一定水位后，波轮仍不能运转

修前准备：此类故障应用直观检查法进行检修，检修重点在水位开关上。

检修要点：检修时具体检测导气管是否漏气、导气管是否堵塞、水位开关内的簧片触点是否损坏、开关内部的橡胶膜老化。

资料参考：此例属于导气管堵塞，用细丝疏通堵塞处，直到气

路畅通为止；如水位开关的气孔被堵塞，处理时应小心谨慎，不得将开关内的橡胶膜弄破，以免人为造成永久性的破坏；松下XQB36-831型洗衣机水位开关接线如图4-147所示。

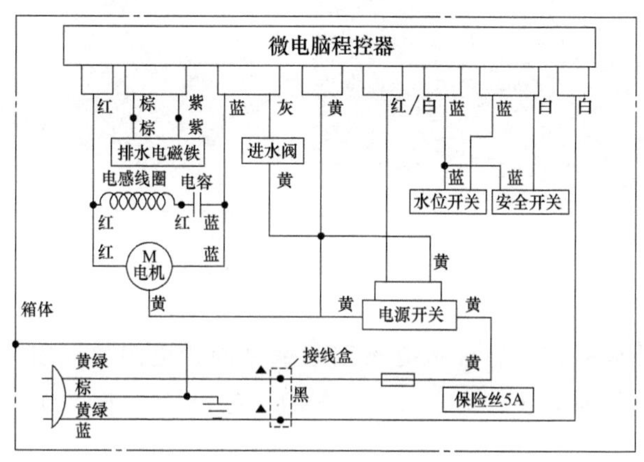

图4-147　松下XQB36-831型洗衣机水位开关接线图

（二十二）机型现象：XQB36-831型洗衣机接通电源后电动机旋转，但波轮不转

修前准备：此类故障应用直观检查法进行检修，检修重点在机械传动部分。

检修要点：检修时具体检查电动机紧固螺钉是否松动、三角传动带是否脱落或打滑、离合器传动带是否松脱、离合器减速机构是否损坏、波轮是否松脱（即：波轮孔和紧固螺钉滑扣、紧固螺钉松脱、断裂或波轮方孔被磨圆等）。

资料参考：此例属于离合器减速机构有零件损坏，更换同型号离合器即可；松下XQB36-831型洗衣机离合器安装位置如图4-148所示。

（二十三）机型现象：XQB52-858型洗衣机不能排水，其他均正常

修前准备：此类故障应用直观检查与仪表检测法进行检修，重

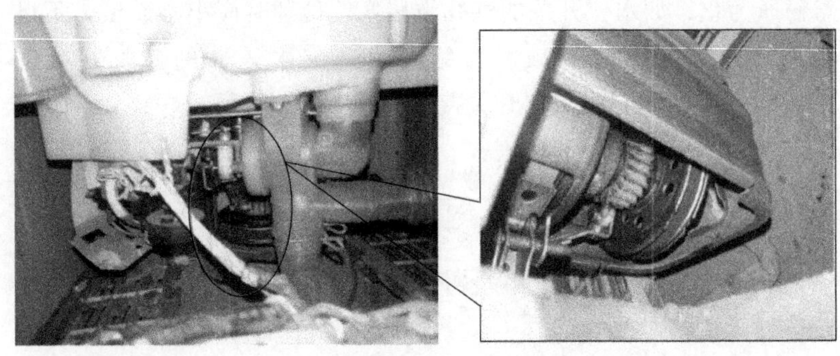

图 4-148 XQB36-831 型洗衣机离合器安装位置

点检查排水部分，测排水电磁铁两端之间的电阻值［阻值为无穷大，则说明排水电磁铁已断路；若阻值很小（小于 30Ω），则说明排水电磁铁已短路］。

检修要点：检修时具体检查排水管是否有问题（如排水管未放下、扭曲或堵塞）、排水阀是否堵塞、排水阀弹簧是否脱落或锈蚀、排水电磁铁是否有问题、程序控制器是否有问题。

资料参考：此例属于排水电磁铁烧损引起程序控制器控制排水的晶闸管损坏，修复或更换损坏器件即可；松下爱妻号 XQB52-858 型洗衣机电气接线如图 4-149 所示。

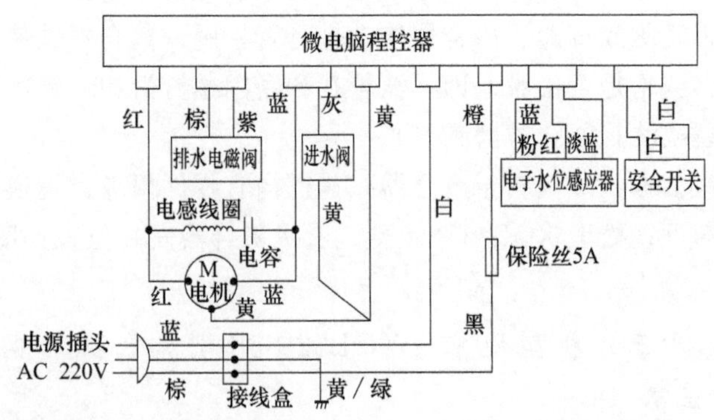

图 4-149 松下爱妻号 XQB52-858 型洗衣机电气接线图

（二十四）机型现象：XQG60-M6021滚筒全自动洗衣机不进水

修前准备：此类故障应用直观检查法与仪表检测法进行检修，重点检查进水相关部分。

检修要点：检修时具体检查水龙头是否打开、进水管连接口处的过滤网是否堵塞、进水阀过滤网是否有问题、滚筒中有水时水位频率是否超过26.2kHz（在滚筒中有水且水位频率超过26.2kHz时，需检查气囊和软管是否阻塞；如果再次检查水位频率时，水位频率依然超过26.2kHz，则需更换压力开关）、进水阀是否正常、电脑板是否有问题。

资料参考：此例属于进水阀上的过滤网被杂质堵塞，清除堵塞物即可。

（二十五）机型现象：XQG70-V75GS变频滚筒洗衣机进水很慢

修前准备：此类故障应用直观检查法进行检修，重点检查进水相关部分。

检修要点：检修时具体检查自来水压力是否太低、进水阀是否有问题、过滤网是否堵塞、限流垫安装是否正确。

资料参考：此例属于过滤网堵塞，可从进水阀的进水口内取出过滤网，夹出限流橡胶垫，清洗后，再重新装上即可。

（二十六）机型现象：XQG70-V75GS变频滚筒洗衣机进水后不能洗涤，也无电动机运转声

修前准备：此类故障应用直观检查法与仪表检测法进行检修，重点检查电动机组件与电脑板。

检修要点：检修时具体检测线路各接线部分有无松脱、电动机绕组是否存在断路和短路、电容器是否良好、电脑板上各插件有无松脱或接触不良、电脑板是否有问题。

资料参考：此例属于插件存在松脱或接触不良，修复或重插即可。

（二十七）机型现象：XQZ72-VZ72ZX 型洗衣机不能工作，显示代码“H29”

修前准备：此类故障采用观察法进行检修，重点检查电脑板。

检修要点：检修时具体检查电脑板风扇是否进水或烧坏、电脑板是否有问题。

资料参考：此例属于电脑板风扇受潮，用吹风机吹干电脑板风扇的水分即可。

课堂十七 威力洗衣机故障维修实训

（一）机型现象：XPB20-2S 型洗衣机漏电

图 4-150　电动机相关实物图

修前准备：此类故障应用电阻法进行检修，检修时重点检测电动机。

检修要点：检修时用万用表检测电动机绕组绝缘电阻值是否正常、电动机是否受潮、漆包线质量是否太差。

资料参考：此例属于电动机受潮，更换电动机即可；电动机相关实物如图 4-150 所示。

※知识链接※　脱水桶漏水故障也会导致电动机受潮，应更换脱水桶密封圈（如图 4-151 所示中间黑色部分为脱水桶密封圈）。

（二）机型现象：XPB20-2S 型洗衣机洗涤电动机突然停转

修前准备：此类故障应用篦梳检查法进行检修，检修时重点检

测洗涤和脱水两个电动机的共用电路。

检修要点：检修时具体检测洗涤电动机是否转动、脱水电动机是否转动、电源线是否断线、熔丝是否熔断。

资料参考：此例属于熔丝熔断，更换即可。

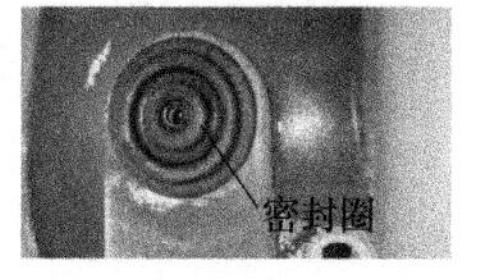

图 4-151　脱水桶密封圈

（三）机型现象：XPB20-2S 型洗衣机洗涤电动机转速变慢

修前准备：此类故障应用直观检查法进行检修，检修时重点检测电动机。

检修要点：检修时具体检测洗涤电动机是否有绕组绝缘层损坏、转子导条是否断裂或有砂眼、硅钢片是否生锈、端环是否断裂。

资料参考：此例属于洗涤电动机端环断裂，更换即可。

（四）机型现象：XQB35-1 型洗衣机不进水

修前准备：此类故障应用电阻检测法进行检修，检修时重点检测进水电磁阀。

检修要点：检修时用万用表检测进水电磁阀线圈阻值是否正常。

资料参考：此例属于进水电磁阀损坏，更换即可；进水电磁阀结构如图 4-152 所示。

（五）机型现象：XQB35-1 型洗衣机回转桶不运转

修前准备：此类故障应用直观检查法进行检修，检修时重点检测回转桶。

检修要点：检修时检查回转盘和回转桶的连接处的连接螺钉是否滑扣松动。

资料参考：此例属于回转盘与回转桶的连接螺钉松动，更换即可。

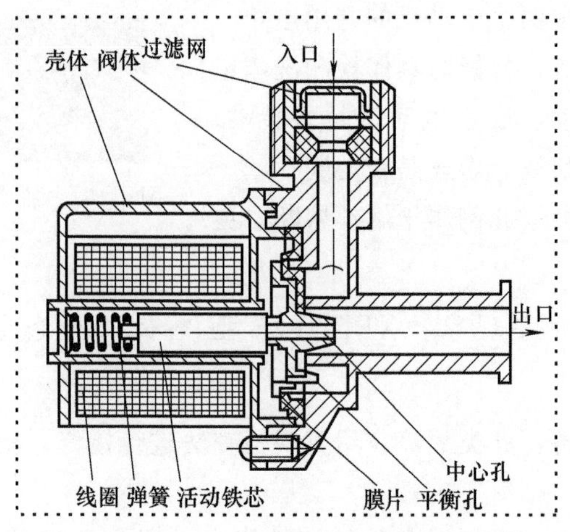

图 4-152　进水电磁阀结构图

（六）机型现象：XQB35-1 型洗衣机烧熔丝

修前准备：此类故障应用电阻检测法进行检修，检修时重点检测进水电磁阀。

检修要点：检修时用万用表测进水阀阻值是否正常、程序控制器微电动机阻值是否正常、电磁铁阻值是否正常。

资料参考：此例属于进水阀损坏，更换即可；进水阀相关电路如图 4-153 所示。

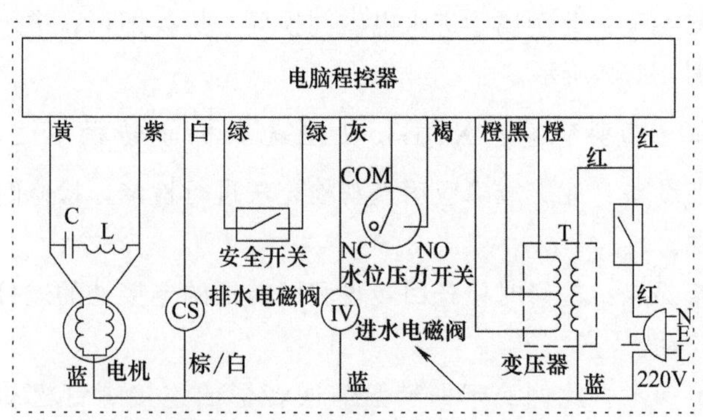

图 4-153　进水阀相关电路图

（七）机型现象：XQB35-1 型洗衣机脱水桶不转

修前准备：此类故障应用直观检查法进行检修，检修时重点检测安全开关。

检修要点：检修时具体检测安全开关弹簧是否松动、静触点是否正常、门盖销轴是否损坏。

资料参考：此例属于门盖销轴损坏，更换即可；安全开关相关结构如图 4-154 所示。

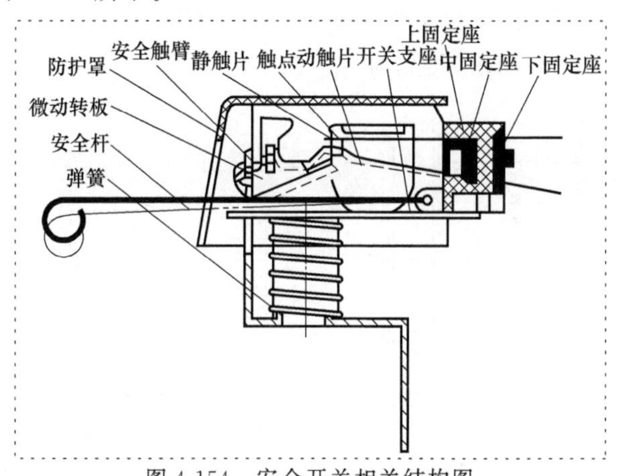

图 4-154 安全开关相关结构图

（八）机型现象：XQB35-1 型洗衣机压力开关不动作

修前准备：此类故障应用直观检查法进行检修，检修时重点检测水位压力开关。

检修要点：检修时观察水位压力开关内部的膜片是否损坏。

资料参考：此例属于开关膜片损坏，更换即可。

课堂十八 夏普洗衣机故障维修实训

（一）机型现象：XQB70-8811 型洗衣机不进水

修前准备：此类故障应用电压检测法、观察法进行检修，检修时重点检查进水阀，测主、副进水阀的端子电压，电路板的主、副进水阀输出电压。

检修要点：检修时具体检查供水是否正常，主、副进水阀是否有动作音（若有动作声，则去除进水阀滤网的异物），主、副进水阀的端子电压（若为 AC220V，则更换进水阀），电路板的主、副进水阀输出电压（若为 AC220V 电压，则修复或更换导线 K），电路板是否有问题。

资料参考：此例属于进水阀有问题，更换进水阀即可；进水阀相关电路与实物如图 4-155 所示。

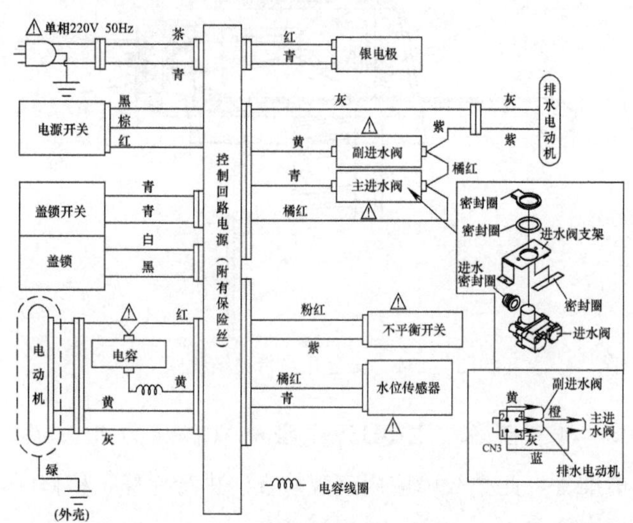

图 4-155 进水阀相关电路与实物

（二）机型现象：XQB70-8811 型洗衣机不能洗涤

修前准备：此类故障应用电压检测法、观察法进行检修，检修时重点检查电动机与电脑板，测电动机输入电压与电路板的输出电压。

检修要点：检修时具体检查电动机是否有动作的迹象（若有动作的迹象，则检查传动带是否有问题、加速器是否咬死、离合器部分弹簧是否卡死、离合器制动盘是否卡死等)、电动机是否堵转或断线、电路板是否有问题（如电路板上导线及接插件是否良好、电容是否有问题等)。

资料参考：实际维修中因长时间磨损使传动带过松而引起此类故障，此时更换传动带即可。

（三）机型现象：XQB70-8811 型洗衣机脱水时异常振动

修前准备：此例故障应用观察法进行检修，检修时重点检查减振器与不平衡开关。

检修要点：检修时具体检查机器是否倾斜或晃动、不平衡开关是否动作、平衡圈是否漏液、脱水槽安装是否松弛、支持弹簧弹力是否不足或滑块的滑动阻力是否过小。

资料参考：此例属于支持弹簧弹力不足或滑块的滑动阻力过小，更换减振器即可；更换减振器时（如图 4-156）应注意，一共有两种减振器，在更换时注意取下的位置，若放反了，桶会不平

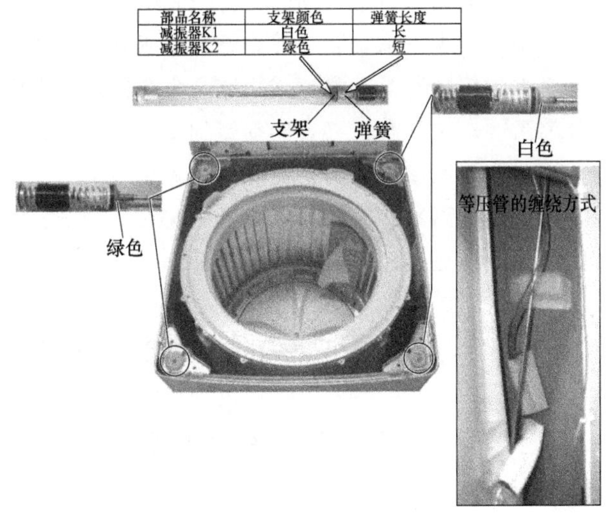

图 4-156　减振器相关实物

衡；另外在更换时还要注意等压管的缠绕方式。

（四）机型现象：XQB70-8811 型洗衣机无法排水

修前准备：此例故障应用电压检测法、观察法进行检修，检修时重点检查排水阀及电动机，测排水电动机的输入电压与电路板的输出电压。

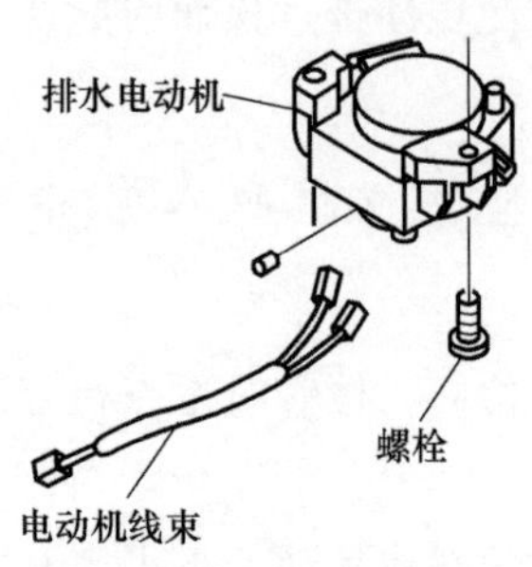

图 4-157　排水电动机相关实物

检修要点：检修时具体检查排水管是否有问题（如端部是否堵塞、水管是否放下）、排水阀是否被异物堵塞、排水电动机是否动作、电路板是否有问题。

资料参考：此例属于排水电动机线束有问题，修复或更换线束即可；排水电动机相关实物如图 4-157 所示。

（五）机型现象：XQB70-8811 型洗衣机无法脱水

修前准备：此例故障应用电压检测法、观察法进行检修，检修时重点检查盖开关与连接器。

检修要点：检修时具体检查洗涤物是否偏置、洗衣机是否倾斜、盖开关控制杆是否正确安装、停止开关是否导通、紧固端子连接是否脱落、水位传感器是否脱离或短路、离合器是否有问题（如离合器的分离叉的牵拉状态、离合器弹簧的牵拉状态是否正常）。

资料参考：实际维修中因离合器的分离叉牵引不足（排水电动机卷拉时，离合器分离叉和离合器齿轮的间隙要求 2mm 以上）而引起此故障，修理或更换相关部件即可。

课堂十九　小天鹅洗衣机故障维修实训

（一）机型现象：TB62-X308G 波轮全自动洗衣机开机后不工作

修前准备：此类故障应用观察法与仪表检测法进行检修，重点检查电脑板，测电源电压是否过低、电脑板输入与输出电压是否正常。

检修要点：检修时具体检测程控器/电脑板进水阀输出端电压是否正常（若异常，则检查空气管路系统、水位传感器、程控器）、程控器/电脑板排水牵引器输出端电压是否正常（若异常，则检查盖板是否盖好、安全开关或其导线是否有问题、程控器/电脑板是否有问题）。

资料参考：此例属于电脑板有问题，更换电脑板（如图4-158）前请检查电动机、进水阀、排水阀三者是否完好（进水阀线圈电阻值应大于4kΩ，直流阀应大于100Ω，否则为不良器件应更换），以免安装上去再次烧坏电路板。

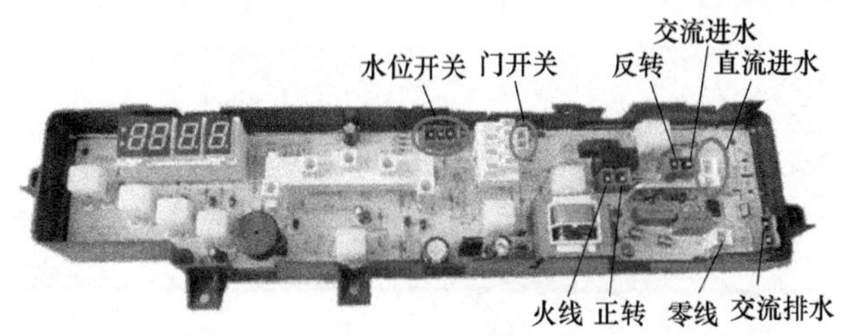

图 4-158 小天鹅 TB62-X308G 波轮全自动洗衣机电脑板

（二）机型现象：TB63-V1068 型波轮全自动洗衣机不进水

修前准备：此类故障应用观察法与仪表检测法进行检修，重点检查进水电磁阀与控制电路，测进水电磁阀线圈或进水阀两个接线片之间的电阻值（正常时应为5kΩ左右，若为∞，则说明线圈已断路）、程控器工作电压是否正常（若输入电压不正常，则说明程控器有故障；若输出电压不正常，则说明其受控的电路中有元器件已损坏）。

检修要点：检修时具体检查进水阀是否通电工作、进水阀或进水过滤网是否堵塞、进水电磁阀线圈是否断路、程控器是否有问题、控制进水阀的双向晶闸管是否被击穿、水位调节开关触点是否击穿、微电脑 IC 及外围元件是否有问题。

资料参考：此例属于进水电磁阀或进水过滤网被杂物堵塞，清除堵塞物即可。

（三）机型现象：XQB Q3268G 型洗衣机不能洗涤

修前准备：此类故障应用篦梳检查法进行检修，检修时重点检测电脑板。

检修要点：检修时具体检测洗涤电动机是否损坏、电动机电容是否损坏、电脑控制板是否损坏。

资料参考：此例属于电脑控制板损坏，更换即可；电脑控制板相关实物如图 4-159 所示。

图 4-159　电脑控制板相关实物图

（四）机型现象：XQB20-3 型洗衣机不进水

修前准备：此类故障应用电压检测法和电阻检测法进行检修，检修时重点检测电磁阀。

检修要点：检修时具体检测进水电磁阀插头两端电压是否为 220V、电磁阀线圈阻值是否正常。

资料参考：此例属于电磁阀线圈开路，更换即可。

（五）机型现象：XQB20-3 型洗衣机不洗涤

修前准备：此类故障应用电阻检测法进行检修，检修时重点检测程序控制器。

检修要点：检修时用万用表电阻挡测微电动机一端与按键开关公共端的电阻值是否正常、程序控制器触点是否损坏。

资料参考：此例属于程序控制器触点损坏，更换后即可。

（六）机型现象：XQB20-3 型洗衣机洗涤电动机不转

修前准备：此类故障应用电压检测法进行检修，检修时重点检测电气系统。

检修要点：检修时具体检测交流电源电压是否为正常 220V、程序控制器是否损坏、门开关及电磁阀是否正常、电动机及启动电容是否损坏。

资料参考：此例属于电动机启动电容损坏，更换即可；启动电容相关电路如图 4-160 所示。

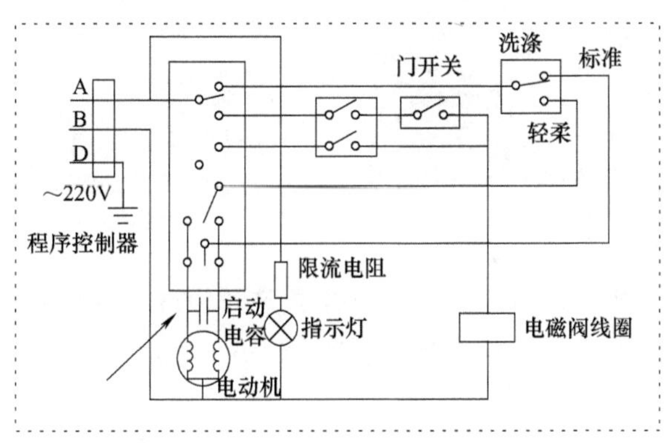

图 4-160 启动电容相关电路图

（七）机型现象：XQB20-6 型洗衣机不进水

修前准备：此类故障应用电阻检测法进行检修，检修时重点检测进水阀。

检修要点：检修时测量进水阀电磁阀线圈是否无电压。

资料参考：此例属于进水阀线圈开路，更换即可；进水阀相关实物如图 4-161 所示。

（八）机型现象：XQB20-6 型洗衣机不能排水

修前准备：此类故障应用电阻检测法进行检修，检修时重点检测电气部分和机械部分。

检修要点：检修时具体检测电磁铁的电阻值是否为正常 40Ω、排水阀是否损坏。

资料参考：此例属于电磁铁线圈开路，更换即可；电磁铁相关实物如图 4-162 所示。

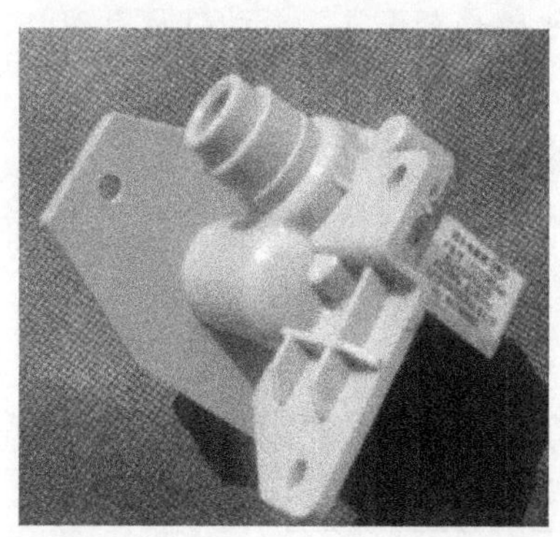

图 4-161　进水阀相关实物图

图 4-162　电磁铁相关实物图

（九）机型现象：XQB20-6 型洗衣机排水时有异声

修前准备：此类故障应用篦梳检查法进行检修，检修时重点检测排水电磁铁。

检修要点：检修时具体检测工作电压是否过低、电磁铁调节螺钉是否松动、排水电磁铁的弹簧卡子是否失效。

资料参考：此例属于排水电磁铁的弹簧卡子失效，更换即可。

（十）机型现象：XQB30-6 型洗衣机单向旋转

修前准备：此类故障应用电阻检测法进行检修，检修时重点检测微电动机。

检修要点：检修时用万用表测量微电动机的电阻是否为正常的 20kΩ 左右。

资料参考：此例属于微电动机短路，更换即可；微动电动机相关实物如图 4-163 所示。

（十一）机型现象：XQB30-7 型洗衣机报警无声

修前准备：此类故障应用电压检测法进行检修，检修时重点检测报警电路。

检修要点：检修时具体检测晶体管 VT1、VT2 各极工作电压是否正常，电阻 R1、R2、R3 是否损坏。

资料参考：此例属于晶体管 VT1、VT2 损坏，更换即可；VT1 相关电路如图 4-164 所示。

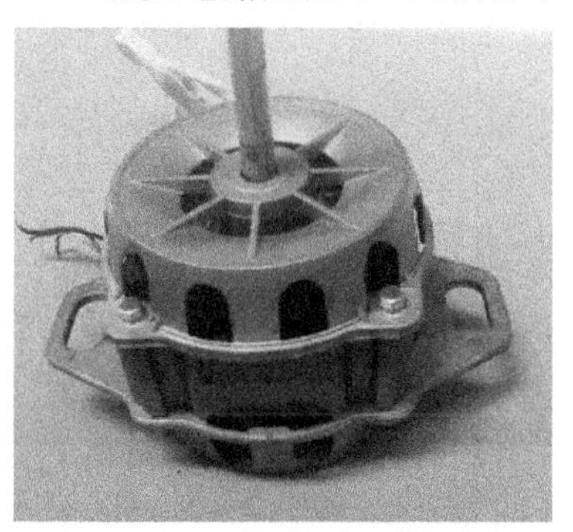
图 4-163　微动电动机相关实物图

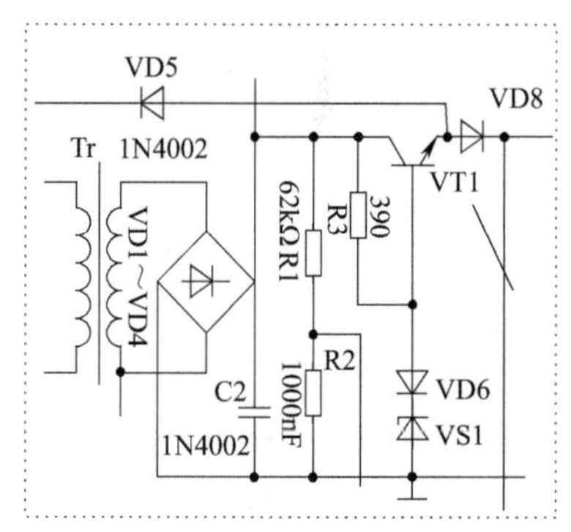

图 4-164　VT1 相关电路图

（十二）机型现象：XQB30-7 型洗衣机不进水

修前准备：此类故障应用电阻检测法进行检修，检修时重点检测进水阀。

检修要点：检修时具体检测进水阀的电阻值是否正常、微电脑程序控制器的交流电压是否正常、进水阀是否有导线松脱。

资料参考：此例属于进水阀灰线松脱，重新连接后即可；进水阀相关实物如图 4-165 所示。

图 4-165　进水阀相关实物图

(十三) 机型现象：XQB30-7 型洗衣机不进水

图 4-166　进水阀相关实物图

修前准备：此类故障应用篦梳检查法进行检修，检修时重点检测进水阀。

检修要点：检修时重点检测 T1、T2、T3 是否损坏，进水阀弹簧弹力是否不足。

资料参考：此例属于进水阀弹簧失效，更换即可；进水阀相关实物图如图4-166所示。

(十四) 机型现象：XQB30-7 型洗衣机单向旋转

修前准备：此类故障应用篦梳检查法进行检修，检修时重点检测程序控制器。

检修要点：检修时重点检测程序控制器内控制标准洗涤顺时针旋转的触点是否异常。

资料参考：此例属于程序控制器损坏，更换即可。

(十五) 机型现象：XQB30-7 型洗衣机脱水功能失效

修前准备：此类故障应用篦梳检查法进行检修，检修时重点检测脱水电气电路。

检修要点：检修时具体检测程序控制器 T1、T3、T4、T19 各组触点是否异常，水位选择开关触点是否正常、安全开关是否损坏。

资料参考：此例属于安全开关损坏，更换即可。

(十六) 机型现象：XQB30-7 型洗衣机脱水时转动不平衡

修前准备：此类故障应用篦梳检查法进行检修，检修时重点检测安全开关。

检修要点：检修时具体检测机械系统是否正常、安全开关是否损坏。

资料参考：此例属于安全开关损坏，更换即可；安全开关相关实物如图 4-167 所示。

（十七）机型现象：XQB30-7 型洗衣机洗涤时波轮转速慢，有时甚至停止转动

修前准备：此类故障应用直观检查法进行检修，检修时重点检测洗涤电动机。

检修要点：检修时具体检测市电电压是否正常、洗涤电容器及传动带是否有故障、波轮和转轴是否完好、洗涤电动机是否损坏。

资料参考：此例属于洗涤电动机损坏，更换即可；洗涤电动机相关电路如图 4-168 所示。

图 4-167　安全开关相关实物图

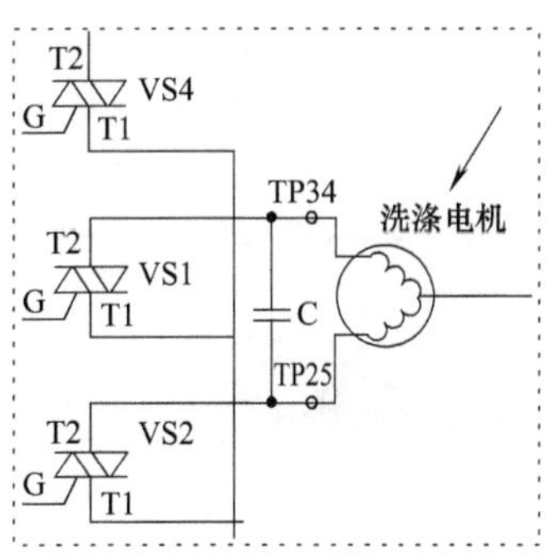

图 4-168　洗涤电动机相关电路图

（十八）机型现象：XQB30-8 型洗衣机波轮单向旋转

修前准备：此类故障应用篦梳检查法进行检修，检修时重点检测离合器。

检修要点：检修时具体检测单片机 IC 集成电路是否损坏、电容器接线处是否断线、离合器棘爪是否不到位、排水阀是否异常。

资料参考：此例属于离合器损坏，更换即可；离合器相关实物如图 4-169 所示。

（十九）机型现象：XQB30-8 型洗衣机不进水

修前准备：此类故障应用电压检测法进行检修，检修时重点检测微电脑程序控制系统。

检修要点：检修时具体检测微电脑程序控制器交流电压 220V 是否正常、插件及导线是否连接良好、进水电磁阀的交流电压是否正常、进水电磁阀线圈是否开路。

资料参考：此例属于进水电磁阀线圈开路，更换电磁阀即可。

（二十）机型现象：XQB30-8 型洗衣机不排水

修前准备：此类故障应用篦梳检查法进行检修，检修时重点检测排水电路。

检修要点：检修时具体检测排水阀是否损坏、晶体管是否损坏。

资料参考：此例属于排水阀电磁线圈断路，更换排水阀即可；排水阀相关实物如图 4-170 所示。

图 4-169　离合器相关实物图

图 4-170　排水阀相关实物图

（二十一）机型现象：XQB30-8 型洗衣机不脱水

修前准备：此类故障应用篦梳检查法进行检修，检修时重点检测安全开关。

检修要点：检修时具体检测程序控制器是否损坏、安全开关触点是否接触不良、V 带是否过松或脱落、制动带是否调得过紧、脱水桶与盛水桶之间是否有异物。

资料参考：此例属于安全开关触点接触不良，更换即可；安全开关相关电路如图 4-171 所示。

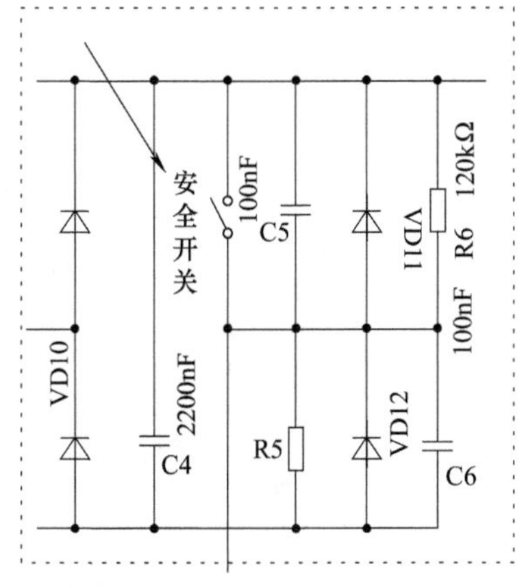

图 4-171　安全开关相关电路图

（二十二）机型现象：XQB30-8 型洗衣机不洗涤

修前准备：此类故障应用电压检测法进行检修，检修时重点检测电气部分。

检修要点：检修时具体检测电脑板的红、黄脚和蓝脚之间交替输出的 220V 电压是否正常，程序控制器是否损坏。

资料参考：此例属于电脑板损坏，更换即可；电脑板相关实物如图 4-172 所示。

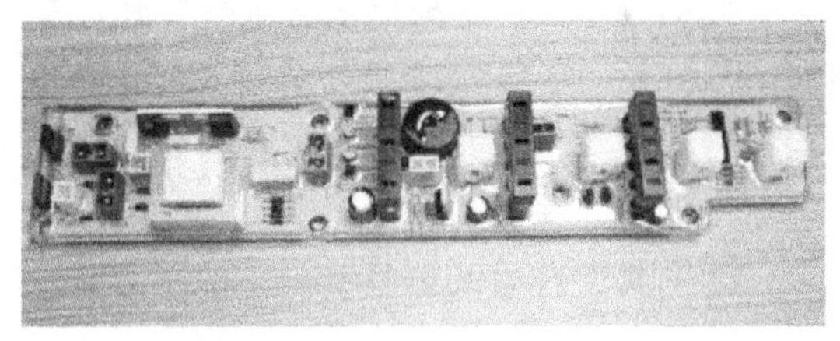
图 4-172　电脑板相关实物图

（二十三）机型现象：XQB30-8 型洗衣机进水不止

修前准备：此类故障应用篦梳检查法进行检修，检修时重点检测水位压力开关。

检修要点：检修时具体检测水位压力开关的导线是否短路、电脑控制板是否损坏。

资料参考：此例属于水位压力开关损坏，更换即可；当进水电路中 V313 损坏时也会出现此类故障；水位压力开关相关电路如图 4-173 所示。

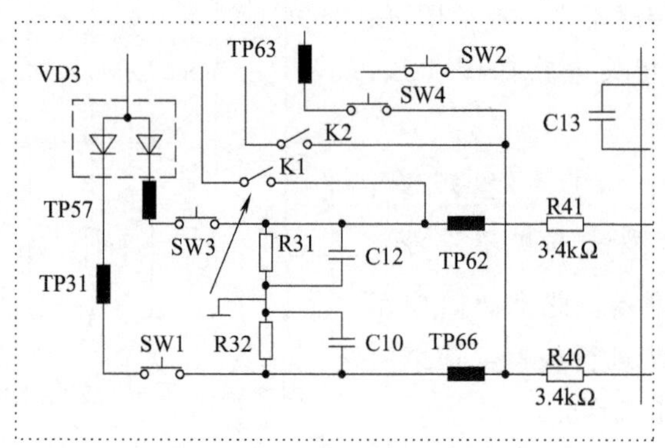

图 4-173　水位压力开关相关电路图

（二十四）机型现象：XQB30-8 型洗衣机经常出现脱水不平衡现象

修前准备：此类故障应用篦梳检查法进行检修，检修时重点检测脱水电路。

检修要点：检修时具体检测洗涤及脱水电动机是否损坏、启动电容器是否损坏、安全开关是否损坏。

资料参考：此例属于启动电容器损坏，更换即可。

（二十五）机型现象：XQB30-8 型洗衣机开始程序正常运行后发生混乱

修前准备：此类故障应用篦梳检查法进行检修，检修时具体检测控制电路。

检修要点：检修时具体检测三极管 VT310、VT311 的集电极电位是否正常，双向晶闸管 VS3、VS4 是否完好。

资料参考：此例属于双向晶闸管 VS3 损坏，更换即可；VS3

相关电路如图 4-174 所示。

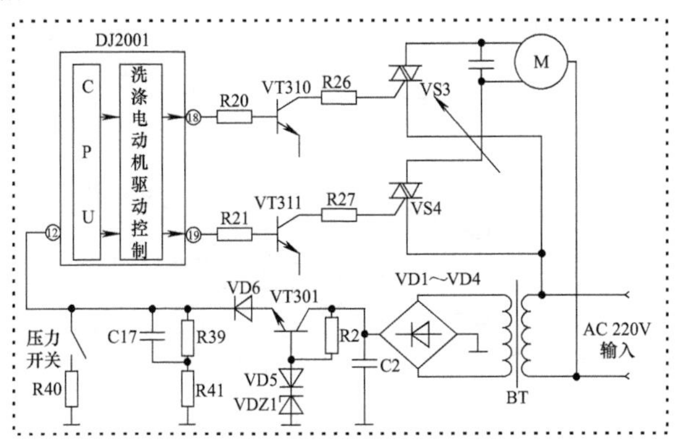

图 4-174　VS3 相关电路图

（二十六）机型现象：XQB30-8 型洗衣机排水时报警

修前准备：此类故障应用篦梳检查法进行检修，检修时重点检测电脑板。

检修要点：检修时具体检测水位压力开关是否损坏、水位压力开关导线是否连接不良、电脑板是否损坏。

资料参考：此例属于电脑板损坏，更换即可；电脑板相关实物如图 4-175 所示。

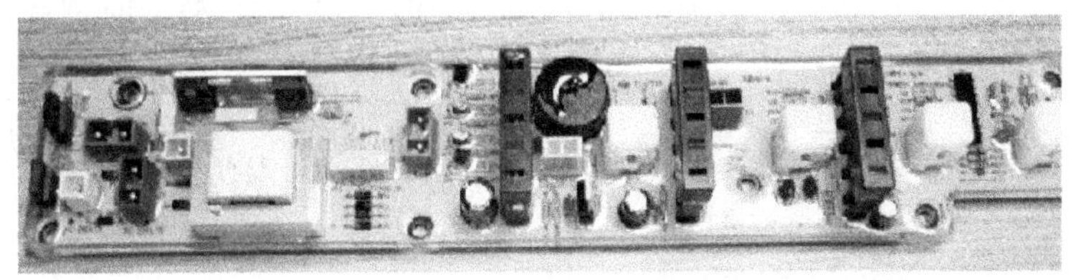

图 4-175　电脑板相关实物图

（二十七）机型现象：XQB30-8 型洗衣机突然不进水

修前准备：此类故障应用电压检测法进行检修，检修时重点检测电脑板。

检修要点：检修时具体检测进水阀插座两端电压是否为正常220V、电磁阀线圈电阻是否开路、双向晶闸管是否损坏。

资料参考：此例属于进水阀门损坏，更换即可；进水阀相关电路如图 4-176 所示。

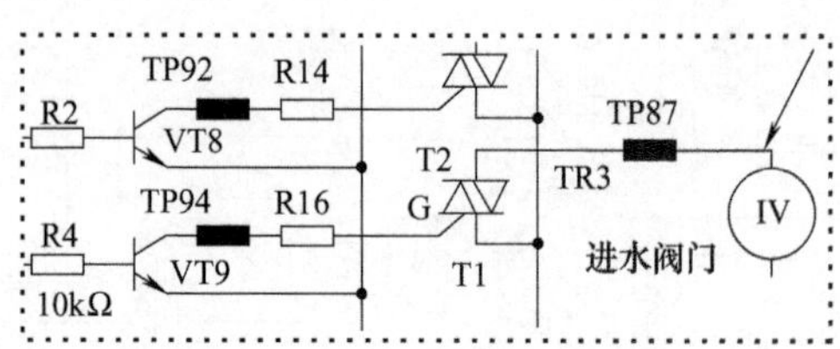

图 4-176 进水阀相关电路图

（二十八）机型现象：XQB30-8 型洗衣机脱水时无法停机

修前准备：此类故障应用电压检测法进行检修，检修时重点检测电脑板。

检修要点：检修时具体检测电脑板排水电磁铁线圈直流电压是否正常、熔断器是否熔断、排水电磁铁线圈是否短路。

资料参考：此例属于电磁铁线圈短路，更换后即可。

（二十九）机型现象：XQB30-91AL 型洗衣机不排水

修前准备：此类故障应用电压检测法进行检修，检修时重点检测电磁阀。

图 4-177 电磁阀相关实物图

检修要点：检修时用万用表测桥式整流器输入端电压是否正常，并检测程序选择开关内弹性触点是否接触不良、电磁阀绕组是否损坏。

资料参考：此例属于电磁阀损坏，更换即可；电磁阀相关实物如图 4-177 所示。

（三十）机型现象：XQB40-868FC（G）型洗衣机按键失灵

修前准备：此类故障应用篦梳检查法进行检修，检修时重点检测按键输入电路。

检修要点：检修时具体检测 Q1、Q2、Q3、Q4 是否损坏，二极管 D1、D2、D3、D4 是否损坏，电阻 R3、R47 是否损坏，电容 C14、C26 是否损坏。

资料参考：此例属于电容 C26 击穿短路、R3 虚焊，将 C26 更换、R3 补焊即可；C26、R3 相关电路如图 4-178 所示。

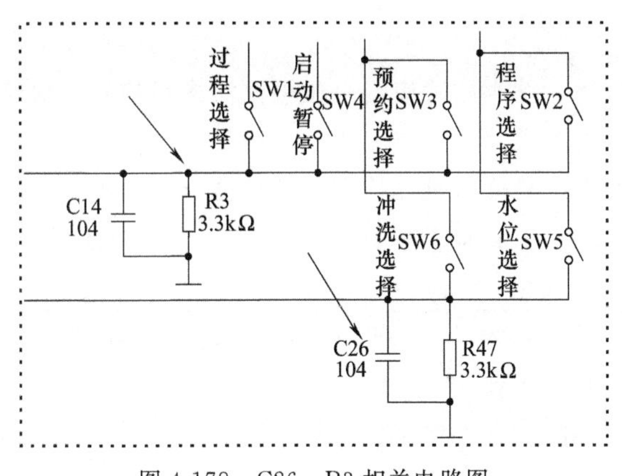

图 4-178　C26、R3 相关电路图

（三十一）机型现象：XQB40-868FC（G）型洗衣机不能洗涤

修前准备：此类故障应用篦梳检查法进行检修，检修时重点检测机械系统或电气系统。

检修要点：检修时具体检测机械系统是否正常，电脑板的电动机正、反转信号是否正常，双向晶闸管 TR2、TR4 是否损坏，电容 C16、C13 是否损坏，电动机各绕组电阻及电动机启动电容器是否损坏。

资料参考：此例属于电动机启动电容漏电，更换启动电容即可。

(三十二)机型现象：XQB40-868FC(G)型洗衣机称重报警

修前准备：此类故障应用篦梳检查法进行检修，重点在称重检测电路。

检修要点：检修时具体检测电阻 R16、R39、R39、R41、R40 是否损坏，二极管 VD10、VD11 是否损坏，电容 C24 是否损坏。

资料参考：此例属于二极管 VD10、VD11 损坏，更换即可；VD10、VD11 相关电路如图 4-179 所示。

(三十三)机型现象：XQB40-868FC(G)型洗衣机通电即报警

修前准备：此类故障应用电压检测法进行检修，检修时重点检测高、低压保护电路。

检修要点：检修时具体检测微处理器 IC1 的第⑫脚电压是否正常，电阻 R35、R36 是否损坏，二极管 VD9、VD7 是否损坏，电容 C11、C22、C23 是否损坏。

资料参考：此例属于二极管 VD7 损坏，更换即可；VD7 相关电路如图 4-180 所示。

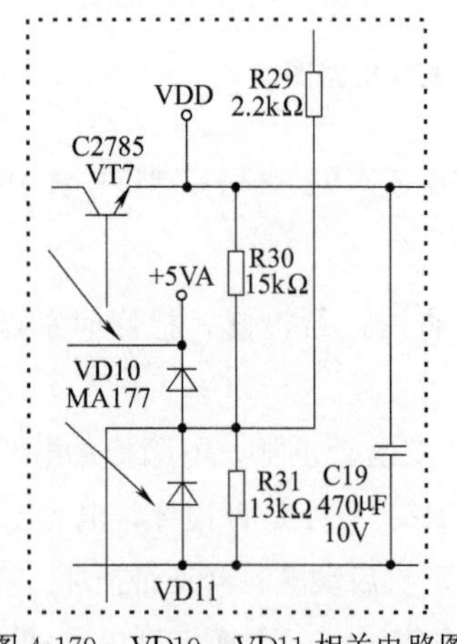

图 4-179 VD10、VD11 相关电路图

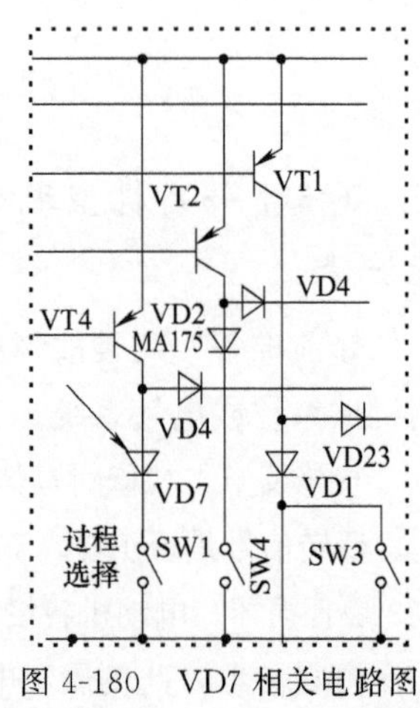

图 4-180 VD7 相关电路图

（三十四）机型现象：XQB40-868FC（G）型洗衣机指示灯不亮

修前准备：此类故障应用篦梳检查法进行检修，检修时重点检测发光二极管、数码管及相关电路元件。

检修要点：检修时具体检测电阻 R5、R9 是否损坏，LED2、LED11、LED12 是否损坏。

资料参考：此例属于电阻 R9 损坏，更换即可；R9 相关电路如图 4-181 所示。

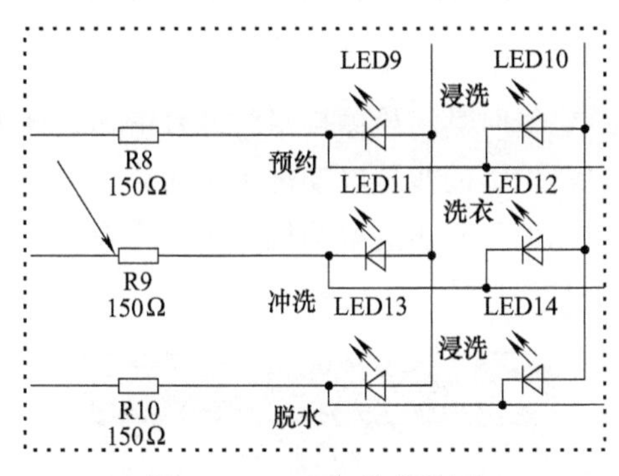

图 4-181　R9 相关电路图

（三十五）机型现象：XQB40-868FC 型洗衣机报警无声

修前准备：此类故障应用篦梳检查法进行检修，检修时重点检测报警电路。

检修要点：检修时具体检测 R22、R21、R23 是否损坏。

资料参考：此例属于电阻 R23 损坏，更换即可；R23 相关电路如图 4-182 所示。

（三十六）机型现象：XQB40-868FC 型洗衣机不排水

修前准备：此类故障应用篦梳检查法进行检修，检修时重点检测排水阀和排水牵引器。

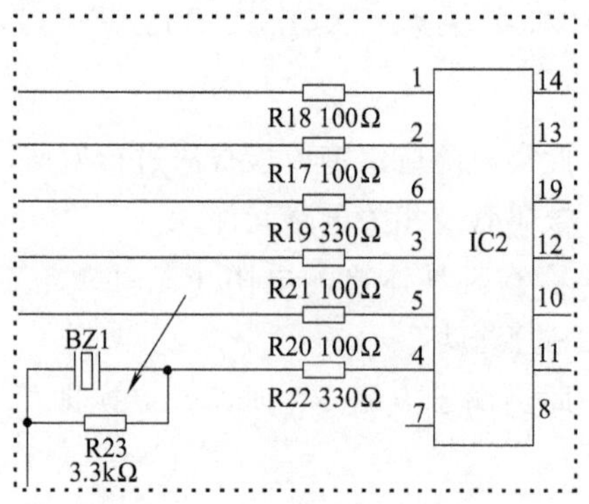

图 4-182　R23 相关电路图

检修要点：检修时具体检测排水阀是否堵塞、排水阀阀体拉杆是否复位、牵引器内部的步进电动机是否损坏。

资料参考：此例属于步进电动机损坏，更换即可；步进电动机相关实物如图 4-183 所示。

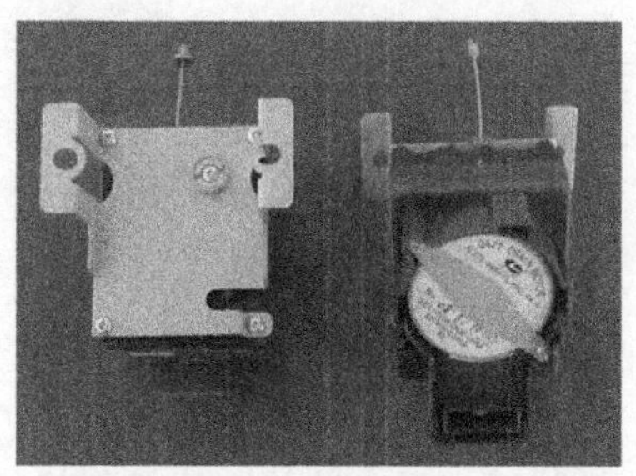

图 4-183　步进电动机相关实物图

（三十七）机型现象：XQB40-868FC 型洗衣机操作失效

修前准备：此类故障应用篦梳检查法进行检修，检修时重点检测电脑板。

检修要点：检修时具体检测过零检测电路的 R34、R30、R31、R29、VD8 是否损坏。

资料参考：此例属于电阻 R34 损坏，更换即可；R34 相关电路如图 4-184 所示。

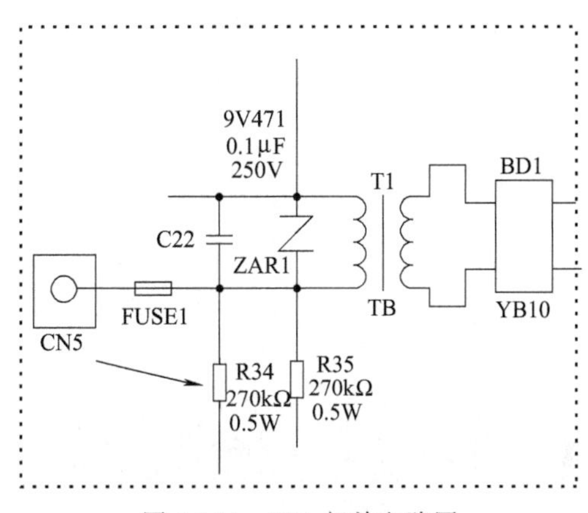

图 4-184 R34 相关电路图

(三十八) 机型现象：XQB40-868FC 型洗衣机电动机不转

修前准备：此类故障应用篦梳检查法进行检修，检修时重点检测负载驱动电路。

检修要点：检修时具体检测 TR2、TR4 是否损坏，电容 C7、C16、C13、C12 是否损坏，电阻 R21、R25、R29、R37 是否损坏。

资料参考：此例属于电阻 R25 损坏，更换即可；R25 相关电路如图 4-185 所示。

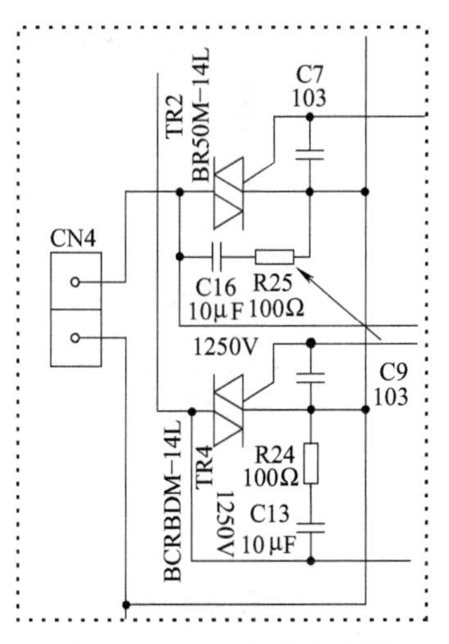

图 4-185 R25 相关电路图

(三十九) 机型现象：XQB40-868FC 型洗衣机显示故障代码“E9”

修前准备：此类故障应用自诊

检查法进行检修，检修时重点检测信号检测部分。

检修要点：检修时具体检测线路板上的电阻 R16 是否损坏、D10 是否损坏、光耦合器 PC1 是否损坏。

资料参考：此例属于电阻 R16 开路，更换 R16 即可；R16 相关电路如图 4-186 所示。

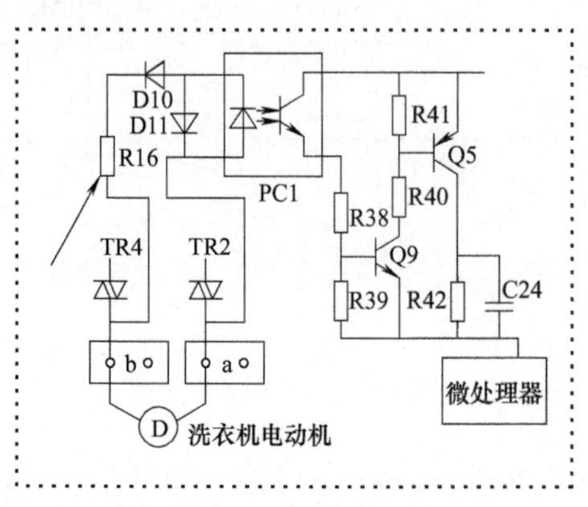

图 4-186　R16 相关电路图

（四十）机型现象：XQB50-180G 型洗衣机空载时运行正常，放入衣物后运行无力

修前准备：此类故障应用电阻检测法进行检修，检修时重点检测电动机。

检修要点：检修时具体检测电网电压是否正常，电动机主、副绕组阻值是否正常，电动机传动带张力是否正常，电动机启动电容（16μF/450V）是否损坏。

资料参考：此例属于启动电容损坏，更换即可；启动电容相关实物如图 4-187 所示。

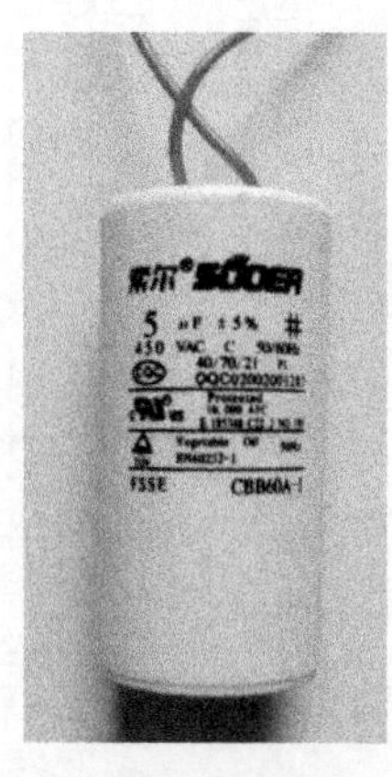

图 4-187　启动电容相关实物图

（四十一）机型现象：XQB60-818B 型洗衣机经常出现脱水不平衡现象

修前准备：此类故障应用篦梳检查法进行检修，检修时重点检测二极管 VD10。

检修要点：检修时具体检测系统控制电路是否受外界干扰、单片机是否工作性能不良、电容器 C17 是否损坏、二极管 VD10 是否损坏。

资料参考：此例属于二极管 VD10 损坏，更换即可；VD10 相关电路如图 4-188 所示。

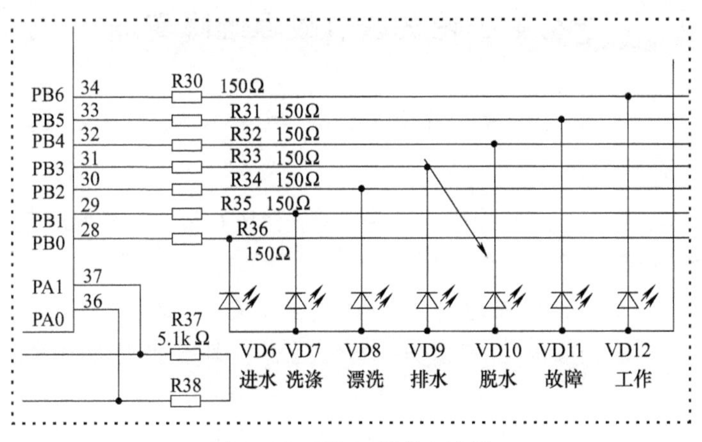

图 4-188　VD10 相关电路图

（四十二）机型现象：XQG50-801 型洗衣机不工作

修前准备：此类故障应用直观检查法进行检修，检修时重点检测电子门锁。

检修要点：检修时具体检测门开关位置是否有偏移、电子门锁是否损坏。

资料参考：此例属于电子门锁损坏，更换即可；电子门锁相关实物如图 4-189 所示。

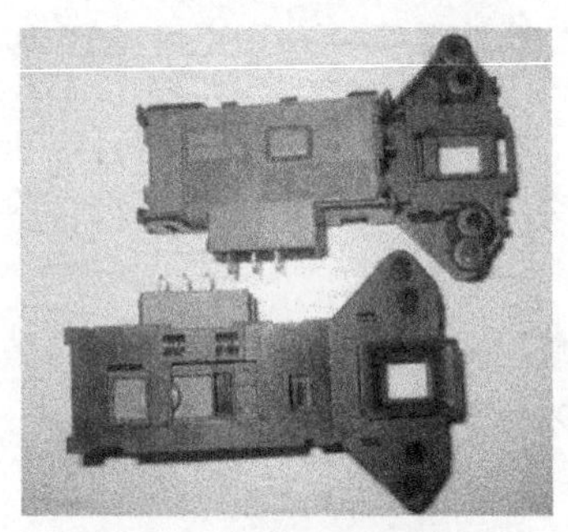

图 4-189　电子门锁相关实物图

课堂二十 小鸭洗衣机故障维修实训

（一）机型现象：TEMA832 型洗衣机选择加热洗涤时，不能加热

修前准备：此类故障应用篦梳检查法进行检修，检修时重点检测加热电路。

检修要点：检修时具体检测水位开关 L2 是否损坏、冷/热开关 P2 是否损坏、节能开关 P9 是否损坏、加热器 RR 是否损坏。

资料参考：此例属于加热器损坏，更换即可；加热器 RR 相关电路如图 4-190 所示。

（二）机型现象：TEMA832 型洗衣机有时加热正常，有时不能加热

修前准备：此类故障应用电阻检测法进行检修，检修时重点检测加热电路。

检修要点：检修时具体检测温控器阻值是否正常、水位开关是否损坏、冷/热开关是否损坏、节能开关是否损坏、加热器是否损坏。

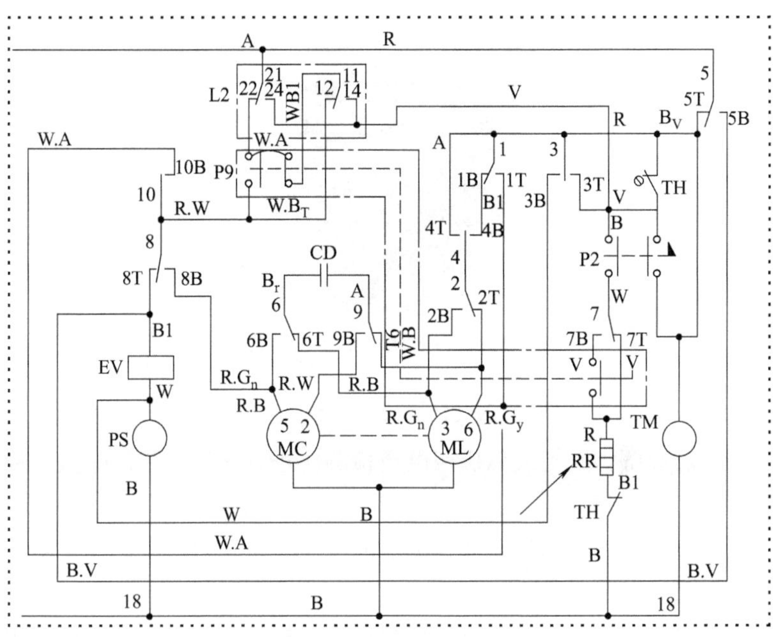

图 4-190　加热器 RR 相关电路图

资料参考：此例属于温控器损坏，更换即可；温控器相关实物如图 4-191 所示。

（三）机型现象：XQB46-586B 型洗衣机漂洗工作突然停止

修前准备：此类故障应用篦梳检查法进行检修，检修时重点检测脱水程序。

检修要点：检修时具体检测门盖安全开关是否接触不良、排水牵引器是否损坏、控制板是否异常。

图 4-191　温控器相关实物图

资料参考：此例属于排水牵引器损坏，更换即可；排水牵引器相关实物如图 4-192 所示。

图 4-192　排水牵引器相关实物图

（四）机型现象：XQB55-2198SC 型洗衣机不工作

修前准备：此类故障应用电压检测法进行检修，检修时重点检测电脑板。

检修要点：检修时具体检测电源电压是否正常、电源插头是否损坏、电脑板是否损坏。

资料参考：此例属于电脑板损坏，更换即可；电脑板相关实物如图 4-193 所示。

图 4-193　电脑板相关实物图

课堂二十一　新乐洗衣机故障维修实训

（一）机型现象：XPB95-8192S 型洗衣机不能脱水

修前准备：此类故障应用篦梳检查法进行检修，检修时重点检

测脱水电路。

检修要点：检修时具体检测脱水电动机是否损坏、脱水定时器是否损坏、选择开关是否损坏。

资料参考：此例属于脱水电动机（如图 4-194）损坏，更换即可；脱水电动机相关接线如图 4-195 所示。

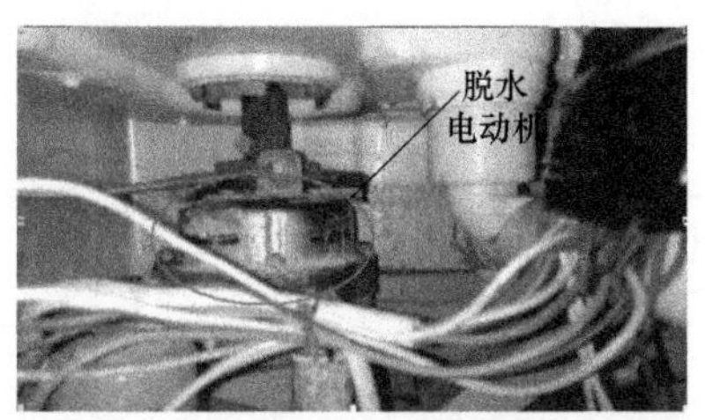

图 4-194　脱水电动机相关实物图

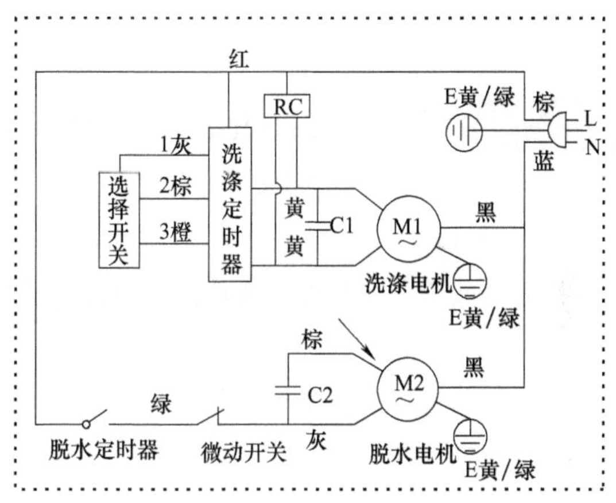

图 4-195　脱水电动机相关接线图

（二）机型现象：XQB50-6027A 型洗衣机无法启动

修前准备：此类故障应用电压检测法进行检修，检修时重点检测电源电路。

检修要点：检修时具体检测电源电压是否正常、电源开关是否损坏、电源线是否连接不良。

资料参考：此例属于电源开关损坏，更换即可；电源开关相关接线如图 4-196 所示。

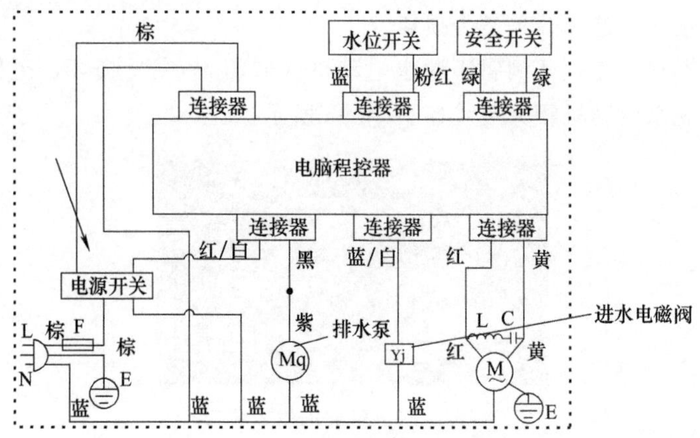

图 4-196　电源开关相关接线图

课堂二十二 康佳洗衣机故障维修实例

（一）机型现象：XQB60-5018 型洗衣机不工作

修前准备：此类故障应用篦梳检查法进行检修，检修时重点检测电脑控制板。

检修要点：检修时具体检测电脑板是否损坏、电源插座与插头是否接触不良。

资料参考：此例属于电脑板损坏，更换即可；电脑板相关实物如图 4-197 所示。

图 4-197　电脑板相关实物图

（二）机型现象：XQB70-5066 型洗衣机不进水

修前准备：此类故障应用篦梳检查法进行检修，检修时重点检测水位开关。

检修要点：检修时具体检测水位开关是否损坏、电脑板是否损坏。

资料参考：此例属于水位开关损坏，更换即可；水位开关相关接线如图 4-198 所示。

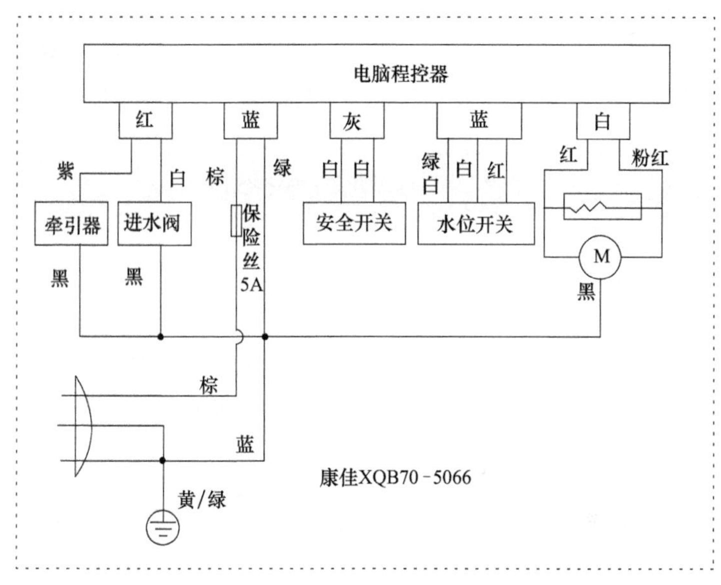

图 4-198　水位开关相关接线图

（三）机型现象：XQG60-6081W 型洗衣机不工作

修前准备：此类故障应用电压检测法进行检修，检修时重点检测电源开关电路。

检修要点：检修时具体检测电源电压是否正常、电源开关是否损坏。

资料参考：此例属于电源开关损坏，更换即可；电源开关相关接线图如图 4-199 所示。

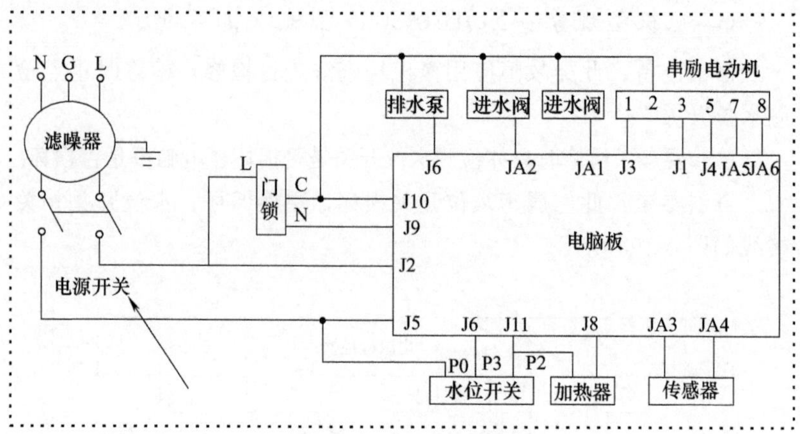

图 4-199　电源开关相关接线图

Chapter 05

第五讲 维修职业化训练课外阅读

课堂一 根据代码找故障

1. LG WD-T1450B5S 滚筒洗衣机代码（采用 DD 变频直驱动电动机）

代码	代码含义	检查部位
1E	进水故障	水龙头是否关闭；是否停水或水压过低；水管是否冻住；进水口是否堵住
0E	排水故障	排水管高度是否超过 1m；排水管是否冻住；排水泵是否被异物堵塞；地漏是否被杂物堵住
UE	脱水异常	运输螺栓是否拆卸；洗衣机是否安装平稳；是否只洗涤了单件的衣物；地脚防松螺母是否已锁紧
dE1 dE2	门故障	是否是在门未关紧的状态下启动了洗衣机
tE	不加热	机器内部故障
FE	进水不停	进水阀异常，导致不断进水和排水
PE	调不好水位	调节水位的感知器有异常，导致水位无法正常调节
LE	负载异常	电动机超负荷（静置洗衣机 30min，使电动机冷却，然后再次重新启动程序）

2. LG XQB65-S3PD 波轮全自动变频洗衣机故障代码

代码	代码含义	检查部位
IE	进水故障	水源中断或进水阀堵塞
OE	排水故障	排水管堵塞或排水电动机损坏
UE	不平衡	内桶内的衣物摆放不平或洗衣机倾斜
PE	压力感知	水位开关损坏或气管堵塞
FE	溢流故障	气管漏气或堵塞
LE	电动机故障	霍尔传感器损坏或各插件连接错误
RE	离合器故障	各插件输出电压异常

3. TCL XQB60-150JSZ 波轮全自动洗衣机故障代码

代码	代码含义	检查部位
E1	进水故障	无水;进水超时;进水阀堵塞;阀体故障
E2	水位故障	水位低于低水位界限;水位传感器故障
E3	未合上盖故障、预约未合盖故障	脱水时上盖未合上;预约启动前上盖未合上
E4	不平衡故障	脱水过程中出现不平衡现象
E5	排水故障	排水阀堵塞;排水电动机故障;排水超时
E6	水位传感器故障	在自检过程中水位传感器的零点误差过大
CL	童锁报警	童锁设定后未合上机盖

4. TCL XQG75-663S 滚筒洗衣机故障代码

代码	代码含义	检查部位
E11	不进水	水龙头是否打开;进水管是否被冻结;进水管、进水阀口处是否堵塞;是否停水
E12	不排水	排水管是否放倒;排水口位置是否过高;排水管是否被绒屑堵塞;排水管是否过长
H	门盖无法打开	是否使用了超过 40℃ 的温水;洗涤时水温是否超过 40℃
U3	不脱水	洗衣机是否放置平稳;洗涤的衣物是否较大或较重;脱水的衣物是否件数较小;毛毯是否被卷成团放入

5. 海尔波轮变频洗衣机故障代码

代码	代码含义	检查部位
E1	不排水或排水慢	排水管是否放倒(放下排水管,开关上盖一次)、排水管是堵塞(清除异物,开关上盖一次)
E2	运行中止并鸣叫	上盖没盖(盖上上盖)
E3	当两次安全开关动作不脱水	衣物是否放偏(重新整理衣物,盖上上盖)、洗衣机是否倾斜(将洗衣机调整水平,开关上盖一次)
E4	不进水或进水慢	水龙头是否打开和是否停水(打开水龙头,开关上盖一次)、进水阀是否堵塞(清理进水阀,开关上盖一次)、水压是否过低(开关上盖一次,等待水压达到允许值后使用)、水龙头和进水管是否冻结(开关上盖一次,化冻后使用)
E9	显示板和电源板通信故障	
F2	水位连续5min超过溢水水位	
FR	水位传感器异常	
FC	显示板和驱动器通信故障	
适用的机型有:XQY75-BZ228、XQY80-BZ228等机型		

6. 海尔变频滚筒洗衣机故障代码

显示代码	代码含义	备注
AUtO	洗衣机处于自动称重状态	
End	全程序结束	
E1	排水故障	清洗排水泵过滤器,检查排水管是否堵塞,若仍出现,请联系维修
E2	门锁锁门异常或未关好门	重新关好机门,按启动键解除,若仍出现,请联系维修
E4	进水异常	检查水龙头是否打开、水压是否过低或停水,若仍出现,请联系维修

续表

显示代码	代码含义	备注
E8	超过报警水位	洗涤时请减少洗衣粉用量或采用低泡沫洗衣粉，若仍出现，请联系维修
F3	温度传感器故障	请联系维修
F4	加热故障	请联系维修
F7	电动机停转	请联系维修
F9	烘干温度传感器故障	请联系维修
FR	水位传感器故障	请联系维修
FC	与变频板通讯异常	请联系维修
Fd	烘干加热管异常	关机清除故障代码，若仍出现，请联系维修
FE	烘干风机异常	请联系维修
Unb	脱水时分布不平衡	将衣物取出抖散均匀，若仍出现，请联系维修
H	桶内温度高于75℃，进行高温安全保护	将洗衣机静置一段时间，待桶内温度降低后方可开门或重新运行其他程序
LOCK	不允许开门	需静待程序执行完毕，或程序判断满足开门条件时才能开门
适用机型：XQG80-HBD1626、XQG80-BD1626、XQG70-HBD1426、XQG80-HBD1426、XQG80-B1226S、XQG70-HBX12266SN、XQG70-HBX12288、XQG70-HB1426A、XQG70-HB1426AW、XQG70-BX12266A、XQG70-BX12288A、XQG70-HBD1428、XQG70-HB1428、XQG70-HBDS1428等机型		

7. 三洋波轮洗衣机故障代码

代码	代码含义	备注
E1	进水异常	检查进水是否正常，通气软管是否漏气，水位传感器是否有问题，电脑板工作是否正常

续表

代码	代码含义	备注
E2	排水异常	检查排水是否通畅，牵引器是否有问题，电脑板工作是否正常
E3	脱水异常	偏心大，撞桶；不属于电脑板故障，不允许使用
E4	脱水开盖报警	检查安全开关或磁性开关是否良好，电脑板检测是否正常
E5	儿童锁设置报警	非电脑板故障，不允许使用
U4	脱水开盖报警	检查安全开关或磁性开关是否良好，电脑板检测是否正常
U5	儿童锁设置报警	非电脑板故障，不允许使用
EA	水位传感器检测异常	检查线束连接和水位传感器工作是否异常，上排水机型，还需检测进水、排水是否异常
EC	负荷传感异常报警	检查电动机是否有问题，电脑板工作是否正常
EP	芯片数据异常报警	电脑板故障
Eb	电解槽异常报警	检查电解槽与线束是否短路，电脑板工作是否正常
Ed	电解槽异常报警	检查电解槽与线束是否断路，电脑板工作是否正常
Ed2	波轮主控与变频通信异常	检查电抗器接触是否良好，电脑主控板是否有问题
777	显示板接收不到主控信号报警	检查主控板与显示板的连线是否良好，再更换显示板测试功能是否正常
E901	大电流报警	检查确定泡沫是否过多，内桶运转是否正常，电脑主控板是否有问题
E902	电压过高	检查用户家电压是否过高，霍尔板安装是否异常，电脑主控板是否有问题
E904	电压过低	检查用户家电压是否过低，电脑主控板是否有问题
E908	电动机运转异常	检查电动机线束是否良好，电脑主控板是否有问题
E910	漏电流检测过大报警	检查电脑主控板是否有问题
E920	IPM硬件异常	检查电脑主控板是否有问题

续表

代码	代码含义	备注
E940	霍尔检测异常报警	检查线束和霍尔板是否异常,定子是否有问题
EU	主控继电器异常	检查电脑主控板是否有问题
EF1	过零检测异常	检查电脑主控板是否有问题
EF2	EEPROM 数据异常	检查电脑主控板是否有问题

8. 三洋斜式滚筒洗衣机故障代码

故障代码	代码含义	备注
E11	进水异常	检查进水阀、水位传感器、排水阀、通气软管是否有问题,电脑主控板-进水阀是否短路
E12	排水异常	检查排水阀、水位传感器是否有问题,电脑主控板-排水阀是否短路导致损坏
U3	脱水偏心	检查减振器是否晃动大,配重块是否破裂
U4	门锁异常	检查门锁组件是否有问题,电脑主控板-门锁组件是否短路导致损坏
EF1	信号故障	检查线束是否断开,电脑主控板是否有问题
EF2	信号故障	检查线束是否断开,电脑主控板是否有问题
EU	电源继电器异常	检查电脑主控板是否有问题
E7C	水加热异常	检查水加热管是否有问题,电脑主控板是否有问题
E6C	水加热管异常	检查电脑主控板是否有问题
E00	臭氧发生器异常	检查主控板至臭氧发生器之间线路是否断路,臭氧发生器是否有问题,电脑主控板是否有问题
EC2	温度传感器异常	检查线束是否断裂,温度传感器是否短路或者断路
EA1	水位传感器异常	检查水位传感器是否有问题,电脑显示板是否有问题
EA2	水位高度异常	检查水位传感器是否有问题,电脑显示板是否有问题
EA3	干燥水位高度异常	检查水位传感器是否有问题,电脑显示板是否有问题

续表

故障代码	代码含义	备注
777	显示通信异常	检查线束是否断开或接触不良，电脑主控板是否损坏，电抗是否有问题，电脑显示板是否有问题
Ed1	通信故障	检查线束是否断开或接触不良，电脑主控板是否损坏，电抗是否有问题，电动机是否损坏
Ed2	通信故障	检查线束是否断开或接触不良，电脑主控板是否损坏，电抗是否有问题，电脑显示板是否损坏
E901	电流异常	检查电脑主控板是否有问题，电动机是否有问题
E902	电源电压过高	检查电压是否有问题，电脑主控板是否有问题
E904	电源电压过低	检查电压是否有问题，电脑主控板是否有问题
E908	电动机运转异常	检查内桶是否卡有异物，离合器弹簧是否断裂，电脑主控板是否有问题，电动机是否异常，线束是否有问题
E910	电流检测回路异常	检查电脑主控板是否有问题
E920	IPM 异常	检查电脑主控板是否有问题
E940	霍尔 IC 异常	检查霍尔板是否有问题，电动机是否有问题，电脑主控板是否有问题
EC6	烘干加热管异常	检查温控器是否有问题，保护器是否异常，加热管是否有问题
EC7	烘干加热管异常	检查线束是否有问题，烘干继电器是否有问题，烘干加热管是否良好，电脑主控板是否有问题
EH1	电动机不能正常工作	检查电动机线束和碳刷是否异常，串励电动机是否损坏，电脑主控板是否有问题
EH2	电动机工作异常	检查电脑主控板是否有问题
EH3	电动机速度转换异常	检查电动机线束和炭刷是否异常
EH4	洗涤中电动机工作电流过大	检查电动机是否堵转，电动机线束和碳刷是否正常
EC3	除湿模式温度传感器异常	检查线束和温度传感器是否良好，电脑主控板功能是否正常
EC4	环境温度传感器异常	检查线束和温度传感器是否良好，电脑主控板功能是否正常
EC5	烘干出风口传感器异常	检查线束和温度传感器是否良好，电脑主控板功能是否正常

9. 松下波轮全自动洗衣机故障代码

代码	代码含义	备注
U10	设置不良	设置时运输用固定螺栓未卸下，设置不正确
U11	无法排水	检查排水管是否未放下、排水管是否堵塞、排水管是否压扁、排水管前端是否泡在水中、排水管是否已冻结、排水阀是否有问题
U12	机门开着	检查机门是否被打开
U13	无法脱水	检查洗涤物是否偏向一边、洗衣机是否未放平
U14	无法进水	检查水龙头是否打开、进水管是否冻结、是否有杂质堵住进水阀过滤网
U99	在儿童安全功能设定的状态下，机盖没有关上	

适用的机型：XQB75-X710U、XQB75-X720U、XQB80-X800N、XQB75-F741U、XQB75-H773U、XQB75-HA7141、XQB75-H771U、XQB75-H772U、XQB85-H8031、XQB85-Q8031、XQB85-QA8031、XQB85-H8041

10. 松下滚筒洗衣机故障代码

代码	代码含义	备注
U11	无法排水	检查排水管是否未放下、排水管是否堵塞、排水管是否压扁、排水管前端是否泡在水中、排水管是否已冻结、排水阀是否有问题
U12	机门未关闭	检查机门是否打开
U13	无法脱水	检查衣物是否过多、是否未放置平稳
U14	无法进水	检查水龙头是否打开、进水管是否冻结、进水阀过滤网是否有污垢
H01	出现带 H 代码时蜂鸣器不响	拔掉电源插头后联系专业人员

适用的机型：XQG60-M6021、XQG60-M6022、XQG60-MA6022、XQG60-M6152、XQG60-M6151、XQG60-MA6152、XQG60-MA6151、XQG60-V63GS、XQG60-V63GW、XQG60-V63NS、XQG60-V63NW、XQG60-E6022、XQG60-E6021、XQG60-EA6022、XQG60-EA6021、XQG100-E1135、XQG100-E1130、XQG70-V75GS、XQG60-V65GS、XQG60-V65GW、XQG60-V65NS、XQG60-V65NW、XQG70-V7258、XQG70-V7255 等

11. 小天鹅滚筒洗衣机故障代码

代码	代码含义	检查部位	备注
E10	进水超时	进水阀是否有问题、回气管是否破裂或密封不牢、排水管是否挂起	进水过程中 3min 水位无变化
E11	内桶有大量残留水	进水阀、泵、电脑板是否有问题	洗衣机在上电、预约、错误、程序运行结束的状态下，桶内水位超过溢出水位
E12	溢水保护	进水阀是否损坏	水位超过溢水水位
E20	排水泵未接好	排水泵的接线是否良好	电脑板没有排水泵的信号
E21	排水超时	排水泵是否有问题、过滤器是否堵塞、排水管是否堵塞	排水过程中 3min 水位无变化
E30	门锁锁不上	门钩是否关到位、门锁是否有问题	洗衣机按启动以后，电脑板 6 次尝试锁门失败
E31	门锁解不开	门锁是否有问题	洗衣机 6 次尝试解锁失败
E33	水位传感器故障	水位传感器是否有问题	水位传感器的频率不在规定的频率范围
E34	温度传感器故障	温度传感器是否断路	
E35	温度传感器故障	温度传感器是否短路	
E40	E^2PROM 检查码错误	电子控制部分是否有问题、E^2PROM 存储器不良	
E41	E^2PROM 连接错误	电子控制部分是否有问题、电脑板是否有问题	
E50	高压保护	线路电压超过 280V	待电压恢复正常后使用
E60	启动时电动机不转	电动机、电脑板是否有问题	电动机 3 次尝试启动失败
E61	没有测速信号	电动机的速度反馈信号线路是否脱落	电动机旋转过程中，电脑板检测不到速度反馈信号
E62	测速信号不正常	晶闸管是否击穿、电脑板是否有问题	
E70	按键卡死	按键是否有问题	按键按下 20s 以上

可适用于小天鹅 XQG65-908E、XQG65-958ES、XQG65-1028E、XQG70-968EL、XQG65-1018ESL、XQG70-1088ESL、XQG70-1008C、XQG70-1098CS、XQG70-1228CS 等型号的滚筒洗衣机

12. 小鸭全自动洗衣机故障代码

代码	含义
E1	排水超时
E2	上盖没有盖好
E3	脱水不平衡
E4	进水超时
E5	水温超过 50℃
E6	使用了高泡洗衣粉

课堂二 参考主流芯片应用电路

1. 74HC573 锁存器参考应用电路

图 5-1 为 74HC573 锁存器参考应用电路图。

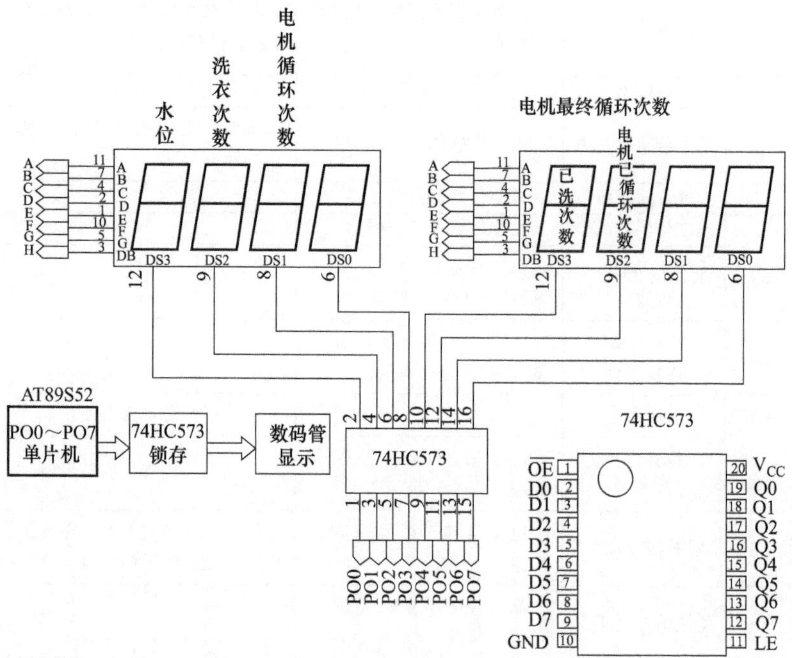

图 5-1　74HC573 锁存器参考应用电路图

2. AT89C52 单片机典型参考应用电路

图 5-2 为 AT89C52 单片机典型参考应用电路图。

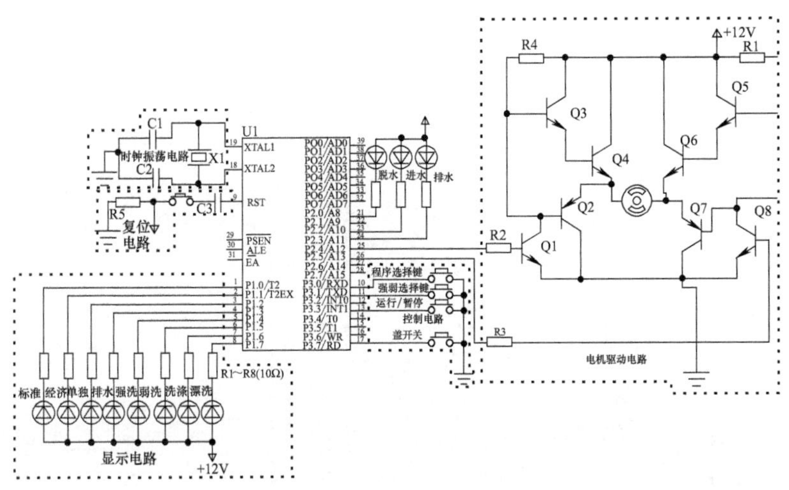

图 5-2　AT89C52 单片机典型参考应用电路图

3. LM7805/LM7812 三端稳压器参考应用电路

图 5-3 为 LM7805/LM7812 三端稳压器参考应用电路图。

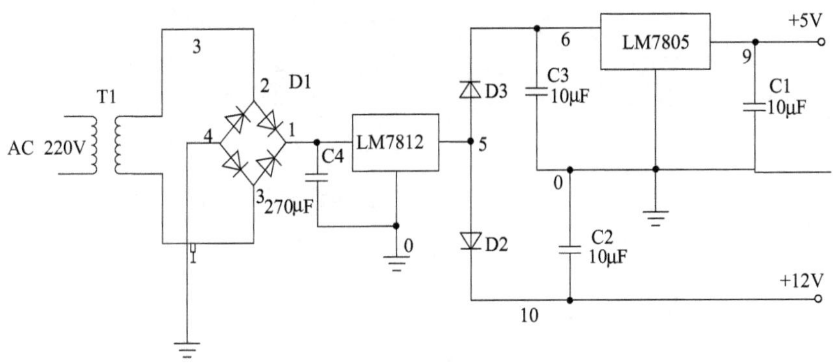

图 5-3　LM7805/LM7812 三端稳压器参考应用电路图

4. MN14021WFCS 微控制器参考应用电路

图 5-4 为 MN14021WFCS 微控制器参考应用电路图。

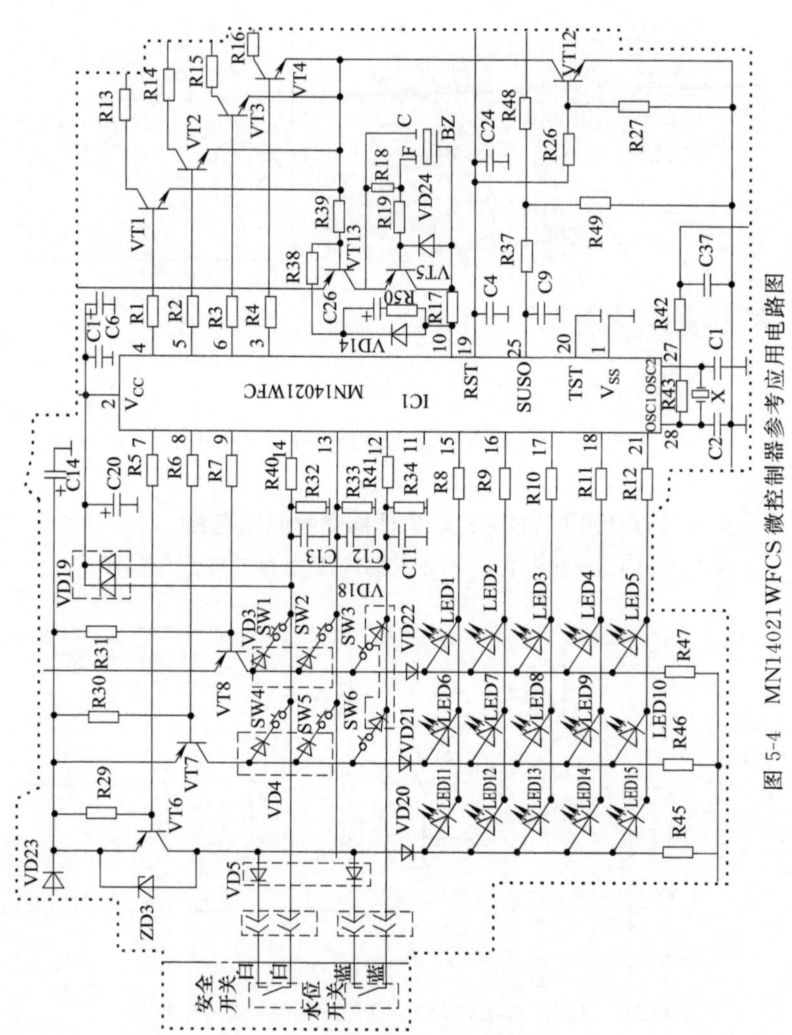

图 5-4　MN14021WFCS微控制器参考应用电路图

5. TNY264P、TNY264GN开关电源控制IC参考应用电路

图5-5为TNY264P、TNY264GN开关电源控制IC参考应用电路图。

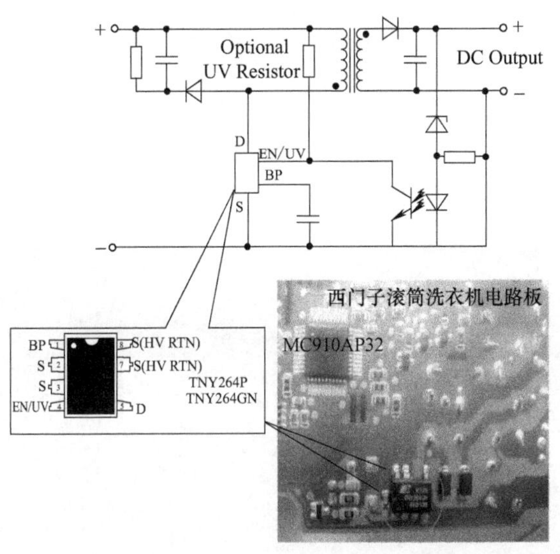

图5-5 TNY264P、TNY264GN开关电源控制IC典型参考应用电路图

6. ULN2803驱动芯片参考应用电路

图5-6为ULN2803驱动芯片参考应用电路图。

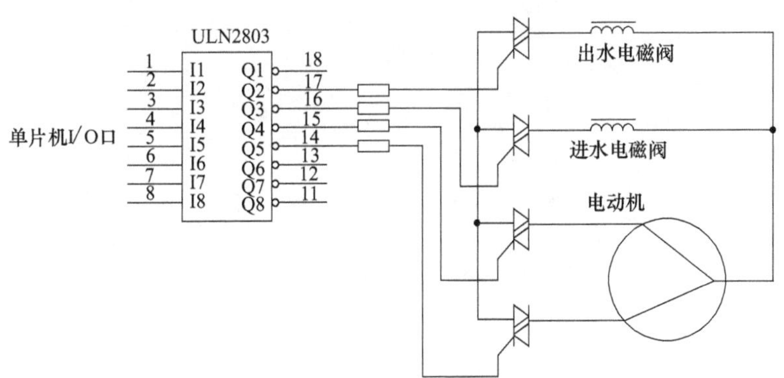

图5-6 ULN2803驱动芯片参考应用电路图

课堂三 电路或实物按图索故障

（一）西门子 WM1065（XQG52-1065）滚筒洗衣机电路板实物图

图 5-7 为西门子 WM1065（XQG52-1065）滚筒洗衣机电路板实物图。

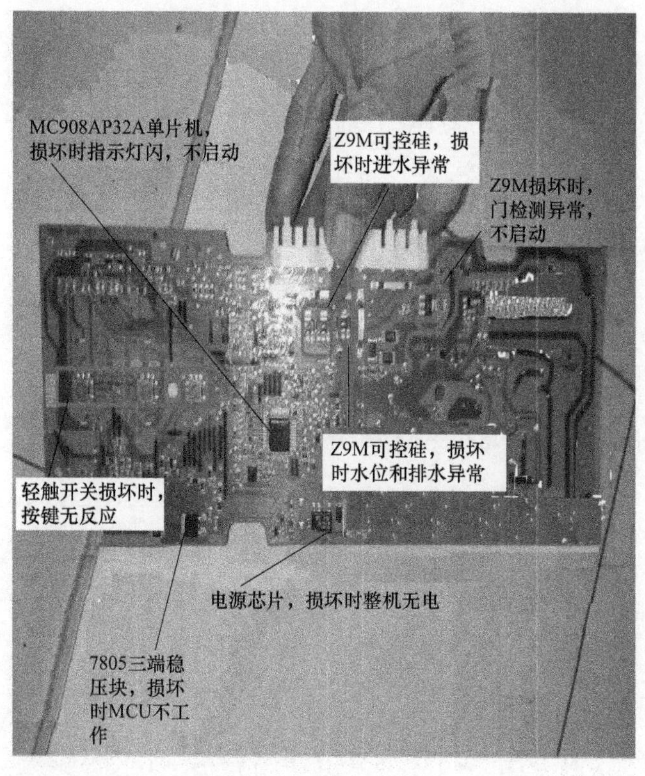

图 5-7 西门子 WM1065（XQG52-1065）滚筒洗衣机电路板实物图

（二）西门子 WM1065（XQG52-1065）滚筒洗衣机电脑板接线按图索故障

图 5-2 为西门子 WM1065（XQG52-1065）滚筒洗衣机电脑板实物图。

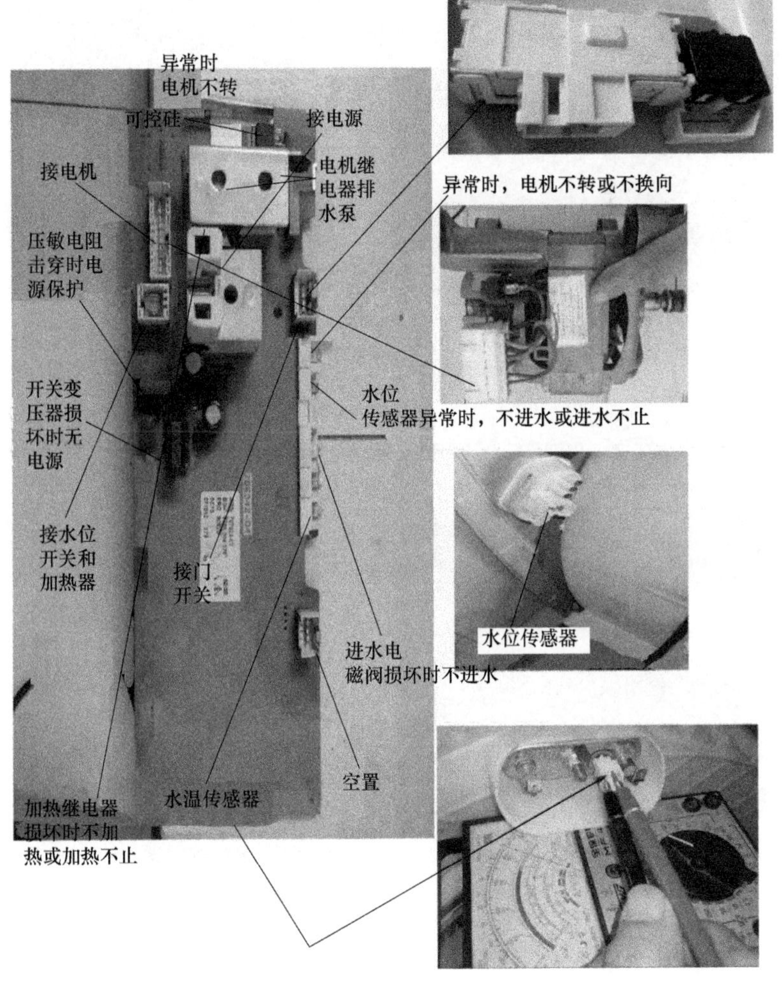

图 5-8　西门子 WM1065（XQG52-1065）滚筒洗衣机电脑板实物图

（三）松下 XQB45-847 人工智能全自动洗衣机按图索故障

松下 XQB45-847 人工智能全自动洗衣机按图索故障如图 5-9 所示。

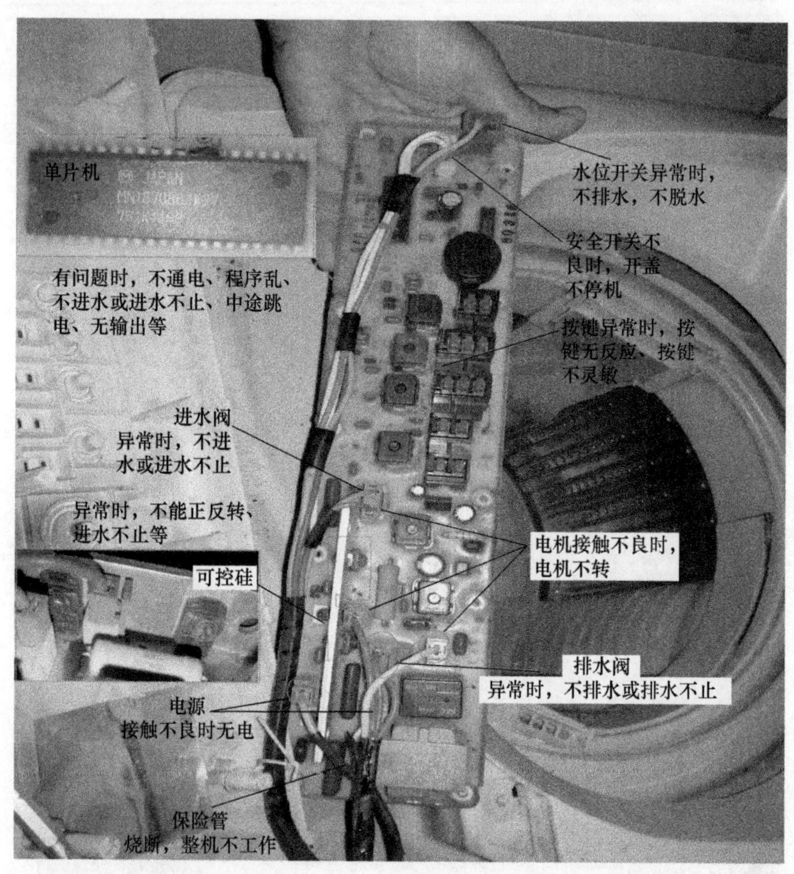

图 5-9 松下 XQB45-847 人工智能全自动洗衣机按图索故障